跟我动手学 S7-300/400 PLC

第 2 版

廖常初　主编

机 械 工 业 出 版 社

本书强调通过实际操作进行学习。书中有五十个实训，云盘资源有多个最新版中文软件、三十多个与正文配套的例程和三十多个多媒体视频教程。读者一边看书，一边根据实训的要求，用云盘资源中的编程软件和仿真软件在计算机上做仿真实验，就能快速掌握软件安装、硬件和网络组态、编程、监控、故障诊断、指令应用、程序结构、编程方法、通信、人机界面应用和 PID 控制等方面的知识和操作方法。云盘资源中的 PID 闭环控制例程可以用来学习整定 PID 参数的方法。根据 S7-300/400 最新版的硬件和软件，第 2 版对全书内容作了优化处理和修订。

本书可供工程技术人员自学，也可以用作高职高专、技工学校有关专业的教材。

图书在版编目（CIP）数据

跟我动手学 S7-300/400 PLC/廖常初主编. —2 版. —北京：机械工业出版社，2016.6（2024.1 重印）

ISBN 978-7-111-53804-2

Ⅰ. ①跟… Ⅱ. ①廖… Ⅲ. ①可编程序控制器 Ⅳ. ①TM571.6

中国版本图书馆 CIP 数据核字（2016）第 108933 号

机械工业出版社（北京市百万庄大街 22 号　邮政编码 100037）
责任编辑：时　静　责任校对：张艳霞
责任印制：常天培
北京机工印刷厂有限公司印刷
2024 年 1 月第 2 版·第 10 次印刷
184mm×260mm·14.75 印张·363 千字
标准书号：ISBN 978-7-111-53804-2
定价：49.00 元

电话服务　　　　　　　　网络服务
客服电话：010-88361066　机 工 官 网：www.cmpbook.com
　　　　　010-88379833　机 工 官 博：weibo.com/cmp1952
　　　　　010-68326294　金 书 网：www.golden-book.com
封底无防伪标均为盗版　机工教育服务网：www.cmpedu.com

前　　言

S7-300/400 PLC 是国内应用最广、市场占有率最高的大中型 PLC，很多同行都觉得自学非常困难。可以在计算机上用仿真软件 S7-PLCSIM 做仿真实验，模拟 S7-300/400 硬件的运行和执行用户程序。仿真实验和做硬件实验时观察到的现象几乎完全一样。

看十遍书不如动一次手，本书的特点是强调通过实际操作来学习。本书提供了五十个精心设计的实训，随书云盘有三十多个与正文配套的例程，绝大多数实训都可以做仿真实验。对于操作中的重点和难点，随书云盘还提供了三十多个多媒体视频教程。读者可以一边看书，一边根据实训的要求，用编程软件和仿真软件进行操作。通过仿真实验，就能轻松掌握软件的操作方法和有关的知识点，并留下难忘的印象。

本书涵盖了 S7-300/400 应用技术主要的知识点，包括软件安装、硬件和网络组态、编程、监控、指令应用、程序结构、程序设计方法、通信、故障诊断、人机界面应用等内容。做完全部实训后，读者就能较全面地掌握 S7-300/400 的使用方法。可以通过随书云盘中的例程和仿真来学习 PID 参数的整定方法，实验结果用曲线显示，形象直观。

随书云盘还提供了中文版的 STEP 7 V5.5 SP4、PLCSIM V5.4 SP5、西门子人机界面的组态软件 WinCC flexible 2008 SP4 和大量的中文用户手册。

建议一边阅读书中的内容，一边按实训的要求生成项目、组态硬件、编写程序和做仿真实验。如果已经熟悉了软件的操作方法，可以在了解例程的功能和读懂程序的基础上，直接运行随书云盘中比较复杂的例程，做仿真实验。

本书绝大多数实训都有仿真练习，读者可以在完成实训要求的操作后，按仿真练习的要求做类似的或进一步的操作和练习，以巩固所学的知识。各章配有适量的习题。本书可以供工程技术人员自学，也可以用作高职高专、技工学校有关专业的教材。

根据 S7-300/400 最新版的硬件和软件，第 2 版对全书的内容作了优化处理。例如删除了顺序功能图语言 S7-Graph 等章节，增加了存储器间接寻址、PLC 与变频器的 DP 通信、自动显示有故障的 DP 从站，以及用报告系统错误功能自动诊断和显示硬件故障等内容。调整和增加了实训，充实了习题的内容。

本书由廖常初主编，范占华、关朝旺、余秋霞、陈曾汉、陈晓东、王云杰、李远树、廖亮、孙明渝、郑群英、唐世友、文家学参加了编写工作。

因作者水平有限，书中难免有错漏之处，恳请读者批评指正。

作者 E-mail：liaosun@cqu.edu.cn。欢迎读者访问作者在中华工控网的博客。

重庆大学　廖常初

目　　录

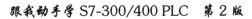

第1章

概　述

1.1　怎样学习 S7-300/400 PLC

1. 使用 S7-300/400 需要学什么

S7-300/400 是国内应用最广、市场占有率最高的大中型 PLC。使用 S7-300/400，需要掌握以下技能：

1）了解 S7-300/400 的硬件结构和网络通信功能。

2）熟练操作 S7-300/400 的编程软件 STEP 7，用它完成对硬件和网络的组态、编程、调试和故障诊断等操作。

3）熟悉 S7-300/400 的指令系统和程序结构，能阅读和理解 PLC 的用户程序。

4）能编写、修改和调试用户程序。

2. 学习 S7-300/400 的工具

S7-300/400 的硬件很贵，个人和一般的单位都很难具备用大量的硬件来做实验的条件。

S7-PLCSIM 是 S7-300/400 功能强大、使用方便的仿真软件。可以用它在计算机上做实验，模拟 PLC 硬件的运行，包括执行用户程序。做仿真实验和做硬件实验时观察到的现象几乎完全相同。

本书的随书云盘提供了 STEP 7 V5.5 SP4 中文版和 PLCSIM V5.4 SP5 UPD1 中文版，为仿真实验创造了条件。

3. 学习 PLC 的主要方法是动手

如果不动手用编程软件和仿真软件（或 PLC 的硬件）进行操作，只是阅读教材或 PLC 的用户手册，不可能学会 PLC。

看十遍书不如动一次手，本书的特点是强调动手，强调实际操作。

本书的主体是五十个实训，S7-300/400 应用的主要知识点都包含在这些实训里。绝大多数实训可以仿真。通过软件操作和仿真实验，读者能轻松地掌握编程软件和仿真软件的操作方法和有关的知识点，并且会留下难忘的印象。做完全部实训后，读者就能较全面地掌握 S7-300/400 的使用方法。

为了减少篇幅，本书尽量避免重复叙述相同的操作和出现相同的插图。如果读者是初学 S7-300/400，或者计算机基础较差，建议按顺序完成书中的实训。

4. 例程的使用方法

建议一边阅读书中的实训，一边按实训中的叙述生成项目、组态硬件、编写程序和做仿真实验。随书云盘有三十多个与正文配套的例程，如果已经熟悉了软件的操作方法，可以在了解例程的功能和读懂程序的基础上，直接运行比较复杂的例程，做仿真实验。

5. 在线帮助功能的使用

STEP 7 有非常强大的在线帮助功能，打开某个对话框的某个选项卡、选中某个菜单中的某条命令、选中指令列表或程序中的某条指令或程序块，按计算机的〈F1〉键，就能得到有关对象的在线帮助信息。建议读者充分利用在线帮助信息来解决遇到的问题。

如果读者有较强的计算机基础知识，对 S7-300/400 的应用已经有一定的基础，在学习本书的同时，可以阅读作者编写的《S7-300/400 PLC 应用技术》。该书是一本全面、系统地介绍 S7-300/400 的书籍，获 2006 年度机械工业出版社科技进步奖和中国书刊发行业协会 2013 年全行业优秀畅销品种奖。

1.2 实训一 安装 STEP 7 和仿真软件 PLCSIM

1. 安装 STEP 7 对计算机的要求

随书云盘中的 STEP 7 V5.5 SP4 和 S7-PLCSIM V5.4 SP5 UPD1 可以用于非家用版的 Windows XP、32 位和 64 位的 Windows 7。这些软件对计算机的硬件没有特殊的要求，只需满足计算机操作系统对硬件的最低要求就可以了。

建议将 STEP 7 和西门子的其他软件（例如 WinCC flexible 和 WinCC 等）安装在 C 盘。可以用软件 Ghost 将 C 盘压缩为*.Gho 文件后，保存在别的硬盘分区。操作系统或安装在 C 盘的软件有问题时，可以用 Ghost 快速恢复备份的 C 盘。

西门子的软件一般有 14 天的试用期，安装后用 Ghost 备份 C 盘，试用期结束时用 Ghost 恢复 C 盘，又可以获得 14 天的试用期。如果 C 盘安装的大型软件较多，占用的空间较大，在将硬盘分区时，应给 C 盘分配较大的存储空间。

2. 安装 STEP 7

安装 STEP 7 V5.5 SP4 中文版时，如果提示没有安装微软的软件.NET Framework V4.0，应在微软的官方网站下载和安装该软件。

打开随书云盘中的文件夹 "\STEP7 V5.5 SP4 ch"，双击其中的文件 Setup.exe（其图标为），开始安装软件。结束每个对话框的操作后，单击 "下一步" 按钮，打开下一个对话框。有的对话框没有什么操作，只需要单击 "下一步" 按钮就可以了。

在第一页确认安装程序使用的语言为默认的简体中文（见图 1-1 的左图）。

在 "许可证协议" 对话框（见图 1-1 的右图），应选中 "我接受上述许可证协议以及开放源代码许可证协议的条件"。

在 "要安装的程序" 对话框，采用默认的设置，安装全部 5 个软件（见图 1-2 左上角的图），Automation License Manager 是自动化许可证管理器。

在图 1-2 左下角的 "系统设置" 对话框，选中复选框 "我接受对系统设置的更改"。

图 1-2 右上角的对话框列出了需要安装的软件，正在安装的软件用加粗的字体表示。首先安装一些辅助软件。正式安装 STEP 7 时出现图 1-2 右下角的欢迎画面。

单击 "说明文件" 对话框中的 "我要阅读注意事项" 按钮（见图 1-3 的左图），将打开软件的说明文件。在 "用户信息" 对话框，可以输入用户信息，或采用默认的设置。

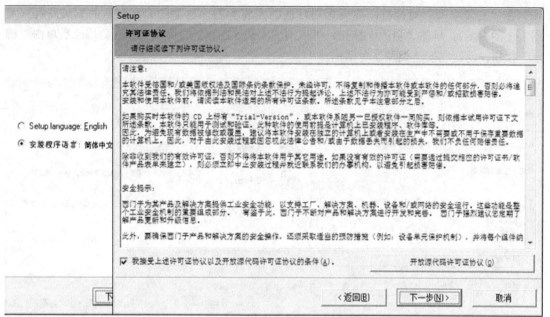

图 1-1　设置安装语言与许可证协议对话框

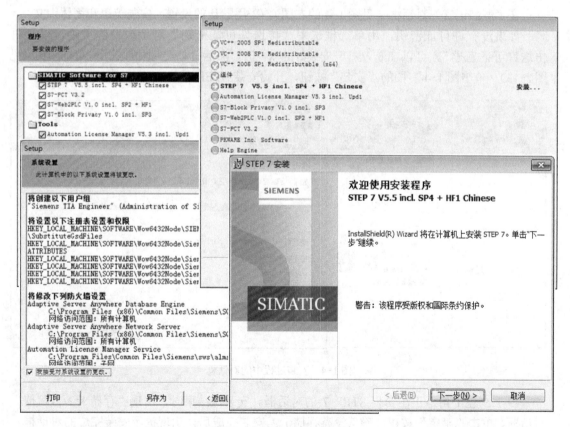

图 1-2　安装过程中的对话框

在"安装类型"对话框，建议采用默认的安装类型（典型的）和默认的安装路径（见图1-3的右图）。单击"更改"按钮，可以改变安装 STEP 7 的目标文件夹。修改后单击"确定"按钮，返回"安装类型"对话框。

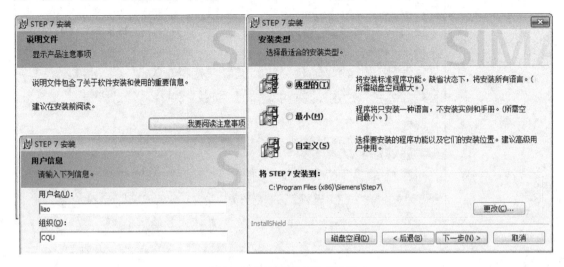

图1-3　安装过程中的对话框

在"产品语言"对话框（见图1-4的左图），采用默认的设置，安装英语和简体中文。

如果没有许可证密钥，用单选框选中"传送许可证密钥"对话框中的"否，以后再传送许可证密匙"。可以在首次打开安装好的软件时，激活 14 天期限的试用许可证密钥（见图2-13）。单击图1-4右图的"安装"按钮，开始安装 STEP 7。

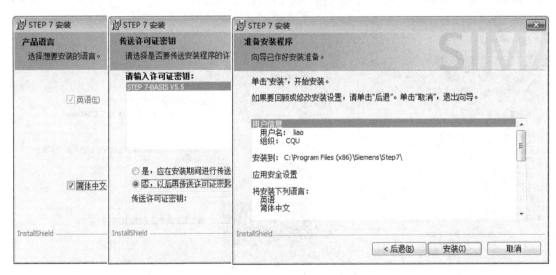

图1-4　安装过程中的对话框

图 1-5 左上角是正在安装 STEP 7 的对话框。安装快结束时，出现"存储卡参数赋值"对话框。单击"确定"按钮，确认没有存储卡。安装完成后，出现提示安装完成的对话框。单击"完成"按钮，重新启动计算机，结束安装过程。

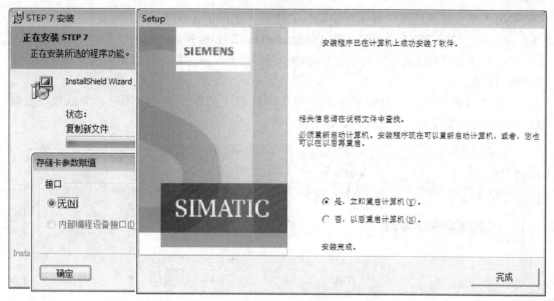

图 1-5 安装过程与安装完成对话框

3. 安装 STEP 7 的注意事项

1）可以用随书云盘直接安装 STEP 7 和 PLCSIM，也可以将软件复制到硬盘后再安装。但是保存它们的各级文件夹的名称不能使用中文，否则在安装时将会出现"ssf 文件错误"的信息。

2）建议在安装 STEP 7 之前，关闭 360 卫士之类的软件。安装软件时可能会出现"Please restart Windows before installing new programs"（安装新程序之前，请重新启动 Windows），或其他类似的信息。如果重新启动计算机后再安装软件，还是出现上述信息。这是因为 360 卫士之类的软件的作用，Windows 操作系统已经注册了一个或多个写保护文件，以防止被删除或重命名。解决的方法如下。

单击 Windows 7 桌面左下角的"开始"按钮后，单击"运行"按钮，在出现的"运行"对话框中输入"regedit"，双击出现的 regedit，打开注册表编辑器。打开左边窗口的文件夹"HKEY_LOCAL_MACHINE\System\CurrentControlSet001\Control\"，选中其中的 SessionManager，用计算机的〈Delete〉键删除右边窗口中的条目"PendingFileRename Operations……"。不用重新启动计算机，就可以安装软件了。可能每安装一个软件都需要做同样的操作。

3）西门子自动化软件有安装顺序的要求。必须先安装 STEP 7，再安装上位机组态软件 WinCC 和人机界面的组态软件 WinCC flexible。

4. 安装 PLCSIM

S7-PLCSIM V5.4 SP5 UPD1 是包含服务包 SP5 的更新包 1 的 V5.4 版的仿真软件。

双击随书云盘中与该软件同名的文件夹中的文件 Setup.exe，开始安装 PLCSIM。

在第一页确认安装使用的语言为默认的简体中文。完成各对话框中的设置后，单击"下一步"按钮，打开下一个对话框。

单击"产品注意事项"对话框中的"说明文件"按钮，将打开软件的说明文件。

在"许可证协议"对话框，应选中复选框"本人接受上述许可协议中的条款……"。

采用"要安装的程序"对话框中默认的设置（见图 1-6 的左图），只安装 S7-PLCSIM V5.4 SP5。在安装 STEP 7 时已经安装了 Automation Licenses Manager。

在"欢迎使用安装程序"对话框之后的"用户信息"对话框，可以输入用户信息，或采用默认的设置。

单击"目标文件夹"对话框中的"更改"按钮（见图 1-6 的右图），可以修改安装 PLCSIM 的目标文件夹。建议采用默认的文件夹。

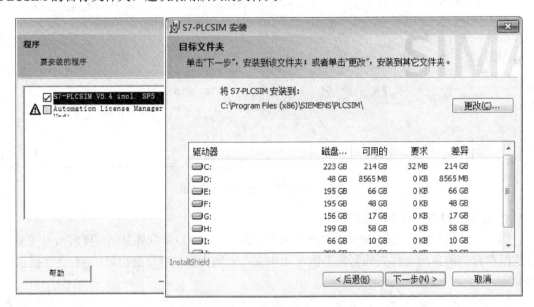

图 1-6　要安装的程序与目标文件夹对话框

单击"准备安装程序"对话框中的"安装"按钮，开始安装软件。

单击最后出现的安装完成对话框中的"完成"按钮，结束安装过程。

第 *2* 章

STEP 7 使用入门

2.1 S7-300 系列 PLC 简介

2.1.1 S7-300 的系统结构

S7-300 是模块化的中小型 PLC，适用于中等性能的控制要求。

S7-300 的 CPU 都有一个使用 MPI（多点接口）通信协议的 RS-485 接口。有的 CPU 还带有集成的现场总线 PROFIBUS-DP 接口、PROFINET 接口或 PtP（点对点）串行通信接口。

S7-300/400 有很高的电磁兼容性和抗振动抗冲击能力。可以用于恶劣环境的 SIPLUS S7-300 的环境温度范围为–40/–25℃～+60/70℃，有更强的耐振动和耐污染性能。

S7-300/400 有 350 多条指令，其编程软件 STEP 7 功能强大，可以使用多种编程语言。STEP 7 可以为所有的模块和网络设置参数。

S7-300 CPU 用智能化的诊断系统连续监控系统的功能是否正常、记录错误和特殊系统事件（例如扫描超时、更换模块等）。S7-300 有过程报警和多种中断功能。

S7-300 采用紧凑的模块结构（见图 2-1），各种模块都安装在铝制导轨上。

图 2-2 是 S7-400 机架上的电源模块和 CPU 模块。

图 2-1　S7-300

图 2-2　S7-400

S7-300 的电源模块安装在机架最左边的 1 号槽，CPU 模块紧靠电源模块。

S7-300 用背板总线将除电源模块之外的各个模块连接起来。背板总线集成在模块上，除了电源模块，其他模块通过 U 形总线连接器相连，后者插在各模块的背后（见图 2-3）。安装时先将总线连接器插在 CPU 模块上，将模块固定在导轨上，然后依次安装各个模块。

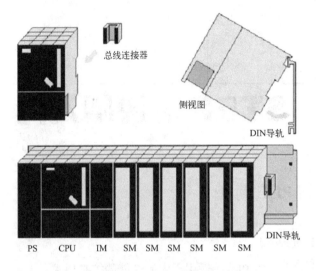

总线连接器

侧视图

DIN导轨

DIN导轨

PS　CPU　IM　SM　SM　SM　SM　SM　SM

图 2-3　S7-300 的安装

除了带 CPU 的中央机架，最多可以增加 3 个扩展机架，每个机架最多可以插 8 块信号模块（SM）、功能模块（FM）或通信处理器（CP）模块。组态时系统自动分配模块的地址。CPU 312 和 CPU 312C 没有扩展功能。

电源模块（PS）总是在机架最左边的 1 号槽（见图 2-3）。中央机架的 2 号槽是 CPU 模块，3 号槽是接口模块。其他模块使用 4～11 号槽。

机架导轨上并不存在物理槽位，在不需要扩展机架时，CPU 模块和 4 号槽的模块是紧挨在一起的。此时 3 号槽位仍然被实际上并不存在的接口模块占用。

PS 307 电源模块将 AC 120/230V 电压转换为 DC 24V 电压，为 S7-300、传感器和执行器供电。额定输出电流有 2A、5A 和 10A。

电源模块除了给 CPU 模块提供电源外，还要给输入/输出模块提供 DC 24V 电源。

2.1.2　CPU 模块

S7-300 有多种不同型号的 CPU，分别适用于不同等级的控制要求。CPU 31xC 集成了数字量 I/O，有的同时集成了数字量 I/O 和模拟量 I/O。

CPU 内的元件封装在一个牢固而紧凑的塑料机壳内，面板上有状态和错误指示 LED（发光二极管）、模式选择开关和通信接口（见图 2-4）。微存储卡插槽可以插入多达数兆字节的 FEPROM 微存储卡（MMC），MMC 用于掉电后保存用户程序和数据。

1.　状态与故障显示 LED

CPU 模块面板上的 LED 的意义见表 2-1。

表 2-1　S7-300 CPU 的指示灯

指示灯	颜色	说明	指示灯	颜色	说明
SF	红色	系统错误/故障	FRCE	黄色	有输入/输出处于被强制的状态
BF	红色	通信接口的总线故障	RUN	绿色	CPU 处于运行模式
DC 5V	绿色	5V 电源正常	STOP	黄色	CPU 处于停止模式

2. CPU 的操作模式

1) STOP（停机）模式：模式选择开关在 STOP 位置时，PLC 上电后自动进入 STOP 模式，在该模式不执行用户程序。

2) RUN（运行）模式：执行用户程序，刷新输入和输出，处理中断和故障信息服务。

3) HOLD 模式：在启动和 RUN 模式执行程序时遇到调试用的断点，用户程序的执行被挂起（暂停），定时器被冻结。

4) STARTUP（启动）模式：可以用模式选择开关或 STEP 7 启动 CPU。如果模式选择开关在 RUN 位置，通电后自动进入启动模式。

5) 老式的 CPU 还有一种 RUN-P 模式，允许在运行时读出和修改程序。现在的 CPU 的 RUN 模式包含了 RUN-P 模式的功能。仿真软件 PLCSIM 的仿真 PLC 也有 RUN-P 模式，某些监控功能只能在 RUN-P 模式进行。

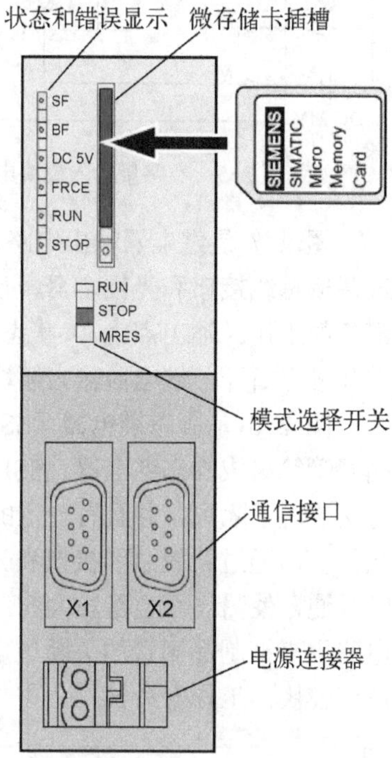

图 2-4 CPU 315-2DP 的面板

2.1.3 信号模块

信号模块（SM）包括数字量（或称开关量）输入（DI）模块、数字量输出（DO）模块、模拟量输入（AI）模块和模拟量输出（AO）模块。此外还有 DI/DO 模块和 AI/AO 模块。

信号模块和功能模块的外部接线接在插接式的前连接器的端子上，前连接器插在前盖板后面的凹槽内。

模块面板上的 SF LED 用于显示故障和错误，数字量 I/O 模块面板上的 LED 用来显示各数字量输入/输出点的信号状态。

1. 数字量输入模块

数字量输入（DI）模块用于连接外部的机械触点和电子数字式传感器（例如光电开关和接近开关），将来自现场的外部数字量信号的电平转换为 PLC 内部的信号电平。

图 2-5 是直流输入模块的内部电路和外部接线图，图中只画出了一路输入电路，M 或 N 是同一输入组各内部输入电路的公共点。当图中的外接触点接通时，光耦合器中的发光二极管点亮，光敏晶体管饱和导通，相当于开关接通；外接触点断开时，光耦合器中的发光二极管熄灭，光敏晶体管截止，相当于开关断开。信号经背板总线接口传送给 CPU 模块。

交流输入模块的额定输入电压为 AC 120V 或 230V。图 2-6 的电路用电阻限流，交流电流经桥式整流电路转换为直流电流。信号经光耦合器和背板总线接口传送给 CPU 模块。

直流输入电路的延迟时间较短，可以直接连接接近开关、光电开关等电子传感器。交流输入方式适合于在有油雾、粉尘的恶劣环境下使用。

2. 数字量输出模块

数字量输出模块用于驱动电磁阀、接触器、小功率电动机、指示灯和电动机启动器等负载。数字量输出模块将内部信号电平转化为控制过程所需的外部信号电平，同时有隔离和功率放大的作用。负载电源由电源模块或外部现场提供。

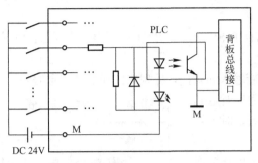

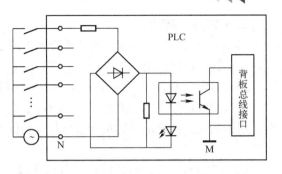

图 2-5　数字量输入模块电路　　　　图 2-6　数字量输入模块电路

图 2-7 是继电器输出电路，某一输出点为 1 状态时，梯形图中对应的线圈"通电"。通过背板总线接口和光耦合器，使模块中对应的微型继电器线圈通电，其常开触点闭合，使外部负载工作。输出点为 0 状态时，梯形图中的线圈"断电"，微型继电器的线圈也断电，其常开触点断开。继电器输出模块既可以驱动交流负载，也可以驱动直流负载。

图 2-8 是固态继电器（SSR）输出电路，虚线框内的光敏双向晶闸管和虚线框外的双向晶闸管等组成固态继电器。SSR 的输入功耗低，输入信号电平与 CPU 内部的电平相同，同时又实现了隔离，并且有一定的带负载能力。梯形图中某一输出点 Q 为 1 状态时，其线圈"通电"，通过背板总线接口和光耦合器，使光敏晶闸管中的发光二极管点亮，光敏双向晶闸管导通，使另一个容量较大的双向晶闸管导通，模块外部的负载得电工作。图 2-8 中的 RC 电路用来抑制晶闸管的关断过电压和外部的浪涌电压。这类模块只能用于交流负载，其响应速度较快，工作寿命长。

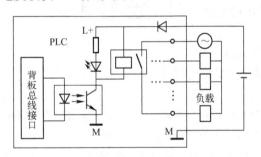

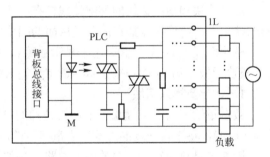

图 2-7　继电器输出模块电路　　　　图 2-8　固态继电器输出模块电路

图 2-9 是晶体管或场效应晶体管输出电路，只能驱动直流负载。输出信号经光耦合器送给输出元件，图中用一个带三角形符号的小方框表示输出元件。输出元件的饱和导通状态和截止状态相当于触点的接通和断开。

继电器输出模块的负载电压范围宽，导通压降小，承受瞬时过电压和瞬时过电流的能力较强。但是动作速度较慢，寿命

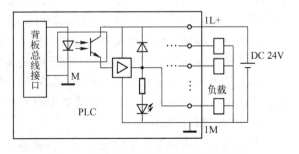

图 2-9　晶体管或场效应管输出模块电路

（动作次数）有一定的限制。如果负载的状态变化不是很频繁，建议优先选用继电器型输出模块。

固态继电器型输出模块和晶体管型、场效应晶体管型输出模块的可靠性高，响应速度快，寿命长，但是过载能力稍差。

3. 模拟量输入模块

生产过程中有大量的连续变化的模拟量需要用 PLC 来测量或控制。有的是非电量，例如温度、压力、流量、液位、物体的成分和频率等。有的是强电电量，例如发电机组的电流、电压、有功功率和无功功率等。变送器用于将传感器提供的电量或非电量转换为标准量程的直流电流或直流电压信号，例如 DC 0~10V 的电压和 DC 4~20mA 的电流。

模拟量输入（AI）模块用于将模拟量信号转换为 CPU 内部处理用的数字，其主要组成部分是 A-D（Analog-Digit）转换器（见图 2-10 中的 ADC）。AI 模块的输入信号一般是变送器输出的标准量程的直流电压、直流电流信号，有的模块也可以直接连接不带附加放大器的温度传感器（热电偶或热电阻），这样可以省去温度变送器。

AI 模块由多路开关、A-D 转换器（ADC）、光隔离元件、内部电源和逻辑电路组成。各模拟量输入通道共用一个 A-D 转换器，用多路开关切换被转换的通道，AI 模块各输入通道的 A-D 转换过程和转换结果的存储与传送是顺序进行的。各个通道的转换结果被保存到各自的存储器，直到被下一次的转换值覆盖。

模块对热电偶、热电阻输入信号进行了线性化处理。使用屏蔽电缆时最大距离为 200m，输入信号为 50mV 或 80mV 时，最大距离为 50m。

AI 模块的各个通道可以分组设置为电流输入、电压输入或温度传感器输入，并选用不同的量程。

AI 模块用量程卡（或称为量程模块）来切换不同类型的输入信号的输入电路。量程卡安装在模拟量输入模块的侧面，每两个通道为一组，共用一个量程卡（见图 2-11）。量程卡插入输入模块后，如果量程卡上的标记 C 与 AI 模块上的箭头标记相对，则量程卡被设置在 C 位置。

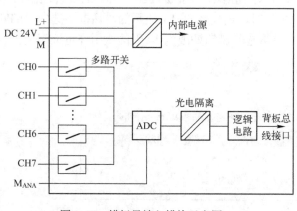

图 2-10　模拟量输入模块示意图

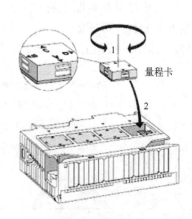

图 2-11　量程卡

供货时模块的量程卡在默认位置，如果与组态时给出的量程卡位置不同，用螺钉旋具将量程卡从模拟量输入模块中撬出来，再按组态时要求的位置将量程卡插入 AI 模块。

4．模拟量输出模块

S7-300 的模拟量输出（AO）模块用于将数字转换为成比例的电流信号或电压信号，对执行机构进行调节或控制，其主要组成部分是 D-A 转换器（见图 2-12 中的 DAC）。

AO 模块均有诊断中断功能，用红色 LED 指示故障。模块与背板总线有光隔离，使用屏蔽电缆时最大距离为 200m。

模拟量信号应使用屏蔽双绞线电缆来传送。电缆线 QV 和 S_+、M_{ANA} 和 S_-（见图 2-12）应分别绞接在一起，这样可以减轻干扰的影响，另外应将电缆两端的屏蔽层接地。

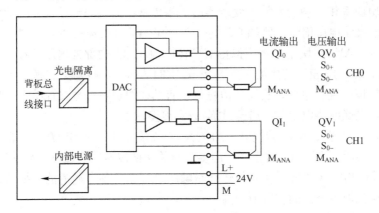

图 2-12　模拟量输出模块电路

2.2　实训二　生成项目与组态硬件

2.2.1　生成一个新的项目

1．激活试用许可证密钥

双击计算机桌面上的 STEP 7 图标，打开 SIMATIC Manager（SIMATIC 管理器）。如果没有安装许可证密钥，第一次打开 STEP 7 时，出现图 2-13 所示的对话框，选中 "STEP 7"，"激活" 按钮上字符的颜色变为黑色，单击它将激活期限为 14 天的试用许可证密钥。

图 2-13　激活试用许可证密钥

双击计算机桌面上的 图标，打开自动化许可证管理器（Automation License Manager，见图 2-14）。单击左边窗口的 C 盘，在右边窗口可以看到 C 盘上的试用（Trial）许可证，括号中的 14 天是允许使用的天数，括号前面是剩余的天数。上述操作不是使用软件必需的操作。

2. 用新建项目向导创建项目

双击桌面上的 STEP 7 图标，打开 SIMATIC Manager（SIMATIC 管理器），将会出现"STEP 7 向导：'新建项目'"对话框（见图 2-15 的左图）。

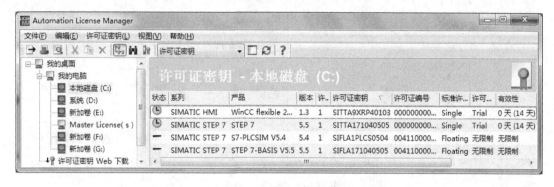

图 2-14　自动化许可证管理器

单击"取消"按钮，将打开上一次退出 STEP 7 时打开的所有项目。新建项目时，单击"下一步>"按钮，在下一个对话框中可以设置 CPU 模块的型号（见图 2-15 的右图），以及 CPU 在 MPI 网络中的站地址（默认值为 2）。CPU 列表框的下面是所选 CPU 的基本特性。单击"预览"按钮，可以打开或关闭该按钮下面的项目预览窗口。

组态实际的系统时，CPU 的型号与订货号应与实际的硬件相同。

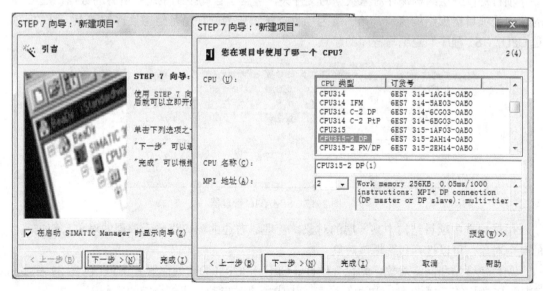

图 2-15　新建项目向导

单击"下一步>"按钮，在下一对话框中选择需要生成的组织块 OB（见图 2-16 的左图）。一般采用默认的设置，只生成主程序 OB1。

默认的编程语言为语句表（STL），用单选框将它修改为梯形图（LAD）。单选框的每个选项左边有一个小圆圈，选中某个选项时，小圆圈内出现小圆点。同时只能选中单选框的一个选项，但是可以同时选中多个复选框。

单击"下一步>"按钮，可以在"项目名称"文本框修改默认的项目名称（见图 2-16 的右图）。单击"完成"按钮，开始创建项目。

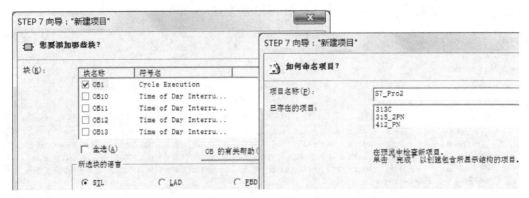

图 2-16　新建项目向导

项目的名称最多允许 8 个字符，每个中文占两个字符。如果超过 8 个字符，保存项目后项目名称中超出的字符将被自动删除。

在 SIMATIC 管理器中执行菜单命令"文件"→"'新建项目'向导"，也可以打开新建项目向导对话框。新建项目向导的缺点是同一个型号的 CPU 只能选用一种订货号。

3. 项目的分层结构

项目是以分层结构保存对象数据的文件夹，包含了自动控制系统中所有的数据，图 2-17 的左边是项目树形结构窗口。第一层为项目，第二层为站，站是组态硬件的起点。站的下面是 CPU，"S7 程序"是编写程序的起点。

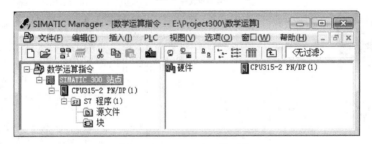

图 2-17　SIMATIC 管理器

用鼠标选中项目结构中某一层的对象，管理器右边的窗口将显示该层的对象。双击其中的某个对象，可以打开和编辑该对象。

项目包含站和网络对象，站包含硬件、CPU 和 CP（通信处理器），CPU 包含 S7 程序和连接，S7 程序包含源文件、块和符号表。生成程序时自动生成一个空的符号表。

项目刚生成时，"块"文件夹中一般只有主程序 OB1。

4. 设置项目属性

STEP 7 中文版可以使用中文和英语，默认的是中文。需要切换为英语时，执行 SIMATIC 管理器中的菜单命令"选项"→"自定义"，打开出现的"自定义"对话框的"语言"选项卡（见图 2-18 的左图），选中 English。单击"确定"按钮，将自动退出 STEP 7。重新打开它以后，软件使用的语言变为英语。在该选项卡还可以用单选框选择使用德语或英语的助记符。

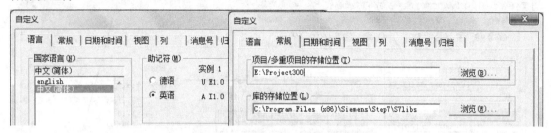

图 2-18　设置语言与存储位置

在"常规"选项卡（见图 2-18 的右图），可以修改保存项目和库的默认的文件夹。如果保存项目的各级文件夹的名称中有汉字，不能使用"新建项目"向导。

建议项目不要保存在 C 盘，因为用 Ghost 恢复 C 盘时，将会丢失 C 盘中所有的文件。

2.2.2　组态硬件

1．硬件组态工具 HW Config

硬件组态的任务就是在 STEP 7 中生成一个与实际的硬件系统完全相同的系统，例如生成网络和网络中的各个站；生成 PLC 的机架，在机架中插入模块，以及设置各站点或模块的参数，即给参数赋值。组态的模块和实际的模块的插槽位置、型号、订货号和固件版本号应完全相同。硬件组态确定了 PLC 输入/输出变量的地址，为设计用户程序打下了基础。

选中 SIMATIC 管理器左边的站对象，双击右边窗口的"硬件"图标（见图 2-17），打开硬件组态工具 HW Config（见图 2-19）。

刚打开 HW Config 时，左上方的硬件组态窗口中只有"新建项目"向导自动生成的机架，以及 2 号槽中的 CPU 模块。右边是硬件目录窗口，可以用工具栏上的目录按钮 打开或关闭它。选中硬件目录中的某个硬件对象，硬件目录下面的小窗口是它的订货号和简要信息。

S7-300 的电源模块必须放在 1 号槽，2 号槽是 CPU 模块，3 号槽是接口模块，4～11 号槽放置其他模块。如果只有一个机架，3 号槽空着，但是实际的 CPU 模块和 4 号槽的模块紧挨着。

单击项目窗口中"SIMATIC 300"文件夹左边的，打开该文件夹，其中的 CP 是通信处理器，FM 是功能模块，IM 是接口模块，PS 是电源模块，RACK 是机架，SM 是信号模块。单击某文件夹左边的，将关闭该文件夹。

2．放置硬件对象的方法

组态时用组态表来表示机架或导轨，可以用鼠标将右边硬件目录窗口中的模块放置到组态表的某一行，就好像将真正的模块插入机架的某个槽位一样。

（1）用"拖放"的方法放置硬件对象

用鼠标打开硬件目录中的文件夹"\SIMATIC 300\PS-300"（见图 2-19），单击其中的电源模块"PS 307 5A"，该模块被选中，其背景变为深色。此时硬件组态窗口的机架中允许放置该模块的 1 号槽变为绿色，其他插槽为灰色。用鼠标左键按住该模块不放，移动鼠标，将选中的模块"拖"到组态表的 1 号槽，或拖到硬件信息显示窗口的 1 号槽。

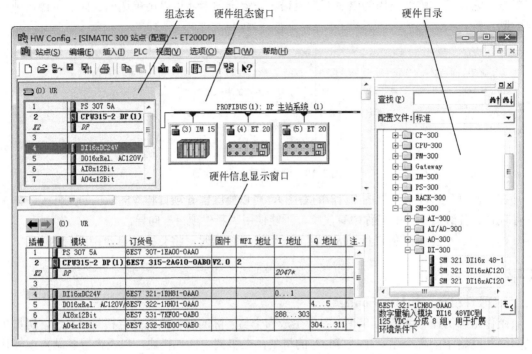

图 2-19　硬件组态窗口

光标没有移动到允许放置该模块的插槽时，其形状为 $\bigcirc$（禁止放置）。拖到组态表或硬件信息显示窗口的 1 号槽时，光标的形状变为，表示允许放置。此时松开鼠标左键，电源模块被放置到 1 号槽。

选中机架中的某个模块后按删除键，可以删除该模块。

（2）用双击的方法放置硬件对象

放置模块还有另外一个简便的方法，首先用鼠标左键单击机架中需要放置模块的插槽，使它的背景色变为深色。用鼠标左键双击硬件目录中允许放置在该插槽的模块，该模块便出现在选中的插槽，同时自动选中下一个槽。

3. 放置信号模块

打开文件夹"\SIMATIC 300\SM-300"，其中的 DI、DO 分别是数字量输入模块和数字量输出模块，AI、AO 分别是模拟量输入模块和模拟量输出模块。用上述的方法，将 16 点的 DI 模块和 16 点的 DO 模块分别放置在 4 号槽和 5 号槽。

硬件信息显示窗口显示 S7-300 站点中各模块的详细信息，例如模块的订货号、I/O 模块的字节地址和注释等。图 2-19 中 CPU 的固件版本号为 V2.0，MPI 站地址为 2，"DP"行的 2047 是 CPU 集成的 PROFIBUS-DP 接口的诊断地址。

S7-300 的数字量（或称开关量）地址由地址标识符、地址的字节部分和位部分组成，一个字节由 0～7 这 8 位组成。地址标识符 I 表示输入，Q 表示输出，M 表示位存储器。例如 I1.2 是一个数字量输入点的地址，小数点前面的 1 是地址的字节部分，小数点后面的 2 表示这个输入点是 1 号字节中的第 2 位。I1.0～I1.7 组成了输入字节 IB1。

S7-300 的信号模块的字节地址与模块所在的机架号和插槽号有关。从 0 号字节开始，在组态时 STEP 7 自动地为信号模块分配字节地址。S7-300 给每个数字量信号模块保留 4B（4 个字节）的地址，相当于 32 个数字量 I/O 点。分配给 4 号槽的 DI 模块的地址为 IB0 和 IB1（见图 2-19），分配给 5 号槽的 DO 模块的地址为 QB4 和 QB5。

模拟量模块有多个通道，一个通道占用一个字或两个字节的地址。S7-300 的模拟量模块的地址范围为 IB256～767。一个模拟量模块最多 8 个通道，S7-300 给每个模拟量模块自动分配 16B（8 个字）的地址。如果 4 号槽放置的是模拟量模块，其地址从 256 号字节开始。图 2-19 中 6 号槽的 AI 模块的起始地址为 288（256+2×16），7 号槽的 AO 模块的起始地址为 304（256+3×16）。

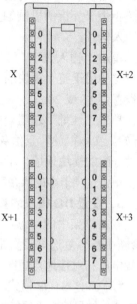

模块内各 I/O 点的位地址与信号线接在模块上的哪一个端子有关。图 2-20 是一块 32 点数字量 I/O 模块，其起始字节地址为 X，每个字节由 8 个 I/O 点组成。图中标出了各 I/O 点字节的位置和字节内各点的端子位置。有关的手册和模块盖板的背面给出了信号模块内部的地址分配图。

图 2-20　信号模块的地址

4. 设置 DI 模块的参数

双击 4 号槽的 16 点 DI 模块，打开它的模块属性对话框，"常规"选项卡里有模块的基本信息。在"输入"选项卡（见图 2-21 的左图），用鼠标单击复选框，可以设置是否启用诊断中断和硬件中断。复选框内出现"√"表示允许产生中断。低档的 DI 模块的属性对话框没有"输入"选项卡。

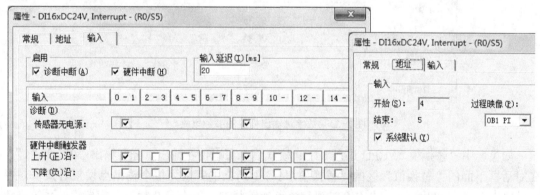

图 2-21　数字量输入模块的参数设置

启用诊断中断后，在"诊断"区可以分组设置是否诊断传感器电源丢失。如果激活了诊断中断，故障事件将会触发诊断中断，CPU 的操作系统将调用诊断中断组织块 OB82。

启用硬件中断后，可以用"硬件中断触发器"区的复选框设置上升沿中断、下降沿中断，或上升沿和下降沿均产生中断。出现硬件中断时，操作系统将调用硬件中断组织块 OB40。

机械触点接通和断开时，由于触点的抖动，实际的波形如图 2-22 所示。这样的波形可能会影响程序的正常执行，例如扳动一次开关，触点的抖动使计数器多次计数。有的数字量输入模块有数字滤波功能，以防止由于外接的机械触点抖动或外部干扰脉冲引起的错误的输入信号。

图 2-22　波形图

单击"输入延迟"选择框，在弹出的菜单中选择以 ms 为单位的用于整个模块的数字滤波的输入延迟时间。为防止机械触点抖动的影响，延迟时间应设置为 15 或 20ms。

单击"地址"选项卡中的"系统默认"复选框（见图 2-21 的右图），其中的"√"消失，"开始"文本框的背景由灰色变为白色，可以用它来修改模块的起始地址。建议采用 STEP 7 自动分配的模块地址，不要修改它们，但是在编程时必须使用组态时分配的地址。

单击选项卡中的"帮助"按钮或按计算机的〈F1〉键，可以打开该选项卡的在线帮助。

5．设置 DO 模块的参数

双击机架中的 4 点 DO 模块，出现图 2-23 所示的属性对话框。用"输出"选项卡的"诊断中断"复选框设置是否启用诊断中断。可以在"诊断"区逐点设置是否诊断断线、无负载电压和对接地点短路的故障。低档的 DO 模块的属性对话框没有"输出"选项卡。

"对 CPU STOP 模式的响应"选择框用来选择 CPU 进入 STOP 模式时，模块各输出点的处理方式。如果选中"保持前一个有效的值"，进入 STOP 模式后，模块将保持最后的输出值。

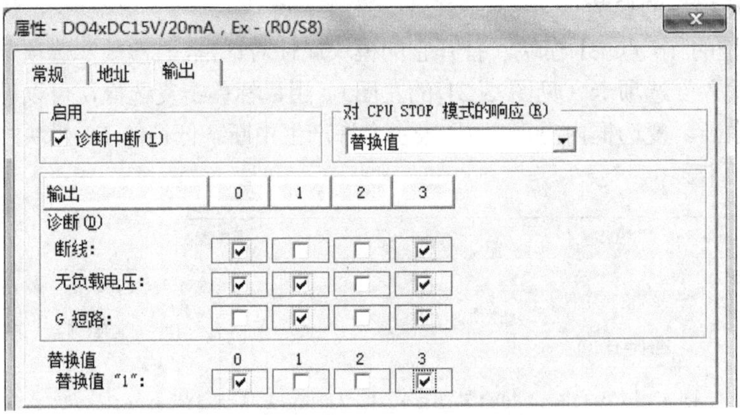

图 2-23　数字量输出模块的参数设置

如果选中"替换值"，CPU 进入 STOP 模式后，可以使各输出点分别输出"0"或"1"。在对话框下面的"替换值"区的"替换值'1'："所在的行，为每个输出点设置替换值。多选框内出现"√"表示 CPU 进入 STOP 后该点为 1 状态，反之为 0 状态。应按确保系统安全的原则来组态替换值。

6．设置 AI 模块的参数

双击 HW Config 的机架中的 8 通道 12 位模拟量输入模块，打开其属性对话框。模块的参数主要在"输入"选项卡中设置。

（1）测量范围的选择

图 2-24 中每两个通道为一组，可以分别设置每一通道组的量程。单击某通道组的"测

量型号"输入框,在弹出的菜单中选择测量的类型。图 2-24 中的"2DMU"是 2 线制电流变送器,"TC-I"是内部比较的热电偶。如果未使用某一组的通道,应选择测量型号列表中的"取消激活",禁止使用该通道组,以减小模块的扫描时间。

单击"测量范围"输入框,在弹出的菜单中选择量程,图中 2 号和 3 号通道的测量范围为 4~20mA。测量范围输入框下面的"[D]"表示对应的量程卡的位置应设置为"D"(见图 2-24),即量程卡上的"D"应对准 AI 模块上的箭头。组态好测量范围后,应保证量程卡的位置与组态时要求的位置一致。

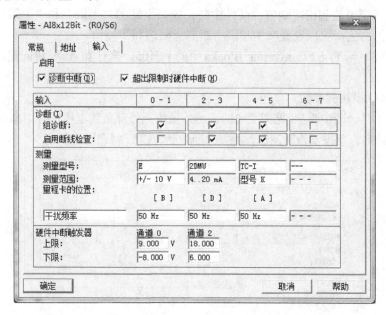

图 2-24　模拟量输入模块的参数设置

(2)模块测量精度与转换时间的设置

SM 331 系列 AI 模块采用积分式 A-D 转换器,积分时间与干扰抑制频率互为倒数。积分时间、干扰抑制频率、转换精度和基本转换时间的关系如表 2-2 所示。积分时间越长,精度越高,快速性越差。积分时间为 20ms 时,对 50Hz 的干扰噪声有很强的抑制作用。为了抑制工频信号对模拟量信号的干扰,一般选择积分时间为 20ms。

表 2-2　6ES7 331 模拟量输入模块的参数

参　　数	数　　据			
积分时间/ms	2.5	16.6	20	100
干扰抑制频率/Hz	400	60	50	10
精度/bit(包括符号位)	9	12	12	14
基本转换时间/ms(包括积分时间)	3	17	22	102

单击图 2-24 最右边的"干扰频率"方框,用弹出的菜单选择按积分时间或按干扰抑制频率来设置参数。单击各组的干扰频率或积分时间文本框,用弹出的菜单选择需要的参数。

(3)模拟量转换后的模拟值

模拟量输入/输出模块中模拟量对应的数字称为模拟值,模拟值用 16 位二进制补码(整数）来表示。最高位（第 15 位）为符号位，正数的符号位为 0，负数的符号位为 1。

双极性模拟量量程的上、下限（100%和−100%）分别对应于模拟值 27648 和−27648，单极性模拟量量程的上、下限（100%和 0%）分别对应于模拟值 27648 和 0。

（4）模块诊断与中断功能的设置

可以用复选框设置是否启用诊断中断、各组是否有组诊断功能和断线检查功能。AI 模块在出现下列故障时发出诊断消息：外部辅助电源故障、组态/参数设置出错、共模错误、断线、下溢出和上溢出。

如果启用了模拟值超出限制值的硬件中断，窗口下部的"上限"和"下限"输入框的背景色由灰色变为白色，可以设置产生超限中断的上限值和下限值。

可以调用程序库 TI-S7 Converting Blocks 中的 FC105，来计算 AI 模块的输出值对应的物理量的值。

7. 设置 AO 模块的参数

如果启用了"诊断中断"（见图 2-25），AO 模块无外部负载电压、有组态/编程错误、对 M 点短路或断线时，将发出诊断消息，触发诊断中断，CPU 将调用 OB82。

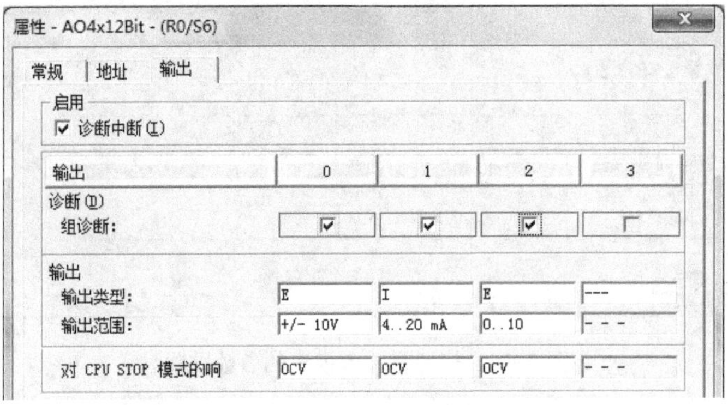

图 2-25 模拟量输出模块的参数设置

每一通道的输出类型可选电压输出、电流输出和取消激活。选好输出类型后，再选择输出信号的量程（输出范围）。可以选择 CPU 进入 STOP 模式时，不输出电流电压（0CV）和保持最后的输出值（KLV）。

可以调用程序库 TI-S7 Converting Blocks 中的 FC106，来计算 AO 模块要输出的物理量的值对应的数字输出值。

8. 编译和保存组态信息

组态结束后，单击工具栏上的按钮，编译并保存组态信息。编译成功后，选中 SIMATIC 管理器左边窗口最下面的"块"，右边窗口可以看到编译后生成的保存硬件组态信息和网络组态信息的"系统数据"图标。单击 SIMATIC 管理器工具栏的下载按钮，可以将它下载到 CPU，也可以在 HW Config 中将硬件组态信息下载到 CPU。

9. 硬件组态练习

用新建项目向导生成一个项目，选用 S7-400 的 CPU。

打开 HW Config，将电源模块和信号模块插入机架。设置 DI 模块、DO 模块、AI 模块和 AO 模块的参数。

2.3　实训三　异步电动机正反转控制

2.3.1　生成用户程序

1．硬件电路

图 2-26 是三相异步电动机正反转控制的主电路和继电器控制电路，KM1 和 KM2 分别是控制正转运行和反转运行的交流接触器。图中的 FR 是用于过载保护的热继电器。图 2-27 是 PLC 的外部接线图和梯形图，各输入信号均用常开触点提供。输出电路中的硬件互锁电路用于确保 KM1 和 KM2 的线圈不会同时通电，以防止出现交流电源相间短路的故障。

2．生成项目

用"新建项目"向导生成一个名为"电机控制"的项目（见随书云盘中的同名例程），CPU 可以选任意的型号。如果只是用于仿真实验，可以不对 S7-300 的硬件组态，只有 CPU 模块也能仿真。如果使用 S7-400 的 CPU，必须组态电源模块才能进行仿真。

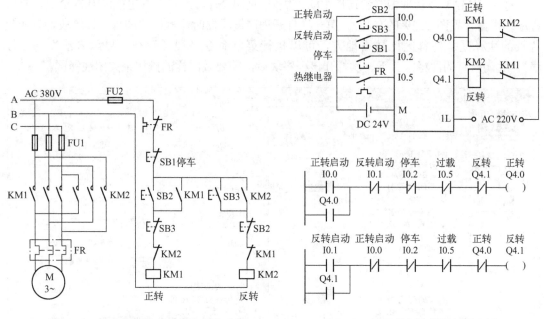

图 2-26　异步电动机正反转控制电路图　　　　图 2-27　PLC 外部接线图与梯形图

3．定义符号地址

在程序中可以用绝对地址（例如 I0.2）访问变量，但是符号地址（例如"停车按钮"）使程序更容易阅读和理解。用符号表定义的符号可供所有的逻辑块使用。

选中 SIMATIC 管理器左边窗口的"S7 程序"，双击右边窗口出现的"符号"，打开符号编辑器（见图 2-28），OB1 的符号是自动生成。在下面的空白行输入符号"正转按钮"和地址 I0.0，其数据类型 BOOL（二进制的位）是自动添加的。可以为符号输入注释。

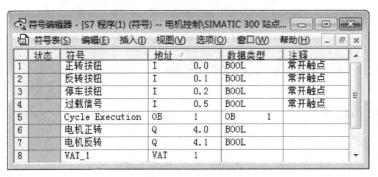

图 2-28　符号表

单击某一列的表头，可以改变排序的方法。例如单击"符号"所在的单元，该单元出现向上的三角形，表中的各行按符号升序排列，即按符号的英语或汉语拼音的第 1 个字母从 A 到 Z 的顺序排列。再单击一次"符号"所在的单元，该单元出现向下的三角形，表中的各行按符号降序排列。可以按符号、地址、数据类型和注释，升序或降序排列符号表中的各行。

4. 程序编辑器的设置

选中 SIMATIC 管理器左边窗口中的"块"（见图 2-17），双击右边窗口中的 OB1，打开程序编辑器（见图 2-29 的左图）。第一次打开程序编辑器时，程序块和每个程序段均有灰色背景的注释区。注释区比较占地方，可以执行菜单命令"视图"→"显示方法"→"注释"，关闭所有的注释区。下一次打开该程序块后，需要做同样的操作来关闭注释区。

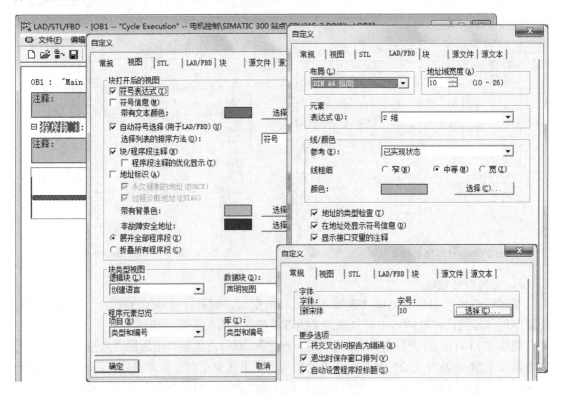

图 2-29　自定义程序编辑器的属性

执行下面的操作，可以在打开程序块时不显示注释区。在程序编辑器中执行菜单命令"选项"→"自定义"，在打开的"自定义"对话框的"视图"选项卡中（见图 2-29 中间的图），取消"块打开后的视图"区中对"块/程序段注释"的激活，即用鼠标单击它左边的复选框，使其中的"√"消失。如果选中了复选框"程序段注释的优化显示"，不显示没有注释内容的程序段注释。关闭程序段注释后，可以将程序段的简要注释放在程序段的"标题"行。

在"LAD/FBD"（梯形图/功能块图）选项卡（见图 2-29 右边的图），可以设置以字符个数（10～26 个字符）为单位的"地址域宽度"，即梯形图中触点和线圈的宽度。

单击"常规"选项卡的"字体"区的"选择"按钮（见图 2-29 右下角的图），可以设置编辑器使用的字体和字符的大小。

5. 生成梯形图程序

如果在新建项目时，采用默认的编程语言"STL"（语句表），打开程序编辑器后，看不到梯形图中的"电源线"，只能输入语句表程序。此时需要执行菜单命令"视图"→"LAD"，将编程语言切换为梯形图。

单击程序段 1 梯形图的水平线，它变为深色的加粗线（见图 2-29 的左图）。工具栏上触点、线圈按钮的图形变为深色。单击一次工具栏上的常开触点按钮 ⊣⊢，单击 4 次常闭触点按钮 ⊣/⊢，单击一次线圈按钮 ⊣○⊢，生成的触点和线圈见图 2-30a。

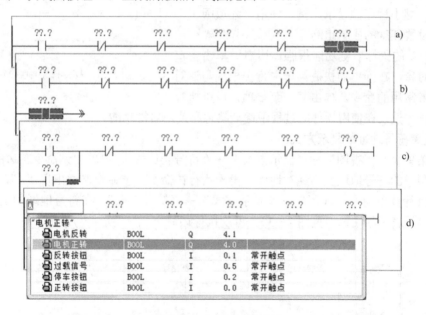

图 2-30　生成用户程序

为了生成并联的触点，首先单击最左边的垂直短线来选中它，然后单击工具栏上的 ⊣⊢ 按钮，生成一个常开触点（见图 2-30b）。单击工具栏上的 ⌐ 按钮，该触点被并联到上面一行的第一个触点上（见图 2-30c）。

单击触点上面的"??.?"，用英文输入法输入任意的字符，弹出符号列表（见图 2-30d）。符号列表只显示与该地址的数据类型匹配的所有符号地址。双击其中的变量"电机正转"，该符号地址出现在触点上。用同样的方法输入其他符号地址。因为两个程序段的电路相同，可以用复制和粘贴的方法生成一个相同的程序段，然后修改其中的地址。

图 2-31 是输入结束后的梯形图，STEP 7 自动地为程序中的全局符号加双引号。

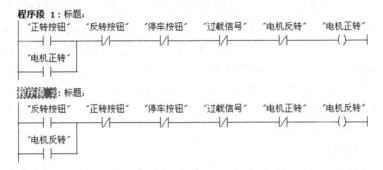

图 2-31 梯形图程序

用鼠标左键单击选中双箭头表示的触点的端点（见图 2-32），按住左键不放，将自动出现的与该端点连接的线拖到希望并允许放置的位置，随光标一起移动的⊘（禁止放置）符号变为┤├（允许放置）时，放开左键，该触点便被连接到指定的位置。

执行"视图"菜单中的"放大""缩小"命令，可以放大、缩小程序的显示比例，使用"缩放因子"命令可以设置任意的显示比例。

STEP 7 的鼠标右键功能很强，用右键单击窗口中的某一对象，在弹出的快捷菜单中将会出现与该对象有关的最常用的命令。单击某一菜单项，可以执行相应的操作。建议在使用软件的过程中逐渐熟悉和使用右键功能。

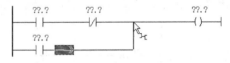

图 2-32 梯形图中触点的并联

6. 设置符号地址的显示方式

执行菜单命令"视图"→"显示方式"→"符号表达式"，菜单中该命令左边的"√"消失，梯形图中的符号地址变为绝对地址。再次执行该命令，该命令左边出现"√"，又显示符号地址。执行菜单命令"视图"→"显示方式"→"符号信息"，在符号地址的上面出现绝对地址和符号表中的注释（见图 2-33）。再次执行该命令，只显示符号地址。

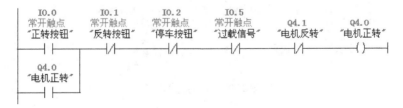

图 2-33 显示符号信息的梯形图程序

2.3.2 用 PLCSIM 调试程序

1. 打开仿真软件 PLCSIM

S7-PLCSIM 是 S7-300/400 功能强大、使用方便的仿真软件。可以用它代替 PLC 的硬件来调试用户程序。安装 PLCSIM 以后，SIMATIC 管理器工具栏上的▣按钮的图形由灰色变为深色。如果没有安装许可证密钥，第一次单击该按钮打开 PLCSIM 时，将会出现图 2-34 所示的对话框。选中文本框中的"S7-PLCSIM"，"激活"按钮上的字符颜色变为黑色，单击它将激活 14 天的试用许可证密钥。

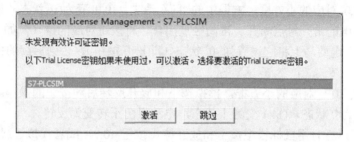

图 2-34　激活试用许可证密钥

打开 S7-PLCSIM 后，自动建立了 STEP 7 与仿真 PLC 的通信连接。刚打开 PLCSIM 时，只有图 2-35 最左边被称为 CPU 视图对象的小方框。单击它上面的"STOP""RUN"或"RUN-P"小方框，可以令仿真 PLC 处于相应的运行模式。单击"MRES"按钮，可以清除仿真 PLC 中已下载的程序。可以用鼠标调节 S7-PLCSIM 窗口的位置和大小。

2. 下载用户程序和组态信息

单击 S7-PLCSIM 工具栏上的 和 按钮，生成 IB0 和 QB0 视图对象。将视图对象中的 QB0 改为 QB4（见图 2-35），按计算机的〈Enter〉键后，更改才生效。

图 2-35　PLCSIM

下载之前，应打开 PLCSIM。选中 SIMATIC 管理器左边窗口中的"块"对象，单击工具栏上的下载按钮 ，将 OB1 和系统数据下载到仿真 PLC。下载系统数据时出现"是否要装载系统数据？"对话框，单击"是"按钮确认。

不能在 RUN 模式时下载。在 RUN-P 模式下载系统数据时，将会出现"模块将被设为 STOP 模式"的对话框。下载结束后，出现"是否现在就要启动该模块？"的对话框。这两种情况均应单击"是"按钮确认。

3. 用 PLCSIM 的视图对象调试程序

单击 CPU 视图对象中的小方框，将 CPU 切换到 RUN 或 RUN-P 模式。这两种模式都要执行用户程序，但是在 RUN-P 模式可以下载程序和系统数据。

根据梯形图电路，按下面的步骤调试用户程序：

1）单击视图对象 IB0 最右边的小方框，方框中出现"√"，I0.0 变为 1 状态，模拟按下正转按钮。梯形图中 I0.0 的常开触点闭合、常闭触点断开。由于 OB1 中程序的作用，Q4.0（电机正转）变为 1 状态，梯形图中其线圈通电，视图对象 QB4 最右边 Q4.0 对应的小方框中出现 "√"（见图 2-35）。

再次单击 I0.0 对应的小方框，方框中的 "√" 消失，I0.0 变为 0 状态，模拟放开启动按钮。梯形图中 I0.0 的常开触点断开、常闭触点闭合。将按钮对应的位（例如 I0.0）设置为 1 状态之后，注意一定要马上将它设置为 0 状态（即松开按钮），否则后续的操作可能会出现异常情况。

2）单击两次 I0.1 对应的小方框，模拟按下和放开反转启动按钮的操作。由于用户程序的作用，Q4.0 变为 0 状态，Q4.1 变为 1 状态，电动机由正转变为反转。

3）在电动机运行时用鼠标模拟按下和放开停止按钮 I0.2，或者模拟过载信号 I0.5 出现和消失，观察当时处于 1 状态的 Q4.0 或 Q4.1 是否变为 0 状态。

4．下载部分块

块较多时，可以只下载部分块。打开随书云盘中的项目 "S7_DP"，选中左边窗口的 "块" 文件夹，单击右边窗口的某个块或系统数据，被选中的块的背景色变为深蓝色。打开 PLCSIM，单击工具栏上的下载按钮 ，只下载选中的单个对象。图 2-36 中的 "VAT_1" 是用于监控程序执行情况的变量表，即使选中它也不会下载它。

用鼠标左键单击图 2-36 中虚线方框的一个角，按住左键不放，移动鼠标，画出一个虚线方框，方框中和方框上的块被选中。单击工具栏上的下载按钮 ，只下载选中的对象。

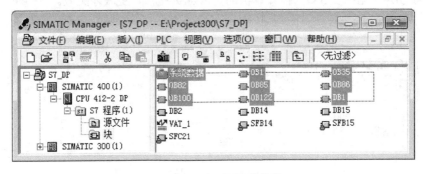

图 2-36 选中需要下载的块

按住计算机的〈Ctrl〉键，单击需要下载的块，可以选中多个任意位置的块。单击工具栏的下载按钮 ，只下载选中的块。

修改程序后，可以在程序编辑器中下载打开的程序块。也可以在硬件组态、网络组态窗口中下载对应的组态数据。

5．下载整个站点

选中项目中的某个 PLC 站点，单击工具栏上的下载按钮 ，可以把整个站点的信息（包括程序块、系统数据中的硬件组态和网络组态信息）下载到 CPU。

6．在线窗口与离线窗口

STEP 7 与 PLC 建立好在线连接后，单击 SIMATIC 管理器工具栏上的在线按钮 ，打开在线窗口（见图 2-37）。该窗口最上面的标题栏出现浅蓝色背景的长条，长条的右端显示 ONLINE，表示在线。如果选中管理器左边窗口中的 "块"，右边窗口将会列出 CPU 中大量的系统功能块 SFB、系统功能 SFC，以及已经下载到 CPU 的系统数据和用户编写的块。SFB 和 SFC 在 CPU 的操作系统中，无需下载，也不能用编程软件删除。在线窗口显示的是通过通信读取的 PLC 中的块，而离线窗口显示的是计算机中的项目对象。

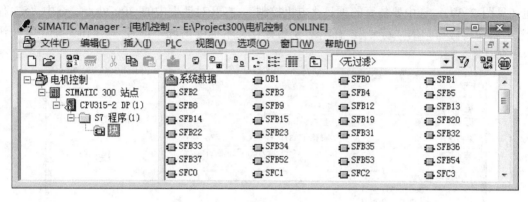

图 2-37　在线窗口

打开在线窗口后，可以用 SIMATIC 管理器工具栏上的 按钮和 按钮，或者用"窗口"菜单中的命令来切换在线窗口和离线窗口。单击右上角的 按钮，关闭在线窗口后，离线窗口仍然存在。

打开在线窗口后，执行菜单命令"窗口"→"排列"→"水平"，将会同时显示在线窗口和离线窗口。可以用拖放的方法，将离线窗口中的块拖到在线窗口的块工作区（下载块）。也可以将在线窗口中的块拖到离线窗口的块工作区（上载块）。

7. 用程序状态功能调试程序

仿真 PLC 在 RUN 或 RUN-P 模式时，打开 OB1，单击工具栏上的"监视"按钮 ，启动程序状态监控功能。STEP 7 和 PLC 中的 OB1 程序不一致时（例如下载后改动了程序），工具栏的 按钮上的符号为灰色。此时需要重新下载 OB1，STEP 7 和 PLC 中 OB1 的程序一致后，按钮 上的符号变为黑色，才能启动程序状态功能。

启动程序状态后，从梯形图左侧垂直的"电源"线开始的水平线均为绿色（见图 2-38），表示有能流从"电源"线流出。有能流流过的方框指令、线圈、"导线"和处于闭合状态的触点均用绿色表示。用蓝色虚线表示导线没有能流流过和触点、线圈断开。

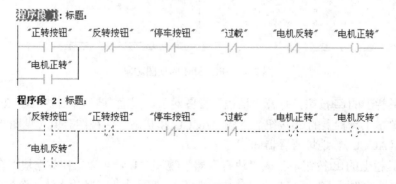

图 2-38　程序状态监控

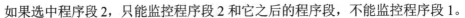

如果选中程序段 2，只能监控程序段 2 和它之后的程序段，不能监控程序段 1。

8. 在 PLCSIM 中使用符号地址

执行菜单命令"工具"→"选项"→"连接符号"，单击打开的对话框中的"浏览"按钮（见图 2-39），选中要仿真的项目"电机控制"。打开对话框中的 300 站点，选中"S7 程序"，单击右边窗口的"符号"，在"对象名称"文本框中出现"符号"。单击"确定"按钮退出对话框。

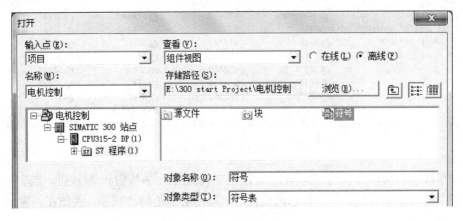

图 2-39　连接符号表

执行菜单命令"工具"→"选项"→"显示符号"，使该菜单项的左边出现"√"（被选中）。单击工具栏上的 按钮，打开垂直位变量视图对象。设置它的地址为 IB0，该视图对象将显示 IB0 中已定义的符号地址（见图 2-40）。

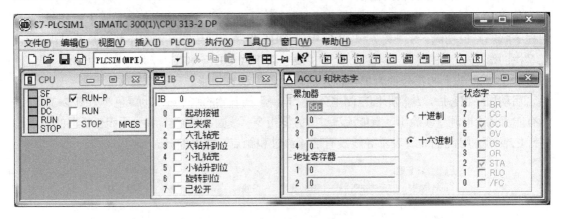

图 2-40　PLCSIM 的视图对象

单击工具栏上的 按钮，打开"堆栈"视图对象，里面有嵌套堆栈和 MCR（主控继电器）堆栈。单击工具栏上的 按钮，生成"ACCU 和状态字"视图对象（见图 2-40），可以监控累加器（ACCU）、地址寄存器和状态字。

单击工具栏上的 按钮，生成"块寄存器"视图对象，可以监控数据块寄存器、逻辑块的编号和步地址计数器（Step address counter，SAC）。实际上很少使用上述 3 个视图对象。

关闭 PLCSIM 时，出现的对话框询问"是否要将当前程序保存到*.plc 文件中？"，一般单击"否"按钮，即不保存。

9. 仿真练习

用新建项目向导生成一个项目，用启动按钮和停止按钮控制一台单向运行的电动机，电动机过载时自动停机。画出 PLC 的外部接线图。

用符号表定义输入、输出变量的符号，生成梯形图程序。用 PLCSIM 和程序状态监控功能调试程序，在 PLCSIM 中使用符号地址。

2.4　实训四　小车控制系统

1. PLC 的循环处理过程

CPU 的程序分为操作系统和用户程序。操作系统用来处理 PLC 的启动、刷新过程映像输入/输出区、调用用户程序、处理中断和错误、管理存储区和通信等任务。

用户程序由用户生成，用来实现用户要求的自动化任务。

PLC 得电或从 STOP 模式切换到 RUN 模式时，CPU 执行启动操作，将没有断电保持功能的位存储器、定时器和计数器清零，清除中断堆栈和块堆栈的内容，复位保存的硬件中断等。此外还要执行一次用户生成的启动组织块 OB100，完成用户指定的初始化操作。以后 PLC 采用循环执行用户程序的方式，这种运行方式也称为扫描工作方式。

在 PLC 的存储器中，设置了一片区域用来存放输入信号和输出信号的状态，它们分别称为过程映像输入区和过程映像输出区。PLC 梯形图中的其他编程元件也有对应的存储区。

下面是循环处理各个阶段的任务（见图 2-41）：

1）操作系统启动循环时间监控。

2）CPU 将过程映像输出表（Q 区）的数据写到输出模块。

3）CPU 读取输入模块的输入状态，并存入过程映像输入表（I 区）。

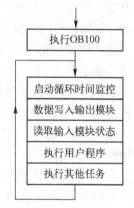

图 2-41　扫描过程

4）CPU 处理用户程序，执行用户程序中的指令。

5）循环结束时，操作系统执行其他任务，例如下载和删除块，接收和发送全局数据。

6）CPU 返回第一阶段，重新启动循环时间监控。

STEP 7 将用户编写的程序和程序所需的数据放置在块中，功能块 FB 和功能 FC 是用户编写的子程序，系统功能块 SFB 和系统功能 SFC 是操作系统提供给用户使用的标准子程序，它们和组织块 OB 统称为逻辑块。在启动完成后，每次循环都要调用一次主程序 OB1，OB1 可以调用 OB 之外的逻辑块。被调用的逻辑块又可以调用 OB 之外的下一级的逻辑块。

PLC 的用户程序由若干条指令组成，指令在存储器中顺序排列。在没有跳转指令和块调用指令时，CPU 从第一条指令开始，逐条顺序地执行用户程序，直到用户程序结束之处。在执行位逻辑指令时，从过程映像输入区或别的存储区中将有关编程元件的 0、1 状态读出来，并根据指令的要求执行相应的逻辑运算，运算结果写入指定的存储单元。因此，各编程元件的存储区的内容随着程序的执行而变化。

如果有中断事件出现，循环程序处理过程被暂停执行，并自动调用分配给该事件的中断组织块。该组织块被执行完后，被暂停执行的块将从被中断的地方开始继续执行。

2. 过程映像输入/输出区

在循环程序处理过程中，CPU 并不是直接访问 I/O 模块中的输入地址区和输出地址区，而是访问 CPU 内部的过程映像区（I/Q 区）。

在写输出模块阶段，CPU 将过程映像输出区的状态传送到输出模块。梯形图中某一数字量输出位（例如 Q4.0）的线圈"通电"时，对应的过程映像输出位为 1 状态。信号经输出模块隔离和功率放大后，继电器型输出模块对应的硬件继电器的线圈通电，其常开触点闭合，使外部负载通电工作。

若梯形图中输出位的线圈"断电"，对应的过程映像输出位为 0 状态，在写输出模块阶段之后，继电器型输出模块对应的硬件继电器的线圈断电，其常开触点断开，外部负载断电，停止工作。

在读输入模块阶段，PLC 把所有外部输入电路的接通/断开状态读入过程映像输入区。外部输入电路接通时，对应的过程映像输入位（例如 I0.0）为 1 状态，梯形图中该输入位的常开触点接通，常闭触点断开。外部输入电路断开时，对应的过程映像输入位为 0 状态，梯形图中该输入位的常开触点断开，常闭触点接通。

某个位编程元件为 1 状态时，称该编程元件的状态为 ON，该位为 0 状态时，称该编程元件的状态为 OFF。在程序执行阶段，即使外部输入电路的状态发生了变化，过程映像输入位的状态也不会随之而变，输入信号变化了的状态只能在下一个扫描周期的读取输入模块阶段被读入过程映像输入区。

扫描周期（Scan Cycle）是指操作系统执行一次如图 2-41 所示的循环操作所需的时间。扫描周期又称为扫描循环时间。

3. 外设输入/外设输出区

外设输入/外设输出区（PI/PQ 区）用于直接访问本地的和分布式的输入模块和输出模块。PI/PQ 区与 I/Q 区的关系如下：

1）访问 PI/PQ 区时，直接读写输入/输出模块，而 I/Q 区是输入/输出信号在 CPU 的存储器中的"映像"。

2）I/Q 区可以按位、字节、字和双字访问，PI/PQ 区不能按位访问。

3）I/Q 区的地址范围比 PI/PQ 区的小，前者与 CPU 的型号有关。如果地址超出了 I/Q 区允许的范围，必须使用 PI/PQ 区来访问。

4）I/Q 区与 PI/PQ 区的地址均从 0 号字节开始，因此 I/Q 区的地址编号也可以用于 PI/PQ 区。例如用 MOVE 指令将 QB1 传送到 PQB1，可以实现"立即写入"操作。

5）可以读、写 I/Q 区的地址。只能读取外设输入，不能改写它。只能改写外设输出，不能读取它。下面两条指令违背了上述规定，因此是错误的，输入后出错的指令变为红色。

```
L    PQB    0
T    PIB    0
```

6）访问 I/Q 区的指令比访问 PI/PQ 区的指令的执行时间短得多。

4. 小车控制系统简介

图 2-42 是小车控制系统的示意图与外部接线图。按下右行启动按钮 SB2 或左行启动按钮 SB3 后，要求小车在左限位开关 SQ1 和右限位开关 SQ2 之间不停地循环往返，直到按下停止按钮 SB1。

5. 仿真实验

用"新建项目"向导生成一个名为"小车控制 1"的项目（见随书云盘中的同名例程），CPU 可以选用任意的型号。

打开 OB1，输入图 2-43 所示的梯形图程序。打开 PLCSIM，将用户程序和系统数据下载到仿真 PLC。将仿真 PLC 切换到 RUN 或 RUN-P 模式。生成视图对象 IB0 和 QB4（见图 2-35），用 PLCSIM 调试程序。单击 I0.0~I0.5 对应的小方框，生成各种输入信号，通过观察 Q4.0 和 Q4.1 对应的小方框，检查程序运行的情况。

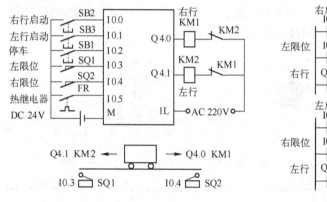

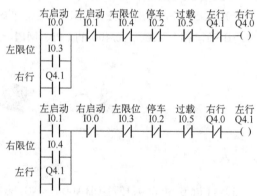

图 2-42　PLC 的外部接线图　　　　　　　　图 2-43　梯形图

打开 OB1，单击程序编辑器工具栏上的"监视"按钮，用程序状态监控功能调试程序。按以下步骤检查程序：

1）开始时所有的输入信号均为 0 状态。单击两次 I0.0 对应的小方框，模拟按下和放开右行启动按钮，观察 Q4.0 是否变为 1 状态。

2）连续单击两次 I0.4 对应的小方框，模拟右限位开关变为 1 状态和 0 状态，观察 Q4.0 是否变为 0 状态，Q4.1 是否变为 1 状态。

3）连续单击两次 I0.3 对应的小方框，模拟左限位开关变为 1 状态和 0 状态，观察 Q4.1 是否变为 0 状态，Q4.0 是否变为 1 状态。

4）重复第 2 步和第 3 步。

5）连续单击两次 I0.2 对应的小方框，模拟停车按钮信号，或者连续单击两次 I0.5 对应的小方框，模拟过载信号，观察它们是否能使 Q4.0 或 Q4.1 变为 0 状态。

6）小车在停车状态时，单击 I0.1 对应的小方框，模拟左行启动按钮信号，启动后用上述方法控制小车自动反向运行和停车。

若发现 PLC 的输入/输出关系不符合要求，应检查程序，改正错误。

2.5　STEP 7 与 PLC 通信的组态

2.5.1　使用 MPI 和 DP 接口通信的组态

所有的 S7-300/400 CPU 都可以通过集成的 MPI 接口与 STEP 7 通信。有 PROFIBUS-DP（简称为 DP）接口的 CPU 可以通过集成的 DP 接口与 STEP 7 通信。用于 MPI 和 DP 通信接口的适配器和通信处理器可以使用 MPI 或 DP 协议。为了实现 CPU 与 STEP 7 的通信，需要通过组态来设置有关的通信参数。

1. 用于 MPI 和 DP 接口通信的适配器

1）订货号为 6ES7 972-0CA23-0XA0 的 PC/MPI 适配器用于连接计算机的 RS-232 接口和 PLC 的 MPI 或 DP 接口。现在的计算机有 RS-232 接口的已经很少了，PC/MPI 适配器已经基本上被 PC 适配器 USB 取代。

2）订货号为 6ES7 972-0CB20-0XA0 的 PC 适配器 USB（见图 2-44）用于连接计算机的 USB 接口和 S7-200/300/400 的 PPI、MPI、DP 接口。

图 2-44　PC 适配器 USB

3）订货号为 6GK1571-0BA00-0AA0 的新一代 PC 适配器 USB A2 可用于 S7-200/300/400/1200/1500，支持 USB V3.0。

4）用于笔记本电脑的 PCMCIA 接口的 CP 5511 和 CP 5512 可以用 CP 5711 替代。

现在有很多国产的 PC 适配器 USB，有的是西门子的 PC 适配器 USB 的仿制产品，有的实际上是 PC/MPI 适配器和 RS-232/USB 转换器的组合。后者把计算机的 USB 接口映射为一个 RS-232 接口。安装好这类适配器的驱动程序后，打开 Windows 控制面板中的"设备管理器"。在"端口（COM 和 LPT）"文件夹中，可以看到 USB 接口映射的 RS-232 接口（俗称为 COM 口），例如"Prolific USB-to-Serial Bridge（COM3）"，表示 USB 接口被映射为 RS-232 接口 COM3。COM 口的编号与使用计算机的哪一个 USB 物理接口有关。

在购买 PC 适配器 USB 时应注意其最高传输速率，能用于哪些西门子产品，能在计算机的哪些操作系统使用。有的 USB 编程电缆需要安装驱动程序，有的使用 STEP 7 自带的驱动程序。淘宝网上金邦自动化与 6ES7 972-0CB20-0XA0 兼容的 PC 适配器 USB 可用于 S7-200/300/400、Windows XP 和 Windows 7，具有较高的性价比。

2. 用于 MPI/DP 通信接口的通信处理器

安装在编程器/计算机（PG/PC）的总线插槽的通信处理器简称为 CP 卡。部分 CP 卡自带微处理器，具有更强、更稳定的数据处理功能。

CP 5611 A2、CP 5612、CP 5613 A3 和 CP 5614 A3 是 PCI 总线 MPI/DP 通信处理器。CP 5621、CP 5622、CP 5623、CP 5624 是 PCIe（PCI Express x1）总线 MPI/DP 通信处理器。

3. MPI 协议通信的组态

用 STEP 7 的新建项目向导生成一个名为"315_2PN"的项目，CPU 为 CPU 315-2PN/DP。

打开 HW Config，双击 CPU 315-2PN/DP 中的"MPI/DP"行，打开"属性 – MPI/DP"对话框，设置接口的类型为 MPI（见图 2-45）。单击"属性"按钮，在打开的接口属性对话框中，可以设置接口在 MPI 网络中的地址，默认的地址为 2。MPI 接口有编程器/操作面板通信功能，组态时不用将它连接到 MPI 网络上，也能与编程计算机通信。

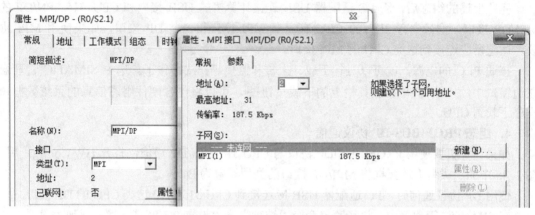

图 2-45　MPI/DP 接口属性对话框

在 SIMATIC 管理器中执行菜单命令"选项"→"设置 PG/PC 接口"，打开"设置 PG/PC 接口"对话框（见图 2-46）。单击选中"为使用的接口分配参数"列表中的"PC Adapter（MPI）"。

单击"属性"按钮，打开"属性 – PC Adapter（MPI）"对话框（见图 2-46 右上角的图）。可以使用"MPI"选项卡中默认的参数，运行 STEP 7 的计算机在 MPI 网络中默认的站地址为 0。MPI 网络中各个站的地址不能相同。

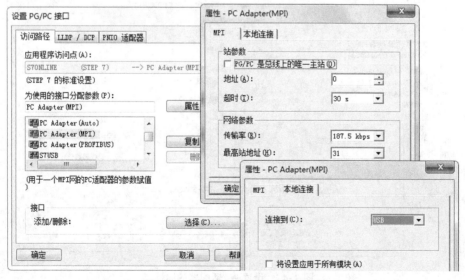

图 2-46　"设置 PG/PC 接口"对话框

"超时"选择框用来设置与 PLC 建立连接的最长时间。MPI 网络的传输速率应与原来下载到 CPU 中的一致，一般选用默认的 187.5kbit/s。如果 PG/PC 是网络中唯一的主站，应选中复选框 "PG/PC 是总线上的唯一主站"。如果使用西门子的适配器，用 "本地连接" 选项卡的 "连接到" 选择框选中 USB（见图 2-46 右下角的图）。

如果使用将 USB 接口映射为 RS-232 接口的国产适配器，在 "本地连接" 选项卡，用 "连接到" 选择框设置连接到 USB 接口映射的 RS-232 接口，例如 COM3。单击两次 "确定" 按钮，返回 SIMATIC 管理器。

完成上述的组态后，用 PC 适配器 USB 连接计算机的 USB 接口和 CPU 315-2PN/DP 的 MPI/DP 接口。型号中有 2DP 的 CPU 有一个 MPI 接口和一个 DP 接口，如果使用 MPI 协议，适配器应连接到这类 CPU 的 MPI 接口。

接通 PLC 的电源，就可以进行下载、上传和监控等在线操作了。选中 SIMATIC 管理器左边窗口中的 "块"，单击工具栏上的下载按钮，可以将包含硬件组态信息的系统数据和程序下载到 CPU。

4. 组态 PROFIBUS-DP 协议通信

如果计算机要使用 PROFIBUS-DP 协议与 CPU 315-2PN/DP 通信，打开 HW Config，用图 2-45 中的 "类型" 选择框将 MPI/DP 接口的类型设置为 DP。

使用 DP 协议通信时，PC 适配器 USB 应连接到 CPU 315-2DP 这类 CPU 的 DP 接口。

在 SIMATIC 管理器中，执行菜单命令 "选项" → "设置 PG/PC 接口"，出现 "设置 PG/PC 接口" 对话框（见图 2-47 的左图）。选中 "为使用的接口分配参数" 列表中的 "PC Adapter（PROFIBUS）"，单击 "属性" 按钮，打开 "属性 - PC Adapter（PROFIBUS）" 对话框（见图 2-47 的右图）。一般采用默认的通信参数，设置的传输速率应与下载到 CPU 中的一致。

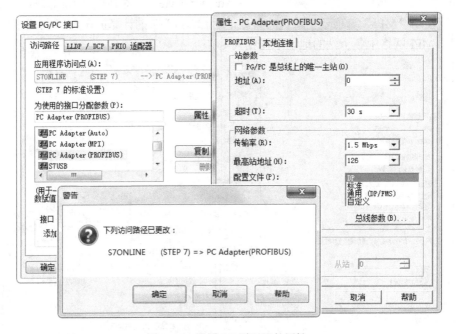

图 2-47　设置 PC 适配器的属性

更改 PG/PC 接口参数后，单击"确定"按钮，退出"设置 PG/PC 接口"对话框时，出现"下列访问路径已更改"的警告信息（见图 2-47）。单击"确定"按钮退出对话框，设置生效。

5. 安装/删除接口

安装好 STEP 7 后，如果图 2-46 的"为使用的接口分配参数"列表中没有实际使用的通信硬件，单击"选择"按钮，打开"安装/删除接口"对话框（见图 2-48）。

图 2-48　"安装/删除接口"对话框

选中左边的"选择"列表框中待安装的通信硬件，例如 PC Adapter（PC 适配器）。单击中间的"安装[I]->"按钮，将安装该通信硬件的驱动程序。安装好后，PC Adapter 出现在右边的"已安装"列表框中。

如果要卸载"已安装"列表框中某个已安装的通信硬件的驱动程序，首先选中它，然后单击中间的"<-卸载[U]"按钮，该通信硬件在"已安装"列表框中消失，其驱动程序被卸载。单击"关闭"按钮，返回 PG/PC 接口设置对话框。

如果使用了"选择"列表框中没有的通信硬件，需要单独安装其驱动程序。

6. 修改 CPU 的 MPI 地址的方法

如果已经下载到 CPU 313C-2DP 的 MPI 站地址为 2，组态时设置的站地址为 3。因为两个地址不一致，在 SIMATIC 管理器中下载时，将会显示"在线：不能建立到目标模块的连接。"在这种情况下应打开硬件组态工具，单击工具栏上的下载按钮，出现"选择目标模块"对话框（见图 2-49）。选中其中的 CPU，单击"确定"按钮，出现"选择节点地址"对话框，"输入到目标站点的连接"列表中是组态时为 CPU 313C-2DP 指定的 MPI 地址 3。

单击对话框中的"显示"按钮，经过几秒钟后，在"可访问的节点"列表中将会出现通过通信读取的 CPU 中原有的 MPI 地址 2 和模块的型号，"显示"按钮上的字符变为"更新"。单击"可访问的节点"列表中的 2 号站的 CPU，上面的目标站点的 MPI 地址变为 2。目标站点就是要下载的站点，该 MPI 地址与硬件 CPU 内的 MPI 地址相同了，单击"确定"按钮，开始下载硬件组态信息。下载以后，CPU 的 MPI 站地址变为组态时设置的站地址 3。

下一次下载组态信息时，因为 CPU 中的 MPI 地址与组态的地址均为 3，出现"选择节点地址"对话框后，不需要单击"显示"按钮和做上述的操作，直接单击"确定"按钮就可以下载。保存并编译组态信息后，也可以在 SIMATIC 管理器中下载系统数据。

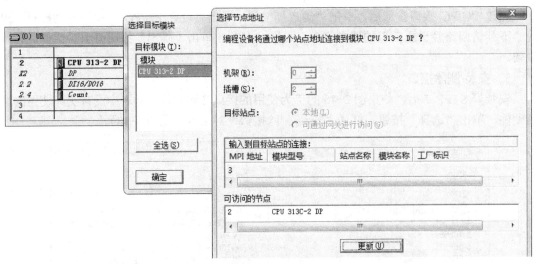

图 2-49　在硬件组态工具中下载程序

7. 自动检测通信参数

如果不知道 CPU 接口的网络类型和波特率，可以选中"设置 PG/PC 接口"对话框中间列表中的"PC Adapter（Auto）"，单击"属性"按钮，在打开的适配器属性对话框的"自动总线配置文件检测"选项卡中（见图 2-50），单击"启动网络检测"按钮，将会自动检测出网络参数（见图 2-50 的右图）。

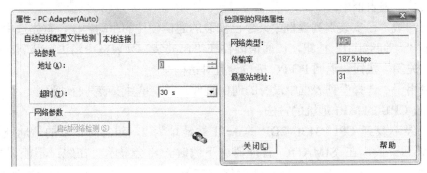

图 2-50　检测网络属性

2.5.2　以太网基础知识

1. 以太网

西门子的工业以太网最多可以有 32 个网段、1024 个节点。以太网可以实现 100Mbit/s 的高速长距离数据传输。

以太网可用于 S7-300/400 与编程计算机、人机界面和其他 PLC 的通信。通过交换机，S7-300/400 可以与多台以太网设备进行通信，实现数据的快速交互。S7-300/400 链接到基于 TCP/IP 通信标准的工业以太网后，自动检测全双工或半双工通信，自适应 10M/100Mbit/s 通信速率。

2. MAC 地址

MAC（Media Access Control，媒体访问控制）地址是以太网接口设备的物理地址。通常由设备生产厂家将 MAC 地址写入 EEPROM 或闪存芯片。在网络底层的物理传输过程中，通过 MAC 地址来识别发送和接收数据的主机。MAC 地址是 48 位二进制数，分为 6 个字节（6B），一般用十六进制数表示，例如 00-05-BA-CE-07-0C。其中的前 3 个字节是网络硬件制造商的编号，它由 IEEE（国际电气与电子工程师协会）分配，后 3 个字节代表该制造商生产的某个网络产品（例如网卡）的序列号。形象地说，MAC 地址就像我们的身份证号码，具有全球唯一性。

每个型号带 PN 的 CPU 和以太网通信处理器（CP）在出厂时都装载了一个永久的唯一的 MAC 地址。可以在模块上看到它的 MAC 地址。

3. IP 地址

为了使信息能在以太网上快捷准确地传送到目的地，连接到以太网的每台计算机必须拥有一个唯一的 IP 地址。IP 地址由 32 位二进制数（4B）组成，是 Internet（网际）协议地址。在控制系统中，一般使用固定的 IP 地址。

IP 地址通常用十进制数表示，用小数点分隔，例如 192.168.2.117。同一个 IP 地址可以使用具有不同 MAC 地址的网卡，更换网卡后可以使用原来的 IP 地址。

4. 子网掩码

子网是连接在网络上的设备的逻辑组合。同一个子网中的节点彼此之间的物理位置通常相对较近。子网掩码（Subnet mask）是一个 32 位二进制数，用于将 IP 地址划分为子网地址和子网内节点的地址。二进制的子网掩码的高位应该是连续的 1，低位应该是连续的 0。以子网掩码 255.255.255.0 为例，其高 24 位二进制数（前 3 个字节）为 1，表示 IP 地址中的子网地址（类似于长途电话的地区号）为 24 位；低 8 位二进制数（最后一个字节）为 0，表示子网内节点的地址（类似于长途电话的电话号）为 8 位。

5. 网关

网关（或 IP 路由器）是局域网（LAN）之间的链接器。局域网中的计算机可以使用网关向其它网络发送消息。如果数据的目的地不在局域网内，网关将数据转发给另一个网络或网络组。网关用 IP 地址来传送和接收数据包。

2.5.3　使用以太网接口通信的组态

1. 硬件连接

型号中有 PN 的 CPU 或配备有以太网通信处理器（CP）的 PLC 可以通过以太网接口与 STEP 7 通信。以太网的传输速率高，可以使用普通的网线下载和监控 PLC。如果给有以太网接口的 PLC 配备一个家用的无线路由器，笔记本电脑可以通过无线网卡与 PLC 通信。如果只是用于下载和监控，可以使用计算机普通的以太网卡与 PLC 通信。西门子的工业以太网通信卡可用于实时通信、同步实时通信和冗余系统。

可以用一条交叉连接或直通连接的以太网电缆连接 PLC 和计算机的以太网接口。也可以用直通连接的以太网电缆和交换机连接多台设备的以太网接口。

2. 设置 PLC 的以太网接口的参数

打开项目"315_2PN"的硬件组态工具，双击 CPU 的"PN-IO"所在的行（见图 2-51 的左图），单击出现的"属性 - PN-IO"对话框中的"属性"按钮。如果与编程计算机通信的只有一个 CPU，在"属性 - Ethernet 接口 PN-IO"对话框中，可以采用图 2-51 右图中默认的 IP 地址和子网掩码，不使用路由器。关闭各对话框后单击工具栏上的 按钮，保存和编译组态信息。

带以太网接口的 CPU 有编程器/操作员面板通信功能，组态时不用将它连接到以太网上，也能与编程计算机通信。

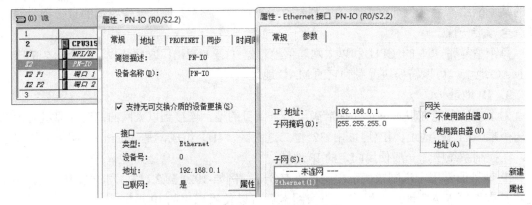

图 2-51　组态以太网接口参数

3. 设置 PG/PC 接口

在 SIMATIC 管理器中，执行菜单命令"选项"→"设置 PG/PC 接口"，选中"为使用的接口分配参数"列表中实际使用的计算机网卡和 TCP/IP 协议。单击"确定"按钮，退出"设置 PG/PC 接口"对话框后，TCP/IP 协议生效。

4. 设置计算机网卡的 IP 地址

如果操作系统是 Windows 7，用以太网电缆连接计算机和 CPU，打开"控制面板"，单击"查看网络状态和任务"。再单击"本地连接"，打开"本地连接状态"对话框。单击其中的"属性"按钮，在"本地连接属性"对话框中（见图 2-52），双击"此连接使用下列项目"列表框中的"Internet 协议版本 4（TCP/IPv4）"，打开"Internet 协议版本 4（TCP/IPv4）属性"对话框。

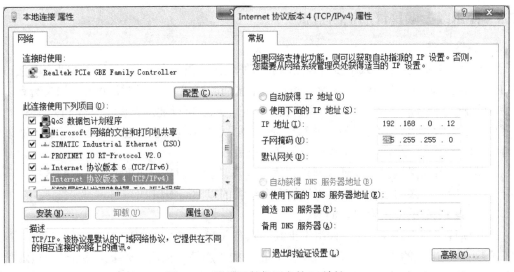

图 2-52　设置计算机网卡的 IP 地址

用单选框选中"使用下面的 IP 地址",键入 PLC 以太网接口默认的子网地址 192.168.0（见图 2-52 的右图，应与 CPU 的相同），IP 地址的第 4 个字节是子网内设备的地址，可以取 0~255 中的某个值，但是不能与网络中其他设备的 IP 地址重叠。单击"子网掩码"输入框，自动出现默认的子网掩码 255.255.255.0。一般不用设置网关的 IP 地址。

设置结束后，单击各级对话框中的"确定"按钮，最后关闭"网络连接"对话框。

如果是 Windows XP 操作系统，打开 Windows 的控制面板，双击其中的"网络连接"图标。在"网络连接"对话框中，用鼠标右键单击通信所用的网卡对应的连接图标，例如"本地连接"图标，执行出现的快捷菜单中的"属性"命令，打开"本地连接属性"对话框。选中"此连接使用下列项目"列表框最下面的"Internet 协议（TCP/IP）"，单击"属性"按钮，打开"Internet 协议（TCP/IP）属性"对话框，设置计算机的 IP 地址和子网掩码。

5. 下载用户程序

完成上述的设置后，用以太网电缆连接 PLC 和计算机的 RJ 45 接口。单击 SIMATIC 管理器工具栏上的下载按钮，就可以将用户程序和系统数据下载到 CPU。

出厂时带 PN 接口的 CPU 的 IP 地址为 0.0.0.0。在 SIMATIC 管理器执行菜单命令"PLC"→"编辑 Ethernet 节点"命令，单击打开的"编辑 Ethernet 节点"对话框的"浏览"按钮，出现的"浏览网络"对话框中显示出自动读取的以太网接口的 MAC 地址和 IP 地址，选中 CPU 的以太网接口，单击"确定"按钮，MAC 地址、IP 地址和子网掩码自动填入"编辑 Ethernet 节点"对话框。设置好 IP 地址和子网掩码后，单击"分配 IP 组态"按钮，IP 地址被写入 CPU，然后下载硬件组态中的 IP 地址。

2.6 练习题

1. 填空

1）数字量输入模块某一外部输入电路接通时，对应的过程映像输入位为___状态，梯形图中对应的常开触点_____，常闭触点_____。

2）若梯形图中某一过程映像输出位 Q 的线圈"断电"，对应的过程映像输出位为___状态，在写入输出模块阶段之后，继电器型输出模块对应的硬件继电器的线圈_____，其常开触点_____，外部负载_____。

3）S7-300 的电源模块在中央机架最___边的 1 号槽，CPU 模块在___号槽，接口模块在___号槽。每个机架最多可安装___块信号模块、功能模块或通信处理器模块。

4）S7-300 中央机架的 4 号槽的 16 点数字量输出模块默认的字节地址为_____和_____。5 号槽的 32 点数字量输入模块的默认字节地址为_____至_____。6 号槽的 4AI/2AO 模块的模拟量输入字默认的地址为_____至_____，模拟量输出字地址为_____和_____。

5）S7-400 的电源模块必须安装在___号槽。

2. 简述 PLC 的循环处理过程。

3. 什么是扫描周期？

4. MMC 是什么的简称？它有什么作用？

5. 硬件组态的任务是什么？

6. 怎样设置梯形图中触点的宽度？

7. 怎样打开和关闭梯形图和语句表中的符号显示和符号信息？

8. 怎样关闭程序中的注释？怎样才能在打开块时不显示注释？

9. 在线窗口和离线窗口分别显示什么内容？

10. PI/PQ 区与 I/Q 区有什么区别？PI/PQ 区可以使用位地址吗？

11. 下列指令为什么是错误的？

```
L    PQB    0
T    PIB    0
```

12. 信号模块是哪些模块的总称？

13. 交流数字量输入模块与直流数字量输入模块分别适用于什么场合？

14. 数字量输出模块有哪几种类型？它们各有什么特点？

15. 双极性 AI 模块模拟量量程的上、下限（100%和-100%）对应的模拟值是多少？

16. 什么是 MAC 地址和 IP 地址？子网掩码有什么作用？

17. 操作系统为 Windows 7 的计算机用普通网卡与 S7 CPU 通信时，怎样设置网卡的 IP 地址和子网掩码？

第3章

S7-300/400 的指令应用

3.1 位逻辑指令

3.1.1 实训五 位逻辑指令的仿真实验

1. 二进制数

某些物理量只有两种相反的状态，例如电平的高、低，接触器线圈的通电和断电等。它们被称为开关量或数字量。二进制数的 1 位（bit）只能取 0 和 1 这两个不同的值，可以用它们来表示数字量的两种状态。梯形图中的位编程元件（例如存储器位 M 和过程映像输出位 Q）的线圈"通电"时，其常开触点接通，常闭触点断开，以后称该编程元件为 1 状态，或称该编程元件为 ON。位编程元件的线圈和触点的状态与上述的相反时，称该编程元件为 0 状态，或称该编程元件为 OFF。

位数据的数据类型为 BOOL（布尔）型，在 STEP 7 中，位编程元件的 1 状态和 0 状态分别用 TRUE（真）和 FALSE（假）来表示。

位存储单元的地址由字节地址和位地址组成，例如 I3.2 中的区域标示符"I"表示输入，字节地址为 3，位地址为 2。输入字节 IB3 由 I3.0～I3.7 这 8 位组成。

梯形图中触点的串联和并联可以实现"与"运算与"或"运算，用常闭触点控制线圈可以实现"非"运算（见图 3-1）。用多个触点的串、并联电路可以实现复杂的逻辑运算。"与""或""非"逻辑运算的输入/输出关系如表 3-1 所示，逻辑运算表达式中的"*"和加号分别表示"与"运算和"或"运算。$\overline{I0.4}$ 表示对 I0.4 作"非"运算。因为同一个 BOOL 变量的常开触点和常闭触点的状态相反，有上划线的地址对应于常闭触点。

表 3-1 逻辑运算关系表

与			或			非	
Q0.0 = I0.1*I0.1			Q0.1 = I0.2+I0.3			Q0.2 = $\overline{I0.4}$	
I0.0	I0.1	Q0.0	I0.2	I0.3	Q0.1	I0.4	Q0.2
0	0	0	0	0	0	0	1
0	1	0	0	1	1	1	0
1	0	0	1	0	1		
1	1	1	1	1	1		

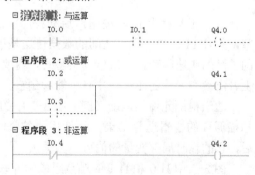

图 3-1 基本逻辑运算程序

2. 检验基本逻辑运算的实验

用"新建项目"向导生成一个名为"位逻辑指令"的项目（见随书云盘中的同名例程），CPU 为 CPU 312C。

打开 OB1，输入图 3-1 所示的梯形图程序，其中的 I、Q 点的地址和它们之间的逻辑关系与表 3-1 中的相同。

打开 PLCSIM，将用户程序和系统数据下载到仿真 PLC，将仿真 PLC 切换到 RUN 模式。按表 3-1 的要求逐行检验"与""或""非"逻辑运算。以"与"逻辑运算为例，按表格中第一行的要求，令 I0.0 和 I0.1 均为 0 状态（小方框内没有"√"，常开触点断开），观察 Q4.0 是否为 0 状态（线圈断电）；按表格中第二行的要求，令 I0.0 为 0 状态，I0.1 为 1 状态（小方框内有"√"，常开触点闭合），观察 Q4.0 是否为 0 状态……

3. RLO 边沿检测指令

图 3-2 中 I0.5 和 I0.6 的触点组成的串联电路由断开变为接通时，中间标有"P"的 RLO 上升沿检测元件左边的逻辑运算结果（RLO）由 0 变为 1（即波形的上升沿），检测到一次正跳变。能流只在该扫描周期内流过检测元件，M0.1 的线圈仅在这一个扫描周期内"通电"。图 3-3 是有关信号的波形图，高电平表示 1 状态，低电平表示 0 状态。M0.1 和 M0.3 的脉冲宽度只有一个扫描周期。

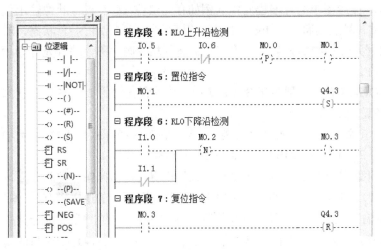

图 3-2　RLO 边沿检测与置位复位指令

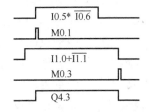

图 3-3　波形图

单击工具栏上的 按钮，启动程序状态监控功能。因为流过 M0.1 线圈的脉冲宽度很窄，并且 PLC 与计算机之间的数据传送是周期性的，监控时不一定能看到流过 M0.1 的线圈的能流的快速闪动。在做仿真实验时，需要多次单击 I0.5 对应的小方框，断开然后接通流进上升沿检测元件的能流，才有可能看到它。

边沿检测元件的地址（例如图 3-2 中的 M0.0 和 M0.2）为边沿存储位，用来储存上一次扫描循环的逻辑运算结果。不能用块的临时局部变量作边沿存储位，因为在停止调用块以后，它的临时局部变量的值可能会丢失。

图 3-2 中 I1.0 和 I1.1 的触点组成的并联电路由接通变为断开时（即图 3-3 中波形的下降沿），中间标有"N"的 RLO 下降沿检测元件左边的逻辑运算结果由 1 变为 0，检测到一次

负跳变，能流只在该扫描周期内流过检测元件，M0.3 的线圈仅在这一个扫描周期内"通电"（见图 3-3）。

为了在梯形图中生成常开触点、常闭触点和线圈之外的元件，例如图 3-2 中的上升沿检测元件，单击工具栏上的 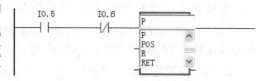 按钮，在出现的输入框中输入"P"（见图 3-4）后按回车键，或者向下拉动滚动条中的滑块，双击指令列表框中的"P"。

图 3-4　生成上升沿检测元件

也可以用另一种方法生成上升沿检测元件：执行菜单命令"视图"→"总览"，显示出图 3-2 左边的指令列表窗口。打开其中的"位逻辑"文件夹，用鼠标左键单击并按住其中的"--(P)--"图标，将它"拖"到梯形图中需要放置的地方，光标变为 ，表示可以在该处放置元件。放开按住的鼠标左键，它被放置在光标所在的位置。

放置元件的第 3 种方法是首先单击选中梯形图中要放置元件的导线，该段导线变粗。双击指令列表中的元件图标，它将在选中的导线处出现。

选中指令列表中的某一条指令，在下面的小窗口可以看到该指令的简要说明。

4. 置位指令与复位指令

S（Set，置位）指令将指定的位地址置位（变为 1 状态并保持）。图 3-2 中 M0.1 的常开触点接通时，Q4.3 变为 1 状态并保持该状态，即使 M0.1 的常开触点断开，它也仍然保持 1 状态。

R（Reset，复位）指令将指定的位地址复位（变为 0 状态并保持）。图 3-2 中 M0.3 的常开触点闭合时，Q4.3 变为 0 状态并保持该状态。即使 M0.3 的常开触点断开，它也仍然保持 0 状态。置位指令和复位指令最重要的特征是具有保持功能。

如果对定时器或计数器使用复位指令，将清除定时器的时间剩余值或计数器的当前计数值，并将它们的状态位复位。

在做仿真实验时，用鼠标单击视图对象 IB0 和 IB1 中对应的小方框，观察在 I0.5 和 I0.6 的触点组成的串联电路由断开到接通（上升沿）时是否能将 Q4.3 置位，在 I1.0 和 I1.1 的触点组成的并联电路由接通变为断开（下降沿）时是否能将 Q4.3 复位。

5. 地址边沿检测指令

POS 是单个位地址信号的上升沿检测指令，相当于一个常开触点。如果图 3-5 中的输入信号 I1.2 由 0 状态变为 1 状态（即 I1.2 的上升沿），POS 指令等效的常开触点闭合，其 Q 输出端在一个扫描周期内有能流输出，Q4.4 被置位为 1 状态。图中的 M0.4 为边沿存储位，用来储存上一次扫描循环时 I1.2 的状态。不能用块的临时局部变量作边沿存储位。

图 3-5　单个位地址的边沿检测指令

NEG 是单个位地址信号的下降沿检测指令，相当于一个常开触点。如果图 3-5 中的 I1.3 由 1 状态变为 0 状态（即输入信号 I1.3 的下降沿），NEG 指令等效的常开触点闭合，其 Q 输出端在一个扫描周期内有能流输出，Q4.4 被复位为 0 状态。M0.5 为边沿存储位。

在做仿真实验时，用鼠标单击视图对象 IB1 中 I1.2 或 I1.3 对应的小方框，观察在 I1.2 的上升沿时（小方框内出现"√"）是否能将 Q4.4 置位，在 I1.3 的下降沿（小方框内的 "√"消失）是否能将 Q4.4 复位。在 I1.2 的上升沿或 I1.3 的下降沿，用程序状态监控功能可能看到从 POS 或 NEG 方框的 Q 输出端流出的能流快速闪动一下。

6. SR 触发器与 RS 触发器

SR 触发器与 RS 触发器的输入/输出关系见表 3-2，它们的 S 输入为 1、R 输入为 0 时，方框上面的存储器位和 Q 输出为 1；S 输入为 0、R 输入为 1 时，方框上面的存储器位和 Q 输出为 0。二者的区别在于 S 和 R 输入均为 1 时，SR 触发器的 Q 输出为 0，RS 触发器的 Q 输出为 1（见图 3-6），后执行的置位、复位操作优先。

图 3-6   SR 触发器与 RS 触发器

做仿真实验时，按表 3-2 分别改变两种触发器的 S、R 输入信号的状态，观察是否能满足表 3-2 的要求。

7. 能流取反触点

能流取反触点的中间标有"NOT"（见图 3-7），用来将它左边电路的逻辑运算结果（RLO）取反，该运算结果若为 1 则变为 0，若为 0 则变为 1。

做仿真实验时，可以看到 I2.0 和 I2.1 的触点组成的串联电路接通时，有能流到达取反触点，但是该触点没有能流输出，Q4.7 的线圈断电。I2.0 和 I2.1 的触点组成的串联电路断开时，没有能流流进取反触点，但是该触点有能流输出，Q 4.7 的线圈通电。

表 3-2   输入输出关系表

SR 触发器			RS 触发器		
S	R	Q	S	R	Q
0	0	不变	0	0	不变
0	1	0	0	1	0
1	0	1	1	0	1
1	1	0	1	1	1

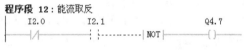

图 3-7   能流取反

8. 中间输出

标有"#"号的中间输出线圈是一种中间分配单元，用该元件指定的地址来保存它左边电路的逻辑运算结果（RLO）。中间输出线圈与其他触点串联（见图 3-8），它并不影响能流的流动。中间输出线圈只能放在梯形图的中间，不能与左侧的垂直"电源线"相连，也不能放在最右端的电路结束处。

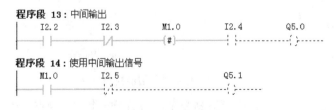

图 3-8   中间输出指令

做仿真实验时，接通 I2.2 和 I2.3 的触点组成的串联电路，中间输出线圈通电。因为它对应的 M1.0 变为 1 状态，程序段 14 中 M1.0 的常开触点闭合。断开 I2.2 和 I2.3 的触点组成的串联电路，中间输出线圈断电，M1.0 的常开触点断开。

9. 仿真练习

在地下停车场的出入口处，同时只允许一辆车进出，在进出通道的两端设置有红绿灯（见图 3-9），光电开关 I0.0 和 I0.1 用来检测是否有车经过，光线被车遮住时，I0.0 或 I0.1 为 1 状态。有车进入通道时（光电开关检测到车的前沿），两端的绿灯灭，红灯亮，以警示两方后来的车辆不能再进入通道。车离开通道时，光电开关检测到车的后沿，两端的红灯灭，绿灯亮，别的车辆可以进入通道。

图 3-10 的波形图中的 M0.0 和 M0.1 分别是有车下行和有车上行的信号。

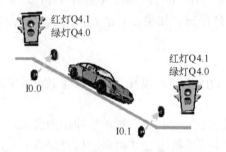

图 3-9　停车场入口示意图

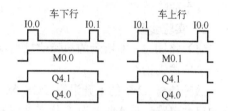

图 3-10　信号波形图

用"新建项目"向导生成一个名为"车库入口"的项目（见随书云盘中的同名例程），CPU 可选任意的型号。

用符号表定义符号地址（见图 3-11）。将图 3-12 中的梯形图程序输入 OB1。

打开 PLCSIM，将用户程序和系统数据下载到仿真 PLC。将仿真 PLC 切换到 RUN-P 模式。在 PLCSIM 中生成 IB0、QB4 和 MB0 的视图对象。

	符号	地址		数据类型
1	车上行	M	0.1	BOOL
2	车下行	M	0.0	BOOL
3	红灯	Q	4.1	BOOL
4	绿灯	Q	4.0	BOOL
5	上入口	I	0.0	BOOL
6	下入口	I	0.1	BOOL

图 3-11　符号表

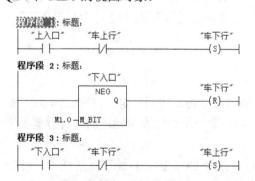

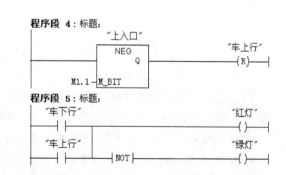

图 3-12　梯形图

按波形图分别模拟有车下行和有车上行，观察 M0.0（车下行）、M0.1（车上行）和信号灯的状态变化是否满足要求。

1）两次单击 I0.0 对应的小方框，模拟有车下行经过上限位开关。观察 M0.0、Q4.1 和 Q4.0 的状态变化。

2）两次单击 I0.1 对应的小方框，模拟有车下行经过下限位开关。观察 M0.0、Q4.1 和 Q4.0 的状态变化。

3）用同样的方法，模拟有车上行的情况。

图 3-12 中的常闭触点有什么作用？短接这两个触点后下载 OB1，模拟有车下行和有车上行，通过观察到的现象分析常闭触点的作用。

3.1.2 实训六 故障显示电路

1. 实验要求

故障信号 I2.6 为 1 状态时，Q5.2 控制的指示灯以 1Hz 的频率闪烁（见图 3-14）。操作人员按复位按钮 I2.7 后，如果故障已经消失，指示灯熄灭。如果没有消失，指示灯转为常亮，直至故障消失。

2. 实验步骤

（1）将图 3-13 所示的故障信息显示电路输入到 OB1，也可以打开和下载随书云盘中的项目"位逻辑指令"

故障信号 I2.6 的上升沿用 POS 指令检测，它输出的一个扫描周期的脉冲作为启保停电路的启动电路，使 M1.3 为 1 状态并保持。即使在按下停止按钮 I2.7 时故障信号尚未消失，也能使 M1.3 变为 0 状态（见图 3-14）。

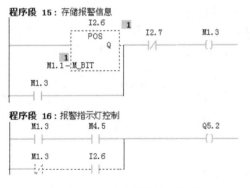

图 3-13 故障信息显示电路

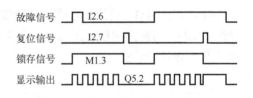

图 3-14 波形图

（2）设置时钟存储器字节

指示灯的闪烁用时钟存储器位 M4.5 来实现。所谓的时钟是周期恒定、占空比为 0.5（脉冲宽度与周期之比为 50%）的脉冲信号。S7-300/400 有一个需要设置地址的时钟存储器字节，该字节的 8 位提供 8 个不同周期的时钟脉冲。

双击 HW Config 的机架中 CPU 模块所在的行，打开 CPU 的"属性"对话框的"周期/时钟存储器"选项卡（见图 3-15）。选中"时钟存储器"复选框，设置时钟存储器（M）的字节地址为 4，即 MB4 为时钟存储器字节。

（3）使用在线帮助功能

用下面的方法可以查到时钟存储器字节内各位的时钟脉冲的周期或频率。打开 CPU 的

"属性"对话框的"周期/时钟存储器"选项卡,按计算机键盘的〈F1〉键,或单击对话框中的"帮助"按钮,打开该选项卡的在线帮助信息。帮助中的绿色字符链接有更多的帮助信息。

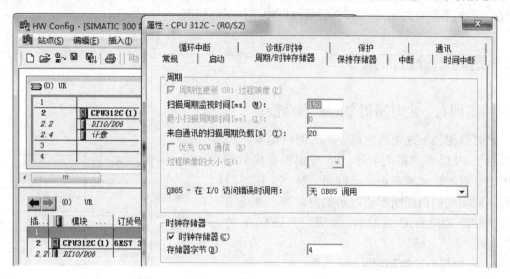

图 3-15 设置时钟存储器字节

单击绿色的"时钟存储器",可以看到有关它的信息:"时钟存储器是一些存储位,这些位周期性改变其二进制数值……",单击其中绿色的"周期性",可以看到表 3-3 中的时钟存储器各位的时钟脉冲周期与频率,其中的第 5 位(本例中为 M4.5)的周期为 1s。

表 3-3 时钟存储器字节各位对应的时钟脉冲周期与频率

位	7	6	5	4	3	2	1	0
周期/s	2	1.6	1	0.8	0.5	0.4	0.2	0.1
频率/Hz	0.5	0.625	1	1.25	2	2.5	5	10

(4)仿真实验

1)打开 PLCSIM,将用户程序和系统数据下载到仿真 PLC。将仿真 PLC 切换到 RUN-P 模式。打开 OB1,单击工具栏上的按钮⚙,进入程序状态监控(见图 3-13)。可以看到梯形图中 M4.5 的常开触点以 1Hz 的频率不断变化,每次接通和断开的时间分别为 0.5s。

2)单击 PLCSIM 中 I2.6 对应的小方框,模拟故障信号出现。梯形图中 M1.3 的线圈通电,M1.3 的常开触点接通,Q5.2 的线圈以 1Hz 的频率反复接通和断开,Q5.2 控制的指示灯闪烁。再次单击 I2.6 对应的小方框,方框中的"√"消失,I2.6 变为 0 状态,模拟故障消失,指示灯继续闪烁。

3)连续单击两次 I2.7 对应的小方框,模拟操作人员按下和松开复位按钮,M1.3 的线圈断电,其常开触点断开,Q5.2 的线圈断电,指示灯停止闪烁。

4)单击 PLCSIM 中 I2.6 对应的小方框,M1.3 的线圈通电,指示灯闪烁。

5)连续单击两次 I2.7 对应的小方框,模拟在故障信号未消失时操作人员按下和松开复位按钮。M1.3 的线圈断电,其常开触点断开,图 3-13 中程序段 16 上面的串联电路断开。M1.3 的常闭触点闭合,因为此时故障信号 I2.6 为 1 状态,程序段 16 下面的串联电路接通,指示灯由闪烁变为常亮。

6）单击 I2.6 对应的小方框，使 I2.6 变为 0 状态，它的常开触点断开，故障消失，程序段 16 下面的串联电路断开，Q5.2 的线圈断电，指示灯熄灭。

3.2 定时器计数器指令

3.2.1 实训七 定时器指令的基本功能

定时器相当于继电器电路中的时间继电器，S5 是西门子 PLC 老产品的型号，S5 定时器在梯形图中用指令框的形式来表示。此外每一种 S5 定时器都有功能相同的用线圈形式表示的定时器。上述定时器统称为 SIMATIC 定时器，除此之外还有 3 种 IEC 定时。

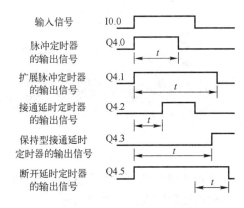

图 3-16 定时器的基本功能

1. 定时器的种类和地址区

S7-300/400 的定时器分为脉冲定时器、扩展的脉冲定时器、接通延时定时器、保持型接通延时定时器和断开延时定时器。各种定时器的输入/输出基本功能见图 3-16，其中的"t"是定时器的预设时间值。

每个 SIMATIC 定时器有一个存放剩余时间值的 16 位的字。定时器触点的状态由它的位的状态来决定。S7-300 的 SIMATIC 定时器的个数（128～2048 个）与 CPU 的型号有关，S7-400 有 2048 个 SIMATIC 定时器。

2. 定时器字的表示方法

用户使用的定时器字由 3 位 BCD 码时间值（0～999）和时间基准组成（见图 3-17）。定时器字的第 12 位和第 13 位用来作时间基准，未用的最高两位为 0。二进制数 00、01、10 和 11 对应的时间基准分别为 10ms、100ms、1s 和 10s。实际的定时时间等于时间值乘以时间基准值。例如定时器字为 W#16#2127 时（见图 3-17），时间基准为 1s，定时时间为 127×1 $=127s$。时间基准越小，分辨率越高，可定时的时间就越短；时间基准越大，分辨率越低，可定时的时间就越长。CPU 自动选择时间基准，选择的原则是根据预设时间值选择最小的时间基准。可定时的最大时间值为 9990s。

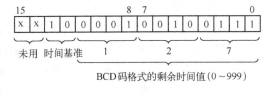

图 3-17 定时器字

3. 定时器预设时间值的表示方法

SIMATIC 定时器使用 S5T#aH_bM_cS_dMS 格式的时间值，其中的 H、M、S、MS 分别表示小时、分钟、秒和毫秒，a、b、c、d 分别是小时、分、秒和毫秒的 BCD 码值。例如 S5T#1H_12M_18S 为 1h12min18s，输入时可以省略下划线。也可以以秒为单位输入，例如输入 S5T#100S 后按回车键，将自动转换为 S5T#1M40S。在梯形图中必须使用"S5T#"格式的预设时间值，在语句表中，还可以使用 IEC 格式的预设时间值，即在预设时间值的前面加 T#，例如 T#20S。

4. 使用指令的在线帮助

用"新建项目"向导生成一个名为"定时器 1"的项目（见随书云盘中的同名例程），CPU 为 CPU 312C。打开 OB1，选择编程语言为梯形图。打开左边的指令列表窗口中的"定时器"文件夹，选中 S_PULSE（S5 脉冲定时器），下面的小窗口中是该指令的简要说明（见图 3-18）。按计算机的〈F1〉键，出现该指令的在线帮助文件。

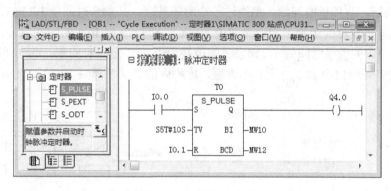

图 3-18　S5 脉冲定时器

帮助文件中有指令的输入/输出参数的数据类型、允许使用的地址区和参数的意义（见表 3-4）。表中的 L 是程序块中的局部数据区的缩写，D 是数据块（DB）的缩写。其他 S5 定时器的输入/输出参数与 S5 脉冲定时器的相同。此外帮助文件中还有对指令的描述、定时器的时序图、指令的执行对状态字的影响，以及指令应用的实例。

表 3-4　S5 脉冲定时器的输入/输出参数

参　数	数据类型	存　储　区	描　　述
S	BOOL	I、Q、M、L、D	使能输入
TV	S5TIME	I、Q、M、L、D 和常数	预设时间值
R	BOOL	I、Q、M、L、D	复位输入
BI	WORD	I、Q、M、L、D	剩余时间值，不带时间基准的十六进制整型格式
BCD	WORD	I、Q、M、L、D	剩余时间值，BCD 格式（S5T#格式）
Q	BOOL	I、Q、M、L、D	定时器的状态位

读者在学习指令时，重点应放在了解指令的功能上，可以通过在线帮助来了解指令应用中的细节问题，没有必要死记这些细节。有的指令很少使用，不熟悉也没有关系，在读、写程序时遇到它们，可以通过指令的在线帮助来进行了解。

剩余时间值为预设时间值 TV 减去定时器启动后经过的时间。例程"定时器 1"的 OB1中有 5 种 S5 定时器的定时电路。

5. S5 脉冲定时器的仿真实验

脉冲定时器从输入信号的上升沿开始，输出一个脉冲信号，类似于数字电路中的上升沿触发的单稳态电路。将图 3-18 左边窗口中的 S5 脉冲定时器（S_PULSE）直接"拖放"到梯形图中，可以不给 BI 和 BCD 输出端指定地址。

下面根据定时器的时序图做仿真实验，以此来理解各种定时器的功能，仿真步骤如下：

1）打开 PLCSIM，将 OB1 和系统数据下载到仿真 PLC。将仿真 PLC 切换到 RUN 或 RUN-P 模式。

2）打开 OB1，单击工具栏上的按钮 ，启动程序状态监控功能（见图 3-19）。

3）单击 PLCSIM 窗口中 I0.0 对应的小方框，方框内出现"√"。由于输入电路（I0.0 的常开触点）闭合，图 3-19 中的触点、方框和 Q4.0 的线圈均变为绿色，表示 T0 正在输出脉冲。T0 被启动后，从预设值开始，每经过一个时间基准，其剩余时间值 BI 减 1。

令输入脉冲的宽度大于等于预设时间值 10s（见图 3-20 中 I0.0 的脉冲 A），Q4.0 输出的脉冲宽度等于 T0 的预设时间值 t。剩余时间值减为 0 时，定时时间到，Q4.0 的线圈断电。此后单击 PLCSIM 窗口中 I0.0 对应的小方框，方框内的"√"消失，I0.0 变为 0 状态。

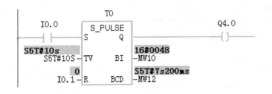

图 3-19　S5 脉冲定时器的程序状态监控

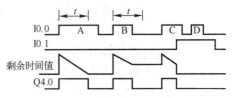

图 3-20　S5 脉冲定时器时序图

在定时期间，BI 端输出的十六进制的剩余时间值和 BCD 端输出的 S5T#格式的剩余时间值不断减小。图 3-20 中的时序图用下降的斜坡表示定时期间剩余时间值递减，图中的 t 是定时器的预设时间值。

4）令 I0.0 为 0 状态，再将它置为 1 状态，用图 3-20 中 I0.0 的脉冲 B 启动定时。未到预设时间值 10s 时令 I0.0 变为 0 状态，Q4.0 的线圈同时断电，剩余时间值保持不变，Q4.0 输出的脉冲宽度等于 I0.0 的输入脉冲的宽度。

5）再次令 I0.0 为 1 状态（见 I0.0 的脉冲 C），在 I0.0 的上升沿，从预设时间值开始定时。在定时期间令复位信号 I0.1 为 1 状态，定时器被复位。复位后定时器的剩余时间值被清零，Q4.0 变为 0 状态。

复位信号总是优先的，与其他输入信号的状态无关。在复位信号为 1 状态时，即使有输入信号出现（见 I0.0 的脉冲 D），Q4.0 也不能输出脉冲。各种定时器的复位功能相同。

6. S5 扩展脉冲定时器

S5 扩展脉冲定时器（见图 3-21）的功能与脉冲定时器基本上相同，其区别在于前者在输入脉冲宽度小于预设时间值时，也能输出指定宽度的脉冲。仿真实验的步骤如下：

1）令 I0.2 为 1 状态，其常开触点由断开变为接通，T1 开始定时，Q4.1 的线圈通电。定时时间到时，Q4.1 的线圈断电（见图 3-22 中的波形 A）。

2）令 I0.2 为 0 状态，再将它置为 1 状态，T1 开始定时（见 I0.2 的波形 B），定时时间未到时令 I0.2 变为 0 状态，T1 仍继续定时。

3）在 I0.2 的波形 C 的上升沿，T2 被重新启动，从预设时间值开始定时，直到定时时间到。

4）令 I0.2 为 0 状态，再将它置为 1 状态，T1 开始定时。在定时期间令复位信号

I0.3 为 1 状态，在 I0.3 波形 D 的上升沿，T1 被复位，它的剩余时间值被清零，Q4.1 的线圈断电。

图 3-21 S5 扩展脉冲定时器   图 3-22 时序图

7. S5 接通延时定时器

接通延时定时器是使用得最多的定时器。S5 接通延时定时器的仿真实验的步骤如下：

1）令 I0.4 为 1 状态（见图 3-23），其常开触点使 T2 的输入电路接通，开始定时，T2 的剩余时间值不断减 1。减至 0 时，定时时间到，其 Q 输出端变为 1 状态，Q4.2 的线圈通电（见图 3-24 中 I0.4 的波形 A）。

图 3-23 S5 接通延时定时器   图 3-24 时序图

2）令 I0.4 变为 0 状态，在 I0.4 的波形 A 的下降沿，I0.4 的常开触点断开，Q4.2 的线圈断电。

3）令 I0.4 为 1 状态，在它的波形 B 的上升沿，T1 开始定时。定时时间未到时使 I0.4 变为 0 状态（见 I0.4 的波形 C），T2 的剩余时间值保持不变。

4）在 I0.4 的波形 D 的上升沿，T2 从预设时间值开始定时。用 I0.5 产生一个复位脉冲，T2 被复位，它的剩余时间值被清零。

5）令 I0.4 为 0 状态，再将它置为 1 状态，在 I0.4 的波形 E 的上升沿，T2 开始定时。定时结束后 Q4.2 的线圈通电。在 I0.5 第 2 个复位脉冲的上升沿，Q4.2 的线圈断电。

综上所述，可以用断开输入电路和使用复位信号这两种方法，使接通延时定时器的输出位 Q 变为 0 状态。

8. S5 保持型接通延时定时器

保持型接通延时定时器（见图 3-25）的功能与接通延时定时器的基本相同，其区别在于前者在输入脉冲宽度小于预设时间值时，也能正常定时。S5 保持型接通延时定时器的仿真实验步骤如下：

1）令 I0.6 为 1 状态，其常开触点由断开变为接通，T3 开始定时，它的剩余时间值不断减 1。定时时间未到时，令 I0.6 为 0 状态（见图 3-26 中 I0.6 的波形 A），T3 继续定时。定时时间到时，Q4.3 的线圈通电。

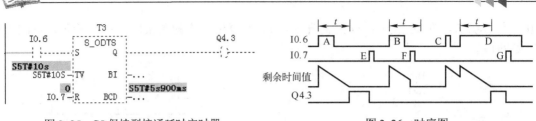

图 3-25 S5 保持型接通延时定时器　　　　图 3-26 时序图

2）令复位信号 I0.7 为 1（见 I0.7 的波形 E），T3 被复位。复位后其剩余时间值为 0，状态位 Q 变为 0 状态，Q4.3 的线圈断电。只能用复位信号使保持型通电延时定时器复位。

3）令 I0.6 为 1 状态后又将它置为 0 状态（见 I0.6 的波形 B），用脉冲启动 T3 开始定时。在定时期间令 T3 的复位信号 I0.7 为 1（见 I0.7 的波形 F），T3 被复位，复位后其剩余时间值被清零。

4）用 I0.6 的窄脉冲启动 T3 定时（见 I0.6 的波形 C），定时时间未到时，再次令 I0.6 为 1 状态（见 I0.6 的波形 D），T3 又从预设时间值开始定时。

5）在输入信号 I0.6 为 1 时，复位信号（见 I0.7 的波形 G）也能使 T3 复位。

9. S5 断开延时定时器

某些主设备（例如大型变频调速电动机）在运行时需要用风扇冷却，主设备停机后风扇应延时一段时间才能断电。可以用断开延时定时器（见图 3-27）来方便地实现这一功能，即用反映主设备运行的信号 I1.0 作为断开延时定时器的输入信号 S，用断开延时定时器的输出 Q 控制风扇 Q4.4。仿真实验的步骤如下：

1）令 I1.0 为 1 状态，其常开触点接通，T4 的输出位变为 1 状态（见图 3-28 中的波形 A），Q4.4 的线圈通电。

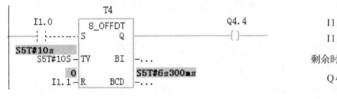
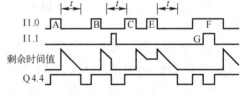

图 3-27 S5 断开延时定时器　　　　图 3-28 时序图

2）令 I1.0 为 0 状态，在 I1.0 波形 A 的下降沿，T4 开始定时。其剩余时间值减为 0 时，定时时间到，Q4.4 的线圈才断电。

3）在启动信号 I1.0 波形 B 的下降沿，T4 开始定时。在定时期间，复位脉冲 I1.1 将 T4 复位，T4 的剩余时间值被清零，Q4.4 的线圈断电。

4）在启动信号 I1.0 波形 C 的下降沿，T4 开始定时。在定时期间，令 I1.0 为 1 状态（见 I1.0 的波形 E），T4 的剩余时间值保持不变。在波形 E 的下降沿，T4 又从预设时间值开始定时。

5）在输入信号 I1.0 为 1 时（见 I1.0 的波形 F），复位信号（见 I1.1 的波形 G）也能使 T4 复位。

10. 脉冲定时器线圈指令的仿真实验

随书云盘中的例程"定时器 2"的 OB1 中有使用 5 种定时器线圈指令的定时电路。图

3-29 中的脉冲定时器线圈电路与图 3-19 中的 S5 脉冲定时器的功能、输入/输出位地址和时序图相同，仿真的步骤也完全相同。

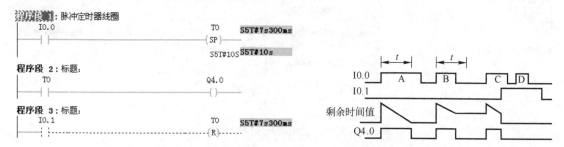

图 3-29　脉冲定时器线圈指令应用电路与波形图

脉冲定时器线圈电路的仿真步骤如下：

1）将 OB1 和系统数据下载到仿真 PLC，将仿真 PLC 切换到 RUN 或 RUN-P 模式。

2）打开 OB1，单击工具栏上的按钮 ⁶⁰，启动程序状态监控功能。

3）令 I0.0 为 1 状态，其常开触点由断开变为接通，T0 开始定时，其常开触点闭合。它的剩余时间值减至 0 时，定时时间到，T0 的常开触点断开（见图 3-29 中 I0.0 的脉冲 A）。

4）令 I0.0 为 0 状态，再将它置为 1 状态，T0 开始定时（见图 3-29 中 I0.0 的脉冲 B），定时时间未到时使 I0.0 变为 0 状态，T0 的常开触点断开，剩余时间值保持不变。

5）令 I0.0 为 0 状态，再将它置为 1 状态，T0 开始定时（见图 3-29 中 I0.0 的脉冲 C）。定时期间令复位信号 I0.1 为 1 状态，T0 被复位，它的剩余时间值被清零，其常开触点断开。

例程"定时器 2"其他 4 种定时器线圈的定时电路与图 3-29 中的类似。它们的工作过程、输入/输出位地址、时序图和仿真实验的方法，与对应的 S5 定时器的相同。

3.2.2　实训八　卫生间冲水控制电路

S7-300/400 的定时器种类较多，巧妙地应用各种定时器，可以简化电路，方便地实现较为复杂的控制功能。本实训的卫生间冲水控制电路使用了 3 种定时器。

1．程序设计

图 3-30 是卫生间冲水控制信号的波形图。I1.2 是光电开关检测到的有使用者的信号，用 Q4.5 控制冲水电磁阀。从 I1.2 的上升沿（有人使用）开始，用接通延时定时器 T5 延时 3s，3s 后 T5 的常开触点接通，使脉冲定时器 T6 的线圈通电，T6 的常开触点输出一个 4s 的脉冲。从 I1.2 的上升沿开始，断开延时定时器 T7 的常开触点接通。使用者离开时（在 I1.2 的下降沿）开始冲水，断开延时定时器开始定时，5s 后 T7 的常开触点断开，停止冲水。

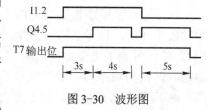

图 3-30　波形图

由波形图可知，控制冲水电磁阀的 Q4.5 输出的高电平脉冲波形由两块组成，4s 的脉冲波形由脉冲定时器 T6 的常开触点提供。T7 输出位的波形减去 I1.2 的波形得到宽度为 5s 的脉冲波形，可以用 T7 的常开触点与 I1.2 的常闭触点组成的串联电路来实现上述要求（见图 3-31）。两块脉冲波形的叠加用并联电路来实现。

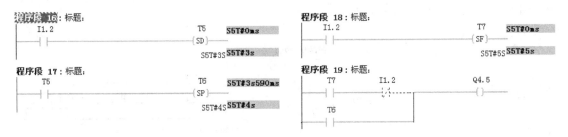

图 3-31　卫生间冲水控制电路

2．实验步骤

用"新建项目"向导生成一个项目，可以选用任意型号的 CPU，将图 3-31 中的程序输入 OB1。随书云盘中的例程"定时器 1"也有图 3-31 中的程序。仿真实验的步骤如下：

1）将 OB1 和系统数据下载到仿真 PLC，将仿真 PLC 切换到 RUN-P 模式。

2）打开 OB1，单击工具栏上的按钮，启动程序状态监控功能。

3）单击 PLCSIM 中 I1.2 对应的小方框，方框中出现"√"，I1.2 变为 1 状态。从被监控的梯形图可以看出，接通延时定时器 T5 开始定时，同时断开延时定时器 T7 的常开触点接通。经过 3s 的延时后，T5 的常开触点闭合，脉冲定时器 T6 开始定时，其常开触点闭合，使 Q4.5 的线圈通电，电磁阀开始冲水。4s 后 T6 的常开触点断开，Q4.5 的线圈断电，停止冲水。

4）单击 PLCSIM 中 I1.2 对应的小方框，方框中的"√"消失，I1.2 变为 0 状态。此时 T7 开始定时，T7 的常开触点和 I1.2 的常闭触点组成的串联电路接通，Q4.5 的线圈通电，电磁阀冲水。5s 后 T7 的常开触点断开，Q4.5 的线圈断电，停止冲水。

3．编程与仿真练习

按下启动按钮 I0.0，Q4.0 控制的电动机运行 20s，然后自动断电，同时 Q4.1 控制的制动电磁铁开始通电，10s 后自动断电。用扩展的脉冲定时器和断开延时定时器设计控制电路。

用"新建项目"向导生成一个项目，CPU 可选任意的型号。在 OB1 中编写满足上述要求的程序，读者自己拟定仿真实验的步骤，检验程序运行的结果。

3.2.3　实训九　运输带控制系统

1．两条运输带的控制实验

两条运输带顺序相连（见图 3-32），为了避免运送的物料在 1 号运输带上堆积，按下启动按钮 I0.0，1 号运输带开始运行，8s 后 2 号运输带自动启动（见图 3-34 中的波形图）。停机时为了避免物料的堆积，应尽量将皮带上的余料清理干净，使下一次可以轻载启动。停机的顺序与启动的顺序刚好相反，即按了停止按钮 I0.1 以后，先停 2 号运输带，8s 后停 1 号运输带。PLC 通过 Q4.0 和 Q4.1 控制两台电动机 M1 和 M2。图 3-33 是 PLC 的外部接线图。

用"新建项目"向导生成一个名为"运输带控制"的项目（见随书云盘中的同名例程），CPU 可以采用任意的型号。

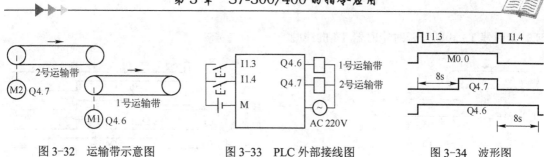

图 3-32　运输带示意图　　　　图 3-33　PLC 外部接线图　　　　图 3-34　波形图

梯形图程序如图 3-35 所示，程序中设置了一个用启动按钮和停止按钮控制的辅助元件 M0.0，用它的常开触点控制接通延时定时器 T0 和断开延时定时器 T1 的线圈。

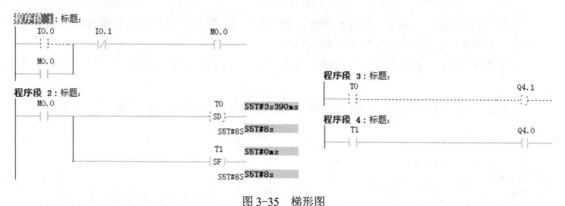

图 3-35　梯形图

接通延时定时器 T0 的常开触点在 I0.0 的上升沿之后 8s 接通，在它的线圈断电（M0.0 的下降沿）时断开。综上所述，可以用 T0 的常开触点直接控制 2 号运输带 Q4.1。

断开延时定时器 T1 的常开触点在它的线圈通电时接通，在它结束 8s 延时后断开，因此可以用 T1 的常开触点直接控制 1 号运输带 Q4.0。实验步骤如下：

1）将 OB1 下载到仿真 PLC，将仿真 PLC 切换到 RUN 或 RUN-P 模式。

2）打开 OB1，单击工具栏上的按钮⚙️，启动程序状态监控功能。

3）两次单击 PLCSIM 中 I0.0 对应的小方框，模拟按下和放开启动按钮。观察梯形图中 M0.0 和 Q4.0 的线圈是否同时通电，T0 是否开始定时，8s 后 Q4.1 是否能自动变为 1 状态。

4）两次单击 PLCSIM 中 I0.1 对应的小方框，模拟按下和放开停止按钮。观察梯形图中 M0.0 和 Q4.1 的线圈是否同时断电，T1 是否开始定时，8s 后 Q4.0 的线圈是否能自动断电。

2. 3 条运输带控制的仿真实验

3 条运输带顺序相连（见图 3-36），为了避免运送的物料在 1 号和 2 号运输带上堆积，按下启动按钮 I0.2，1 号运输带开始运行，5s 后 2 号运输带自动启动，再过 5s 后 3 号运输带自动启动。停机的顺序与启动的顺序刚好相反，即按了停止按钮 I0.3 后，3 号运输带停机，5s 后 2 号运输带停机，再过 5s 停 1 号运输带。PLC 通过 Q4.2~Q4.4 控制 3 台运输带的电动机 M1、M2 和 M3。

图 3-37 中的波形图给出了程序设计的思路。程序中设置了一个用启动按钮和停止按钮控制的辅助元件 M0.1，用它的常开触点控制接通延时定时器 T2 和断开延时定时器 T5 的线圈。接通延时定时器 T2 的常开触点在 I0.2 的上升沿之后 5s 接通，用它的常开触点控制接通

延时定时器 T3 和断开延时定时器 T4 的线圈。

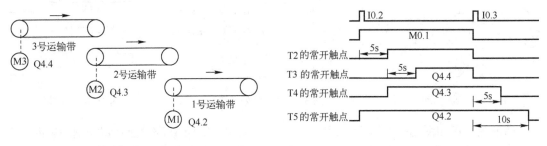

图 3-36 运输带示意图　　　　　　　　　图 3-37 波形图

按下停止按钮 I0.3，M0.1 变为 0 状态，使 T4 和 T5 的线圈断开，它们开始定时。5s 后 T4 的常开触点断开，10s 后 T5 的常开触点断开。

由波形图可知，可以用 T3、T4 和 T5 的常开触点直接控制 Q4.4、Q4.3 和 Q4.2 的线圈。

根据图 3-37 中的波形图，设计出控制 3 条运输带的梯形图（见图 3-38）。

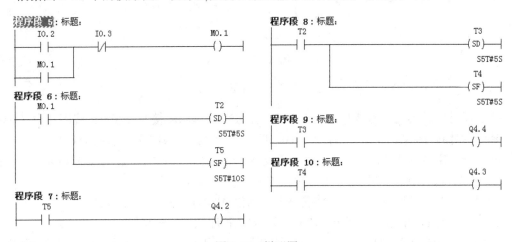

图 3-38 梯形图

仿真实验的步骤如下：

1）图 3-38 中的程序在项目"运输带控制"的 OB1 中，将 OB1 和系统数据下载到仿真 PLC，将仿真 PLC 切换到 RUN 或 RUN-P 模式。

2）两次单击 PLCSIM 中 I0.2 对应的小方框，方框中的"√"出现后又消失，以此来模拟按下和松开启动按钮。观察梯形图中 M0.1 和 Q4.2 的线圈是否同时通电，T2 是否开始定时；5s 后 Q4.3 是否能自动变为 1 状态，T3 是否开始定时；再过 5s 后 Q4.4 的线圈是否自动通电。

3）两次单击 PLCSIM 中 I0.3 对应的小方框，模拟按下和放开停止按钮。观察梯形图中 M0.1 和 Q4.4 的线圈是否同时断电，断开延时定时器 T4、T5 是否开始定时，5s 后 Q4.3 是否能自动变为 0 状态，再过 5s 后 Q4.2 是否能自动变为 0 状态。

为了简化调试过程，也可以只观察系统的输入、输出关系。用鼠标产生启动按钮和停止按钮信号后，观察各输出点的状态变化是否符合波形图的要求。如果不符合，再观察定时器的工作是否正常。

3.2.4 实训十 小车控制系统

1. 实验要求

图 3-39 中的小车开始时停在左边，左限位开关 SQ1 的常开触点闭合。要求按下列顺序控制小车：

1）按下右行启动按钮 SB2，小车右行。

2）小车走到右限位开关 SQ2 处停止运动，延时 8s 后开始左行。

3）小车回到左限位开关 SQ1 处时停止运动。

PLC 的外部接线图（见图 3-39）确定了外部输入/输出信号与 PLC 内的过程映像输入/输出位的地址之间的关系。

2. 程序设计

用"新建项目"向导生成一个名为"小车控制 2"的项目（见随书云盘中的同名例程），CPU 可以采用任意的型号。在异步电动机正反转控制电路的基础上设计的满足上述要求的梯形图如图 3-40 所示。在控制右行的 Q4.0 的线圈回路中串联了 I0.4 的常闭触点，小车走到右限位开关 SQ2 处时，I0.4 的常闭触点断开，使 Q4.0 的线圈断电，小车停止右行。同时 I0.4 的常开触点闭合，T6 的线圈通电，开始定时。8s 后定时时间到，T6 的常开触点闭合，使 Q4.1 的线圈通电并自保持，小车开始左行。离开限位开关 SQ2 后，I0.4 的常开触点断开，T6 因为其线圈断电而被复位，其常开触点断开。小车运行到左边的起始点时，左限位开关 SQ1 的常开触点闭合，I0.3 的常闭触点断开，使 Q4.1 的线圈断电，小车停止运动。

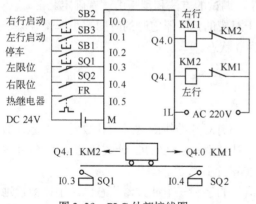

图 3-39 PLC 外部接线图

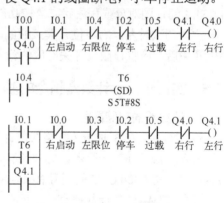

图 3-40 梯形图

在梯形图中，保留了左行启动按钮 I0.1 和停止按钮 I0.2 的触点，使系统有手动操作的功能。在手动时，串联在起保停电路中的左限位开关 I0.3 和右限位开关 I0.4 的常闭触点可以防止小车的运动超限。

3. 仿真实验过程

1）将 OB1 和系统数据下载到仿真 PLC，将仿真 PLC 切换到 RUN-P 模式。

2）生成 IB0、QB4 和 T6 对应的视图对象（见图 3-41），启动程序状态监控。

3）两次单击 PLCSIM 中 I0.0 对应的小方框，方框中的"√"出现后又消失，以此来模拟按下和放开启动按钮。观察控制右行的 Q4.0 是否为 1 状态。

4）单击 I0.4 对应的小方框，方框中出现"√"，模拟右限位开关动作，观察 Q4.0 是否变为 0 状态，小车停止右行；以及接通延时定时器 T6 是否开始定时。

5）T6 的定时时间到时，观察 Q4.1 是否变为 1 状态，小车左行。

6）小车左行后离开右限位开关 I0.4，应及时将 I0.4 复位为 0 状态。

7）令左限位开关 I0.3 为 1 状态，模拟小车返回起点处，观察 Q4.1 的线圈是否断电，小车停止左行。

图 3-41　PLCSIM

4. 较复杂的自动往返小车控制仿真练习

PLC 的外部接线图与图 3-39 相同，小车用启动按钮启动后，碰到右限位开关 I0.4 停止右行，延时 5s 后自动左行；碰到左限位开关 I0.3 停止左行，延时 7s 后自动右行。按下停止按钮后，小车停止运动。

将程序和系统数据下载到仿真 PLC，将仿真 PLC 切换到 RUN-P 模式。直接使用 PLCSIM 的视图对象或程序状态监控功能调试程序，调试的方法和步骤由读者确定。

注意调试时左、右限位开关接通的时间应大于对应的定时器定时的时间。小车离开某一限位开关后，应将该限位开关对应的输入点复位为 0 状态。

3.2.5　实训十一　计数器指令的基本功能

1. 计数器的存储器区

S7-300/400 有 3 种指令框格式的计数器，每种都有对应的线圈格式的计数器。上述计数器统称为 SIMATIC 计数器，此外还有 3 种 IEC 计数器。SIMATIC 计数器的个数（128～2048 个）与 S7-300 CPU 的型号有关，S7-400 有 2048 个计数器。

每个 SIMATIC 计数器有一个保存当前计算器值的字和一个计数器状态位。用计数器地址（C 和计数器号，例如 C24）来访问当前计数值和计数器状态位。

计数器字的 0～11 位是计数值的 BCD 码，计数值的范围为 0～999。图 3-42 中的计数器字的当前计数值为 BCD 码 127。用格式 C#表示计数器的设定值。

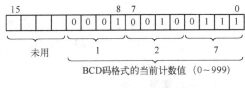

图 3-42　计数器字

2. 加计数器与减计数器

用"新建项目"向导生成一个名为"计数器"的项目（见随书云盘中的同名例程），

CPU 为 CPU 312C。打开 OB1，选择编程语言为梯形图。打开左边的指令列表窗口中的"计数器"文件夹，将其中的 S_CU（加计数器）指令拖放到梯形图中。

图 3-43 和图 3-44 的计数器指令框中，S 为计数器的设置输入端，PV 为预设计数值输入端，CU 和 CD 分别是加、减计数脉冲输入端，R 为复位输入端；Q 为计数器状态输出端，CV 端输出十六进制格式的当前计数值，CV_BCD 端输出 BCD 码格式的当前计数值。

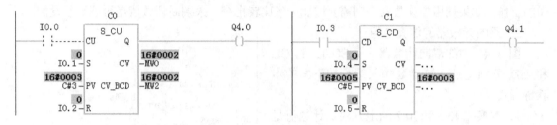

图 3-43 加计数器   图 3-44 减计数器

计数器的 CU、CD、S、R、Q 的数据类型为 BOOL，PV、CV 和 CV_BCD 的数据类型为 WORD。各变量均可以使用 I、Q、M、L、D 地址区，PV 还可以使用计数器常数 C#。

在"设置"输入信号 S 的上升沿，将 PV 端指定的预设值送入计数器字。在加计数脉冲输入信号 CU 的上升沿，如果当前计数值小于 999，加计数器的计数值加 1。在减计数脉冲输入信号 CD 的上升沿，如果当前计数值大于 0，减计数器的计数值减 1。

当前计数值大于 0 时，计数器状态位 Q 为 1 状态；当前计数值为 0 时，状态位 Q 为 0 状态。"复位"输入信号 R 为 1 状态时，计数器被复位，当前计数值被清零，状态位 Q 变为 0 状态。

3．加计数器的仿真实验

1）将图 3-43～图 3-45 中的计数器电路输入到 OB1 中，将 OB1 下载到仿真 PLC，将仿真 PLC 切换到 RUN 或 RUN-P 模式。

2）打开 OB1，单击工具栏上的按钮 ，启动程序状态监控功能。

3）单击 PLCSIM 中加计数脉冲 I0.0 对应的小方框，方框中出现"√"，CV 和 CV_BCD 输出端的计数值加 1 后变为 1，指令框变为绿色，Q4.0 的线圈通电，表示 C0 的计数器状态位为 1 状态。再单击一次该方框，"√"消失，I0.0 变为 0 状态，计数值不变。多次单击 I0.0 对应的小方框，在 I0.0 每次由 0 状态变为 1 状态的上升沿，C0 的当前值加 1。

4）在 S 信号的上升沿时，如果加计数输入信号 CU 为 1 状态，即使 CU 没有变化，下一扫描周期也会加计数。

分别令加计数输入 I0.0 为 0 状态和 1 状态，单击两次 S（设置）输入 I0.1 对应的小方框，观察在 I0.1 的上升沿，CV_BCD 输出的值分别是多少。

5）在计数器字的值非零时，令复位输入信号 I0.2 为 1 状态，观察复位的效果，计数器值是否变为 0，Q4.0 的线圈是否断电。

4．减计数器的仿真实验

加、减计数器的仿真实验过程基本上相同，做实验时需要注意在减计数信号 CD 的上升沿，计数器值是否减 1。减至 0 时 Q 输出端是否变为 0 状态，Q4.1 的线圈断电。

在 S 信号的上升沿用"设置"输入 S 设置计数器时，如果减计数输入信号 CD 为 1 状态，即使 CD 没有变化，下一扫描周期也会减计数。

分别令减计数输入 I0.3 为 0 状态和 1 状态，单击两次 S（设置）输入 I0.4 对应的小方框，观察在 I0.4 的上升沿，CV_BCD 输出的值分别是多少。

计数器一般用来在计了预设值指定的脉冲数后，进行某种操作。为了实现这一要求，最简单的方法是首先将预设值送入减计数器，计数值减为 0 时，其常闭触点闭合，用它来完成要做的工作。如果使用加计数器，则需要增加一条比较指令，来判断计数值是否等于预设值。

5．双向计数器的仿真练习

图 3-45 中的双向计数器（S_CUD）的 CU 和 CD 分别是加、减计数输入端。按下面的步骤进行实验：

1）观察在 I0.6 和 I0.7 的上升沿，计数值是否分别被加、减 1。

2）观察在 S（设置）输入 I1.0 的上升沿，是否能将 PV 的设定值送给计数器的计数器字。

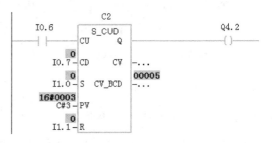

图 3-45　双向计数器

3）观察计数值大于 0 和等于 0 时输出 Q 的状态。

4）复位输入 I1.1 为 1 时，观察计数值和输出 Q 的变化。

6．加计数器线圈指令的仿真练习

图 3-46 是用计数器线圈指令设计的加计数器。"设置计数器值"线圈 SC 用来设置计数器值，图中 I1.2 的常开触点由断开变为接通时，预设值 3 被送入 C3 的计数器字。计数值非零时 C3 的常开触点接通。

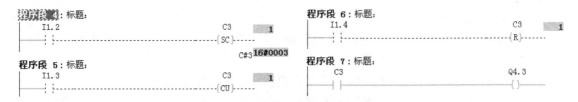

图 3-46　加计数器线圈指令应用电路

标有 CU 的线圈为加计数器线圈，标有 CD 的线圈为减计数线圈。在 I1.3 的上升沿，如果计数值小于 999，计数值加 1。复位输入 I1.4 为 1 时，计数器被复位，计数器状态位和计数值被清零，C3 的常开触点断开。

图 3-46 和图 3-43 中的加计数器的仿真实验过程和仿真的结果相同。

7．计数器线圈指令的仿真练习

1）仿照图 3-46，用减计数器线圈指令（线圈中的符号为 CD）设计一个减计数器。输入到 OB1 后下载到仿真 PLC，验证计数器的功能。

2）对同一个计数器同时使用加计数器线圈指令和减计数器线圈指令，设计一个双向计数器。输入到 OB1 后下载到仿真 PLC，验证计数器的功能。

8．定时器与计数器的仿真练习

按下按钮 I0.0 后，Q0.0 变为 1 状态并自保持（见图 3-47），

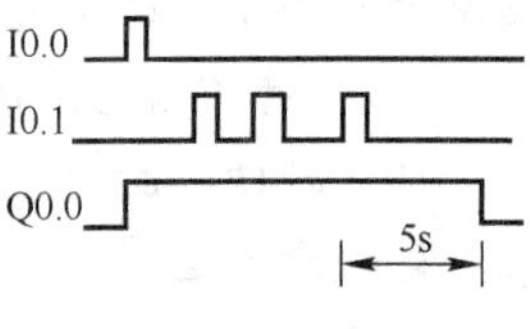

图 3-47　波形图

I0.1 输入 3 个脉冲后（用 C0 计数），T0 开始定时。5s 后 Q0.0 变为 0 状态，同时 C0 被复位。用定时器指令和减计数器指令设计出梯形图程序。输入到 OB1 后下载到仿真 PLC，检查是否能满足要求。

3.3　数据处理基础知识与逻辑控制指令

3.3.1　实训十二　数据处理基础知识的仿真实验

1．语句表程序

梯形图是用得最多的 PLC 编程语言。梯形图与继电器电路图相似，直观易懂，很容易被工厂的电气人员掌握，特别适合于数字量逻辑控制。

西门子的语句表是一种文本语言，可以实现某些不能用梯形图实现的功能。在阅读生产中的实际程序时，一般都会遇到语句表程序。语句表程序不一定能转换为梯形图。

初学者往往觉得语句表语言难学，主要是因为语句表涉及的本节计算机基础知识较多。只要掌握了有关的知识，多学多练，语句表也不难学。

2．多位二进制数

计算机和 PLC 用多位二进制数来表示数字，二进制数遵循逢 2 进 1 的运算规则，从右往左的第 n 位（最低位为第 0 位）的值为 2^n。二进制数 2#1010 对应的十进制数可以用下式计算：$1\times2^3+0\times2^2+1\times2^1+0\times2^0 = 8+2 = 10$。表 3-5 给出了不同进制的数的表示方法，BCD 码的应用将在 3.4.2 节介绍，浮点数将在 3.5.1 节介绍。

表 3-5　不同进制的数的表示方法

十进制数	十六进制数	二进制数	BCD 码	十进制数	十六进制数	二进制数	BCD 码
0	0	00000	0000 0000	9	9	01001	0000 1001
1	1	00001	0000 0001	10	A	01010	0001 0000
2	2	00010	0000 0010	11	B	01011	0001 0001
3	3	00011	0000 0011	12	C	01100	0001 0010
4	4	00100	0000 0100	13	D	01101	0001 0011
5	5	00101	0000 0101	14	E	01110	0001 0100
6	6	00110	0000 0110	15	F	01111	0001 0101
7	7	00111	0000 0111	16	10	10000	0001 0110
8	8	01000	0000 1000	17	11	10001	0001 0111

3．十六进制数

多位二进制数的书写和阅读很不方便。为了解决这一问题，可以用十六进制数来代替二进制数。十六进制数的 16 个数字符号是 0~9 和 A~F（对应于十进制数 10~15）。每位十六进制数对应于 4 位二进制数，例如二进制数 2#1010 1110 0111 0101 可以转换为 16#AE75。也可以在数字后面加"H"来表示十六进制数，例如 16#AE75 可以表示为 AE75H。

十六进制数采用逢 16 进 1 的运算规则，从右往左第 n 位的权值为 16^n，最低位为第 0 位。例如 16# AE75 对应的十进制数为 $10\times16^3+14\times16^2+7\times16^1+5\times16^0=44661$。

4．基本数据类型

在符号表、数据块和逻辑块的局部变量表中定义变量时，需要指定变量的数据类型。在使用指令和调用逻辑块时，也要用到数据类型。

STEP 7 的数据类型分为基本数据类型（见表 3-6）和复杂数据类型。此外还有用于 FB

（功能块）和 FC（功能）的输入、输出参数的参数类型。

表 3-6 中是基本数据类型，有符号整数和双整数的最高位为符号位，正数和负数的符号位分别为 0 和 1。前 8 种数据类型用得较多，TIME_OF_DAY 是 24 小时格式的实时时间。

表 3-6　基本数据类型

数据类型	描述	位数	常数举例	数据类型	描述	位数	常数举例
BOOL	二进制位	1	TRUE/FALSE	REAL	IEEE 浮点数	32	20.0
BYTE	字节	8	B#16#2F	S5TIME	SIMATIC 时间	16	S5T#1H3M50S
WORD	无符号字	16	W#16#247D	TIME	IEC 时间	32	T#1H3M50S
INT	有符号整数	16	−362	DATE	IEC 日期	16	D#2015-7-17
DWORD	无符号双字	32	DW#16#149E857A	TIME_OF_DAY	实时时间	32	TOD#1:10:30.3
DINT	有符号双整数	32	L#23	CHAR	ASCII 字符	8	'2A'

一个字节由 8 个位数据组成，例如过程映像输入字节 IB3 由 I3.0～I3.7 这 8 位组成（见图 3-48）。

相邻的两个字节组成一个字，相邻的两个字组成 1 个双字。字节、字和双字之间的关系见图 3-49，其中的第 0 位为最低位。MW100 是由 MB100 和 MB101 组成的一个字，MW100 中的 W 表示字（Word）。双字 MD100 由 MB100～MB103（或 MW100 和 MW102）组成，MD100 中的 D 表示双字（Double Word）。字的取值范围为 W#16#0000～W#16#FFFF，双字的取值范围为 DW#16#0000_0000～DW#16#FFFF_FFFF。

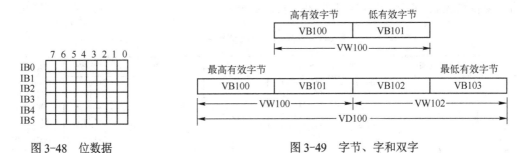

图 3-48　位数据　　　　　　　　　　　图 3-49　字节、字和双字

需要注意下列问题：

1）用组成字 MW100 和双字 MD100 的编号最小的字节 M100 的编号，作为 MW100 和 MD100 的编号。

2）组成 MW100 和 MD100 的编号最小的字节 MB100 为 MW100 和 MD100 的最高位字节，编号最大的字节为字和双字的最低位字节。

3）数据类型字节、字和双字都是无符号数，它们的数值用十六进制数表示。

5．生成变量表

使用变量表可以用一个画面同时监视和修改用户感兴趣的全部变量。一个项目可以生成多个变量表，以满足不同的调试要求。变量表可以监控和改写的变量包括过程映像输入/输出、位存储器、定时器、计数器、数据块内的存储单元和外设输入/外设输出。

在 SIMATIC 管理器中执行菜单命令"插入"→"S7 块"→"变量表"，出现"属性 −

变量表”对话框，生成的变量表默认的名称为“VAT_1”。单击“确定”按钮，VAT_1 被自动打开（见图 3-50）。

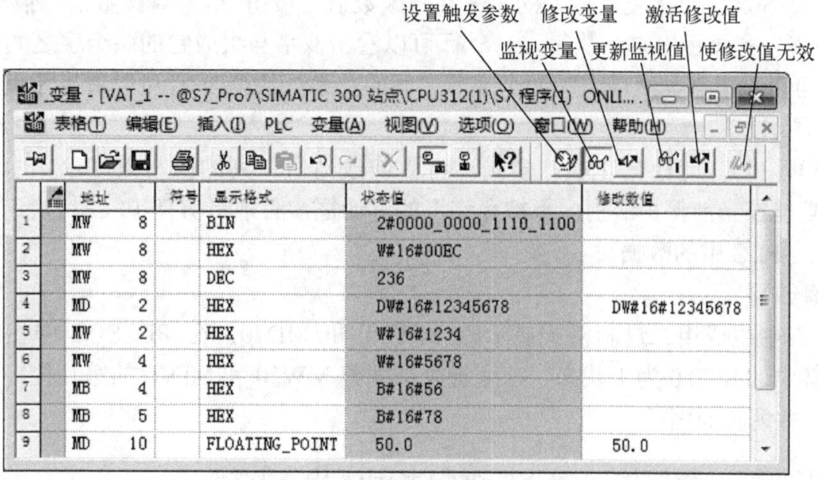

设置触发参数
修改变量
激活修改值
监视变量
更新监视值
使修改值无效
变量 - [VAT_1 -- @S7_Pro7\SIMATIC 300 站点\CPU312(1)\S7 程序(1) ONLI...
表格(T) 编辑(E) 插入(I) PLC 变量(A) 视图(V) 选项(O) 窗口(W) 帮助(H)
地址 符号 显示格式 状态值 修改数值
1 MW 8 BIN 2#0000_0000_1110_1100
2 MW 8 HEX W#16#00EC
3 MW 8 DEC 236
4 MD 2 HEX DW#16#12345678 DW#16#12345678
5 MW 2 HEX W#16#1234
6 MW 4 HEX W#16#5678
7 MB 4 HEX B#16#56
8 MB 5 HEX B#16#78
9 MD 10 FLOATING_POINT 50.0 50.0

图 3-50　变量表

在第一行的“地址”列输入 MW8，用右键单击“显示格式”列，用出现的下拉式列表将显示格式修改为 BIN（二进制）。在第二行的“地址”列输入 MW8，显示格式被自动设置为 HEX（十六进制）。在第三行的“地址”列输入 MW8，将显示格式修改为 DEC（十进制）。

用同样的方法输入图 3-50 其他需要监控的变量，双字 MD10 的显示格式为浮点数。STEP 7 用十进制小数来输入或显示浮点数，例如 50 是整数，而 50.0 为浮点数。

如果在变量表的“符号”列输入在符号表中定义过的符号，在地址列将会自动出现该符号的地址。如果在“地址”列输入已在符号表中定义了符号的地址，在符号列将会自动出现它的符号。

6. 编写将 MW8 加 1 的程序

打开 HW Config，双击机架中 CPU 模块所在的行，打开 CPU 的“属性”对话框的“周期/时钟存储器”选项卡（见图 3-15）。选中“时钟存储器”多选框，设置时钟存储器（M）的字节地址为 0。M0.7 的周期为 2s（见表 3-3）。

M0.7
M1.0
P
ADD_I
EN
ENO
1
1 - IN1
OUT
130
-MW8
129
MW8 - IN2

图 3-51　梯形图程序状态

在 OB1 中编写图 3-51 中的程序，每 2s 将 MW8 加 1。ADD_I 是整数加法指令，IN1 与 IN2 相加，结果送回 MW8。

7. 用变量表监控 PLC 中的变量

打开 PLCSIM，选中 SIMATIC 管理器左边窗口中的“块”，将程序块和系统数据下载到仿真 PLC，将仿真 PLC 切换到 RUN-P 模式。双击打开变量表，单击工具栏上的“监视变量”按钮，启动监控功能（见图 3-50）。“状态值”列显示的是 PLC 中的变量值。

MW8 的初始值为 0，每 2s 它被加 1。从变量表的第 1～3 行可以看出二进制数、十六进

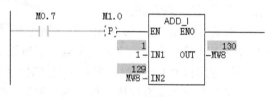

制数和十进制数之间的关系。

在第 4 行的"修改数值"列输入双字常数 DW#16#12345678，在第 9 行的"修改数值"列输入浮点数 50.0。单击工具栏上的"激活修改数值"按钮，"修改数值"被写入 PLC，并在"状态值"列显示出来。从第 4～6 行可以看出双字与组成它的两个字之间的关系，从第 6～8 行可以看出字与组成它的两个字节之间的关系。从第 9 行可以看出浮点数用十进制小数输入和显示。

如果仿真 PLC 运行在 RUN 模式，将"修改数值"列的值写入 PLC 时，将会出现"（DOA1）功能在当前保护级别中不被允许"的对话框，必须将仿真 PLC 切换到 RUN-P 模式，才能修改 PLC 中的数据。

8．仿真练习

在变量表中生成用二进制格式显示的 MW20 和 MD20，在 PLCSIM 中生成视图对象 MB20，令其中的 M20.0 为 1 状态。在变量表中观察 MW20 和 MD20 的第几位（最低位为第 0 位）为 1，并解释原因。

3.3.2　实训十三　数据传送指令与语句表程序状态监控

1．累加器

32 位累加器是用于处理字节、字或双字的寄存器，它是执行语句表指令的关键部件。S7-300 有两个累加器（ACCU1 和 ACCU2），S7-400 有 4 个累加器（ACCU1～ACCU4）。几乎所有语句表的操作都是在累加器中进行的，因此需要用装载指令把操作数送入 ACCU1（累加器 1），在累加器中进行运算和数据处理后，用传送指令将累加器 1 中的运算结果传送到某个地址。处理 8 位或 16 位数据时，数据存放在累加器的低 8 位或低 16 位。梯形图程序不使用累加器。

2．装载指令与传送指令

装载（Load，L）指令"L <地址>"将累加器 1 原有的内容保存到累加器 2，并将累加器 1 复位为 0，然后将被寻址的字节、字或双字装载到累加器 1。被装载的字节和字放在累加器的最低字节和低位字。

传送（Transfer，T）指令"T <地址>"将累加器 1 的内容传送（复制）到目标地址，累加器 1 的内容不变。被复制的数据字节数取决于目的地址的数据长度。数据从累加器 1 传送到外设输出区 PQ 的同时，也被传送到对应的过程映像输出区（Q 区）。

装载与传送指令的执行与状态位无关，也不会影响到状态位。对于 S7-300，L STW 指令不装载状态字中的/FC、STA 和 OR 位。

在语句表程序中，存储区的地址之间、存储区的地址与外设输入/外设输出之间不能直接进行数据交换，只能通过累加器进行交换，累加器是上述数据交换的中转站。

生成一个项目，打开 OB1。如果默认的语言不是 STL，执行菜单命令"视图"→"STL"，切换到语句表方式，输入图 3-52 左边的语句表程序。其中的指令"+I"将累加器 1 和累加器 2 中的 16 位整数相加，结果在累加器 1 中。打开 PLCSIM，生成 MW2、MW4 和 MW6 的视图对象。将 OB1 下载到仿真 PLC，将仿真 PLC 切换到 RUN-P 模式。分别将 300 和 500 输入 MW2 和 MW4 的视图对象。

单击工具栏上的按钮，启动程序状态监控功能，图 3-52 的右边窗口中是指令执行的监控信息，称为状态域。图中的 RLO 和 STA 是状态字中的两位，将在下一实训中介绍。STANDARD 是累加器 1，默认的显示方式为十六进制数。

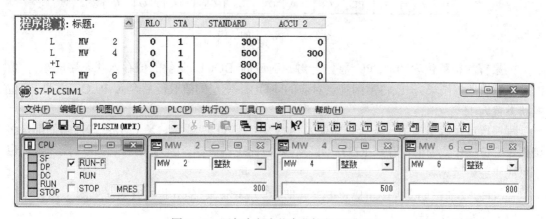

图 3-52　语句表程序状态监控

用右键单击 STANDARD 所在的表头，执行快捷菜单中的"表达式"→"十进制"命令，改用十进制数显示累加器 1 的值（见图 3-52）。在快捷菜单中，累加器 1 被称为"默认状态"。

执行快捷菜单中的"显示"→"累加器 2"命令，将会出现表头为 ACCU2（累加器 2）的列，将该列的显示方式改为十进制数。用右键单击 STA 列，执行快捷菜单中的"隐藏"命令，将使该列消失。

从图 3-53 可以看出，执行第一条 L 指令后，MW2 中的 300 被装载到累加器 1，执行第二条指令后，累加器 1 中的 300 被传送到累加器 2，MW4 中的 500 被装载到累加器 1。执行"+I"指令后，累加器 1 和累加器 2 中的低位字中的数据相加，运算结果 800 在累加器 1 中，累加器 2 被自动清零。执行 T 指令后，累加器 1 中的 800 被传送到 MW6，累加器 1 中的数据保持不变。

图 3-53　语句表程序状态监控与 PLCSIM

3. 梯形图中的传送指令

梯形图的传送指令（见图 3-54）只有一条 MOVE 指令，它直接将源数据 IN 传送到目的地址 OUT，不用累加器中转。输入变量和输出变量的数据类型可以是 8 位、16 位或 32 位的基本数据类型。同一条 MOVE 指令的输入变量和输出变量的数据类型可以不相同。实验步骤如下：

1）打开 OB1，执行菜单命令"视图"→"LAD"，切换到梯形图语言，输入图 3-54 中的梯形图程序。打开 PLCSIM，将 OB1 下载到仿真 PLC，将仿真 PLC 切换到 RUN-P 模式。

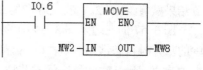

图 3-54　传送指令

2）打开 OB1，单击工具栏上的 ⁶⁶ 按钮，启动程序状态监控功能。

3）用右键单击显示的监控数值，执行快捷菜单命令"表达式"→"十进制"，改用十进制数显示监视值。

4）用 PLCSIM 将 I0.6 置 1，观察指令执行的情况。

5）将 MW8 改为 MB8，下载到 OB1 后，将显示格式改为十六进制，将 MW10 中大于255 的数传送到 MB8，观察传送的结果。

6）修改程序，将 MB10 中的数传送到 MW8，下载后观察传送的结果。

3.3.3　实训十四　状态字的仿真实验

1.　与逻辑运算有关的状态位

状态字是一个 16 位的寄存器，只使用了其中的 9 位（见图 3-55），状态字用于储存指令执行后的状态或结果，以及出现的错误。

（1）首次检测位

S7-200 等 PLC 用 LD 和 LDI 指令来表示电路块开始的常开触点和常闭触点。S7-300/400 没有这样的指令，它是用状态字的第 0 位（首次检测位 $\overline{FC}$）的状态为 0 来表示一个梯形逻辑程序段的开始，或指令为逻辑串（即串并联电路块）的第一条指令。首次检测位供操作系统使用，与用户程序无关。

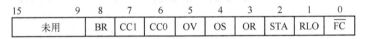

图 3-55　状态字的结构

如果首次检测位为 0，CPU 将常开触点对应的 BOOL 变量的值存入状态字的第 1 位 RLO（逻辑运算结果），或将常闭触点对应的 BOOL 变量的值取反后存入 RLO，并将 $\overline{FC}$ 位的状态置为 1。

程序段或逻辑串的第一条指令如果为 A（"与"）、O（"或"）、X（"异或"），它们都是将该指令中位操作数的值保存到 RLO，并不作对应的逻辑运算。因为此时只有一个操作数，也不可能作逻辑运算。

在 STEP 7 的帮助文件中，用 "/FC"（即 $\overline{FC}$）表示 FC 的 0 状态有效（见图 3-61）。

（2）逻辑运算结果

状态字的第 1 位 RLO 称为逻辑运算结果（Result of Logic Operation），它用来存储位逻辑指令或比较指令的执行结果。RLO 为 1 表示有能流流到梯形图的对应点处；为 0 则表示没有能流流到该点。

图 3-56 中的梯形图对应的逻辑代数表达式为 $I0.4*I0.7 + I0.6*\overline{I0.5} = Q4.2$，其中的 "*"号表示逻辑与，"+"号表示逻辑或，I0.5 上面的水平线表示"非"运算，等号表示将逻辑运算结果赋值给 Q4.2。图 3-56 和图 3-57 中各变量的状态完全相同。

图 3-57 的左边是图 3-56 中的梯形图对应的语句表指令。指令中的 A 和 AN 分别表示串联的常开触点和常闭触点，O 表示两条串联电路的并联，等号表示赋值。图 3-57 右边的方框中是程序运行时的程序状态监控结果，其中的 STATUS WORD 是状态字。

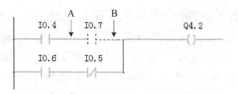

图 3-56　梯形图程序状态监控　　　　　　　图 3-57　语句表程序状态监控

执行完图 3-57 中第 3 条指令和最后一条指令之后，首次检测位 $\overline{FC}$ 为 0。即在执行完上面的串联电路的"与"运算和开始执行下一个梯形逻辑程序段时，$\overline{FC}$ 位为 0。

执行完图 3-57 中的第一条指令后，RLO 为 1，梯形图中的 A 点有能流（见图 3-56）。执行完第 2 条指令后，RLO 为 0，梯形图中的 B 点没有能流。

（3）状态位

状态字的第 2 位为状态位（STA），执行位逻辑指令后，STA 位与指令中的位变量的值一致。STA 位只是用于程序状态监控，与用户程序的编程无关。图 3-56 中的 I0.4、I0.6 和 Q4.2 为 1 状态，它们对应的指令执行完后，STA 位为 1 状态。I0.7 和 I0.5 为 0 状态，它们对应的指令执行完后，STA 位为 0 状态。

做仿真实验时用 IB0 的视图对象改变图 3-56 中某个输入点的状态，可以看到对应的 STA 位和 RLO 位的状态随之而变。

（4）或位

状态字的第 3 位为或位（OR），在先逻辑"与"后逻辑"或"（即串联电路的并联）的逻辑运算中，OR 位用来暂存逻辑"与"（串联）的运算结果。图 3-56 中 B 点的"与"运算的 RLO 被保存在 OR 位，为两条串联电路的"与"运算结果作"或"运算做好准备。OR 位供 CPU 使用，编程人员并不使用 OR 位。

2. 与逻辑运算有关的状态位的仿真实验

实验步骤如下：

1）生成一个新的项目，将图 3-56 中的梯形图程序输入 OB1。

2）执行菜单命令"视图"→"STL"，切换到语句表方式。

3）打开 PLCSIM，将 OB1 下载到仿真 PLC，将仿真 PLC 切换到 RUN-P 模式。

4）单击工具栏上的 按钮，启动程序状态监控功能。用实训十三所述的方法，隐藏累加器 1（STANDARD），增加对状态字（STATUS WORD）的监控。

5）用 PLCSIM 的视图对象 IB0 改变 I0.4 的状态，观察第一条指令的 STA 位是否随之而变。用同样的方法观察其他 A 指令和 AN 指令的 STA 位与指令中的输入点状态的关系。

6）改变 I0.4～I0.7 的状态，观察对 RLO 的影响，RLO 是否反映了程序中的逻辑运算结果？

7）改变 I0.4 或 I0.7 的状态，观察 B 点的 RLO 与 OR 位的关系。

8）改变 I0.4～I0.7 的状态，观察最后一条指令执行完后（即开始执行下一个梯形逻辑程序段时），状态字的最低位 $\overline{FC}$ 位是否为 0。

3. 溢出位与条件码的仿真实验

状态字的第 5 位为溢出（Over）位 OV。如果执行算术运算指令和浮点数比较指令时出现错误，例如溢出（运算结果超出允许的范围）、非法运算和不规范的格式，溢出位被置 1。

状态字的第 4 位为存储溢出位 OS，OV 位被置 1 的同时 OS 位也被置 1。如果后面影响 OV 位的指令的执行没有出错，OV 位将被清零，OS 位仍然保持为 1 不变。所以 OS 位用于指明前面的指令执行过程中是否产生过溢出错误。只有 JOS（OS 为 1 时跳转）指令、块调用指令和块结束指令才能复位 OS 位。用户程序极少使用 OS 位，别的 PLC 没有类似的位。

状态字的第 7 位和第 6 位称为条件码 1（CC1）和条件码 0（CC0）。这两位综合起来，用于表示累加器 1 中的数学运算或字逻辑运算的结果与 0 的关系，或者比较指令的执行结果。移位和循环移位指令移出的位用 CC1 保存。用户程序一般并不直接使用条件码。

将图 3-58 中的 OB1 的程序下载到仿真 PLC，将仿真 PLC 切换到 RUN-P 模式。打开 OB1，单击工具栏上的 ᵒᵖ 按钮，启动程序状态监控功能。设置监控累加器 1、2 和状态字，累加器 1、2 的值用十进制格式显示。

可以用 PLCSIM 设置 MW10 和 MW12 的值。也可以用右键单击程序区的某个地址，用出现的快捷菜单中的"修改"命令修改该地址的值。

			STANDARD	ACCU 2	STATUS WORD
L	MW	10	30000	0	0_0000_0100
L	MW	12	20000	30000	0_0000_0100
+I			50000	0	0_0111_0100

图 3-58 语句表程序状态监控

图 3-58 中的 L 指令将 30000 和 20000 分别装载到累加器 2 和累加器 1，"+I"是整数加法指令，运算结果 50000 超出了 16 位有符号整数的范围（大于 32767），因此产生了溢出，状态字的第 4 位（OS 位）和第 5 位（OV 位）为 1 状态。因为是加减法上溢出，由"+I"指令的在线帮助可知，CC1 和 CC0 应为 0 和 1。

用 PLCSIM 修改 MW10 和 MW12 的值，使加法运算没有溢出，观察 OV、OS、CC1 和 CC0 的值是否符合"+I"指令的在线帮助的描述。

4. 二进制结果位的仿真实验

状态字的第 8 位为二进制结果位 BR。在梯形图中，用方框表示某些指令、功能（FC）和功能块（FB）。图 3-59 中 I1.0 的常开触点接通时，能流流到整数除法指令 DIV_I 的数字量输入端 EN（Enable，使能输入），该指令才能执行。

如果除法指令的 EN 端有能流流入，并且执行时无错误（除数非零），则使能输出 ENO（Enable Output）端有能流流出（见图 3-59）。EN 和 ENO 的数据类型为 BOOL（布尔）。

如果除数为零，指令执行出错，能流在出现错误的除法指令终止（见图 3-60），它的 ENO 端没有能流流出。ENO 可以作为下一个方框的 EN 输入，即几个方框可以串联。只有前一个方框被正确执行，与它连接的后面的程序才能被执行。

图 3-59 BR 位为 1　　　　　　　　　　图 3-60 BR 位为 0

状态字中的二进制结果位 BR 对应于梯形图中方框指令的 ENO，如果指令被正确执行，BR 位为 1，ENO 端有能流流出。如果指令执行出错，BR 位为 0，ENO 端没有能流流出。

仿真实验步骤如下：

1）将图 3-59 中的程序输入到 OB1。将 OB1 下载到仿真 PLC，将仿真 PLC 切换到 RUN-P 模式。打开 OB1，单击工具栏上的 按钮，启动程序状态监控功能。

2）用 PLCSIM 设置 MW16 中的除数非零，将 I1.0 置为 1 状态。观察是否有能流从使能输出端 ENO 流出（见图 3-59）。

3）设置除数 VW16 的值为 0，将 I1.0 置为 1 状态。观察是否有能流从使能输出端 ENO 流出。

5. 用在线帮助获取指令对状态字的影响

选中图 3-57 中的"A"指令，按计算机键盘的〈F1〉键，打开该指令的在线帮助，可以看到该指令的执行对状态字各位的影响。由图 3-61 可知，该指令使状态字的 $\overline{FC}$ 位为 1，OR、STA 和 RLO 位受该指令执行的影响，其他位不受影响。

BR	CC1	CC0	OV	OS	OR	STA	RLO	/FC
-	-	-	-	-	x	x	x	1

图 3-61　在线帮助中指令执行对状态字的影响

3.3.4　实训十五　逻辑控制指令的仿真实验

1. 逻辑控制指令

语句表中的逻辑控制指令包括跳转指令和循环指令（见表 3-7）。在没有执行跳转指令和循环指令时，各条语句按从上到下的先后顺序逐条执行。执行逻辑控制指令时（不包括无条件跳转指令），根据当时状态字中有关位的状态，决定是否跳转。满足条件则中止程序的线性扫描，跳转到跳转标号（LABEL）所在的跳转目标，不满足条件则不跳转。

表 3-7　逻辑控制指令与状态位触点指令

逻辑控制指令	状态位触点	描　述	逻辑控制指令	状态位触点	描　述
JU	—	无条件跳转到标号指定的跳转目标	JOS	OS	OS=1 时跳转或触点闭合
JL	—	跳转到标号（多分支跳转）	JZ	==0	运算结果为 0 时跳转或触点闭合
JC	—	RLO=1 时跳转到标号指定的目的地址	JN	<>0	运算结果非 0 时跳转或触点闭合
JCN	—	RLO=0 时跳转到标号指定的目的地址	JP	>0	运算结果为正时跳转或触点闭合
JCB	—	RLO=1 时跳转，将 RLO 复制到 BR	JM	<0	运算结果为负时跳转或触点闭合
JNB	—	RLO=0 时跳转，将 RLO 复制到 BR	JPZ	>=0	运算结果≥0 时跳转或触点闭合
JBI	BR	BR=1 时跳转或梯形图中触点闭合	JMZ	<=0	运算结果≤0 时跳转或触点闭合
JNBI	—	BR=0 时跳转	JUO	UO	指令出错时跳转或触点闭合
JO	OV	OV=1 时跳转或触点闭合	LOOP	—	循环指令

跳转时不执行跳转指令与对应的标号之间的程序，跳转到标号处后，程序继续顺序执行。只能在同一个逻辑块内跳转，在一个块内，同一个标号只能出现一次。

跳转或循环指令的操作数为跳转标号，标号用于指示跳转指令的跳转目标，它最多由 4 个字符组成，第一个字符必须是字母或下划线，其余的可以是字母、数字和下划线。在语句表中，跳转标号与它右边的指令用冒号分隔。

2. 梯形图中的跳转指令

梯形图中的无条件跳转指令与条件跳转指令的助记符均为 JMP（Jump），无条件跳转指令线圈直接与右边的垂直电源线相连（见图 3-62 的程序段 4），执行无条件跳转指令后马上跳转到指令给出的目标标号 M004 处。

条件跳转指令的线圈受触点电路的控制，图 3-62 程序段 2 的 OV 触点接通时，JMP 线圈"通电"，跳转到指令给出的标号 M003 处。

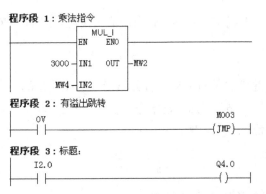

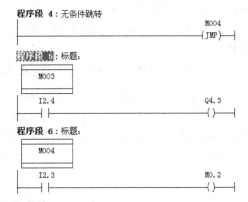

图 3-62 状态位触点指令与跳转指令的应用

放置跳转标号时，将指令列表窗口的"跳转"文件夹中的"LABEL"（标号）图标"拖放"到程序段开始的地方。双击标号中的"???"，输入标号的名称。

3．梯形图中的状态位触点指令

梯形图中的状态位指令以常开触点或常闭触点的形式出现。这些触点的通断取决于状态位 BR、OV、OS、CC0 和 CC1 的状态（见表 3-7）。状态位触点可以与别的触点串并联。

指令列表的"状态位"文件夹中的状态位触点是专用的触点，不能在普通触点上面输入状态位的名称来代替它们。

4．梯形图中的状态位触点指令与跳转指令应用举例

图 3-63 是图 3-62 中的程序的流程图（见随书云盘中的例程"逻辑控制"）。整数乘法指令 MUL_I 的运算如果有溢出（乘积大于

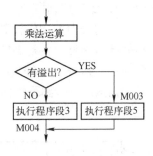

图 3-63 跳转指令流程图

16 位整数能表示的最大正数 32767），程序段 2 中状态位 OV 的常开触点闭合，将跳转到标号 M003 处。如果乘法运算没有溢出，OV 位的常开触点断开，JMP 线圈断电，不会跳转，将顺序执行程序段 3。执行完后，在程序段 4 无条件跳转到标号 M004 处。

5．仿真实验

打开 PLCSIM，生成监控 MW4 的视图对象，将 OB1 下载到仿真 PLC，将仿真 PLC 切换到 RUN-P 模式。打开 OB1，单击工具栏上的 ✆ 按钮，启动程序状态监控功能。

用视图对象设置 MW4 的值为 10，通过 OV 触点的状态观察乘法运算是否有溢出，是否从程序段 2 跳转到了标号 M003 处？程序段 5 是否被跳过？被跳过的程序段左边的垂直"电源线"没有能流。

用视图对象设置 MW4 的值为 11，通过 OV 触点的状态观察乘法运算是否有溢出，是否跳过了程序段 3 和程序段 4。

6．语句表中的逻辑控制指令的应用

要求在整数除法运算的除数为 0 时，将错误标志 M0.0 置位，除数非 0 时将 M0.0 复位。

下面是根据要求编写的语句表程序，图 3-64 是程序的流程图。

```
        L      1600            //常数装载到累加器 1 的低字
        L      MW    16        //累加器 1 的内容保存到累加器 2，MW16 的内容装载到累加器 1
        /I                     //累加器 2 的值除以累加器 1 的值
        T      MW    18        //将累加器 1 中的商传送到 MW18
        JUO    M001            //如果累加器 1 的除数为 0（运算出错），则跳转到标号 M001 处
        CLR                    //除数非零时复位 RLO
        =      M     0.0       //复位错误标志位
        JU     M002            //无条件跳转到标号 M002 处
M001:   SET                    //除数为零时置位 RLO
        =      M     0.0       //置位错误标志位
M002:   NOP    0               //跳转到此标号后，继续执行程序扫描
```

打开 PLCSIM，将 OB1 下载到仿真 PLC，将仿真 PLC 切换到 RUN-P 模式。打开 OB1，单击工具栏上的 按钮，启动程序状态监控功能（见图 3-65）。设置只监控 RLO、累加器 1（STANDARD）和状态字（STATUS WORD）。累加器 1 的值用十进制格式显示。

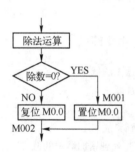

程序段 1: 标题:			RLO	STANDARD	STATUS WORD
L	1600		0	1600	0_0000_0100
L	MW	16	0	0	0_0000_0100
/I			0	0	0_1111_0100
T	MW	18	0	0	0_1111_0100
JUO	M001		0	0	0_1111_0100
CLR			0	800	0_1000_0000
=	M	0.0	0	800	0_1000_0000
JU	M002		0	800	0_1000_0000
M001: SET			1	0	0_1111_0110
=	M	0.0	1	0	0_1111_0110
M002: NOP	0		1	0	0_1111_0110

图 3-64　跳转指令流程图　　　　　　　图 3-65　除数为 0 的程序状态

用 PLCSIM 设置除数 MW16 为 0，执行除法指令出错，跳转到标号 M001 处，将标志 M0.0 置位为 1。被跳过的指令的监控值用普通字体显示，被执行的指令的监控值用加粗的字体显示。

将除数 MW16 设置为非 0，除法指令被正确执行，不会跳转到标号 M001。M0.0 被复位后，执行无条件跳转指令 JU，跳转到标号 M002 处。程序状态见图 3-66。

程序段 1: 标题:			RLO	STANDARD	STATUS WORD
L	1600		0	1600	0_0000_0100
L	MW	16	0	2	0_0000_0100
/I			0	800	0_1000_0100
T	MW	18	0	800	0_1000_0100
JUO	M001		0	800	0_1000_0100
CLR			0	800	0_1000_0000
=	M	0.0	0	800	0_1000_0000
JU	M002		0	800	0_1000_0000
M001: SET			1	0	0_1111_0110
=	M	0.0	1	0	0_1111_0110
M002: NOP	0		0	800	0_1000_0000

图 3-66　除数非 0 的程序状态

3.3.5 实训十六 存储器间接寻址的仿真实验

操作数是指令操作或运算的对象，寻址方式是指令取得操作数的方式，操作数可以直接给出或者间接给出。

1. 立即寻址

S7-300/400 有三种寻址方式：立即寻址、直接寻址和间接寻址（见图 3-67）。立即寻址和直接寻址用得最多，间接寻址中用得最多的是存储器间接寻址。

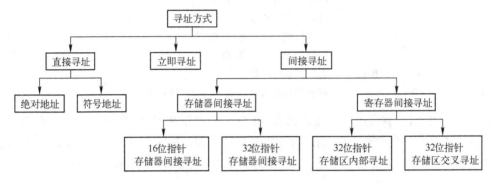

图 3-67 寻址方式

立即寻址的操作数直接在指令中，下面是使用立即寻址的装载指令的例子：

L	−35	//将 16 位整数装载到累加器 1 的低字
L	L#5	//将 32 位双整数装载到累加器 1
L	W#16#3E4F	//将十六进制常数字装载到累加器 1 的低字
L	25.38	//将 32 位浮点数常数装载到累加器 1
L	S5T#2S	//将 16 位 S5T 定时器常数装载到累加器 1 的低字
L	P#10.0	//将 32 位内部区域指针值装载到累加器 1

2. 直接寻址

直接寻址在指令中直接给出存储器或寄存器的地址，地址包括区域、长度和位置信息，下面是使用直接寻址的指令的例子：

A	Q	0.5	
L	DBW	15	//将数据块中的 16 位字装载到累加器 1 的低字
L	LD	22	//将 32 位局部数据双字装载到累加器 1
T	QB	10	//将累加器 1 最低字节的数据传送到过程映像输出字节 QB10

3. 存储器间接寻址

在存储器间接寻址指令中，要寻址的变量的地址称为指针，它存放在方括号表示的一个地址（存储单元）中。

例如在指令"A M[LD20]"中，方括号表示间接寻址。如果 LD20 中的指针值为 P#5.2，M[LD20]对应的地址为 M5.2。

地址指针就像收音机调台的指针，改变指针的位置，指针指向不同的电台。改变地址指针值，指针"指向"不同的地址。

旅客入住酒店时，在前台办完入住手续，酒店就会给旅客一张房卡，房卡上面有房间号，旅客根据房间号使用酒店的房间。修改房卡中的房间号，旅客用同一张房卡就可以入住不同的房间。这里房间相当于存储单元，房间号就是地址指针值，房卡就是存放指针的存储单元。

间接寻址的优点是可以在程序运行期间，通过改变指针的值，动态地修改指令中操作数的地址。某发电机在计划发电时每个小时有一个有功功率给定值，从 0 时开始，这些给定值被依次存放在连续的 24 个字中。可以根据读取的 PLC 的实时时钟的小时值，用间接寻址读取出当时的功率给定值。

用循环程序来累加一片连续的地址区中的数值时，每次循环累加一个数值。累加后修改地址指针值，使指针指向下一个地址，为下一次循环的累加运算做好准备。没有间接寻址，就不能编写查表程序和循环程序。

值得注意的是间接寻址可能会使某些地址被同时重复使用，从而导致 PLC 的意外动作。

（1）16 位指针的间接寻址

定时器、计数器、DB、FB 和 FC 的编号范围（即地址）小于 65535，因此它们使用 16 位的指针。

启动 PLCSIM，将随书云盘中的例程"存储器间接寻址"下载到 PLC，将 PLC 切换到 RUN-P 模式。

图 3-68 是一个定时器的存储器间接寻址的例子。用 16 位的 MW8 存放地址指针。MW8 中的指针值为 3，T [MW8]相当于 T3。用 PLCSIM 监控 T3，令 T3 的启动信号 I0.2 为 1 状态，可以看到 T3 的剩余时间值开始变化，说明间接寻址的地址"T [MW8]"的确是 T3。将程序中第一条指令"L 3"中的常数值（即地址指针的值）改为 5，下载后重复上述的实验，可以观察到"T [MW8]"对应的地址变成了 T5。

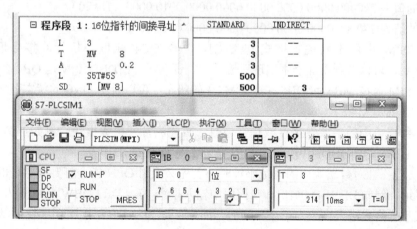

图 3-68　定时器的间接寻址

程序运行时启动程序状态监控，用鼠标右键单击 STANDARD（累加器 1），执行出现的快捷菜单中的命令"显示"→"间接"，添加"INDIRECT"（间接）列，可以看到 MW8 中间接寻址的地址指针值为 3。

（2）32 位指针的存储器间接寻址

S7-300/400 可以对 I、Q、M、DB 等地址区的位、字节、字和双字进行间接寻址，地址指针包含了地址中的字节和位的信息。这些地址区的间接寻址使用双字指针，指针格式如图 3-69 所示。第 0～2 位为被寻址地址中位的编号（0～7），第 3～18 位为被寻址地址的字节编号（0～65535）。32 位指针的数值实际上是以位（bit）为单位的双字。

如果要用双字格式的指针访问一个字节、字或双字存储器，必须保证指针的位编号为 0，例如 P#20.0，否则程序将会出错。只有 MD、LD、DBD 和 DID 能存储 32 位地址指针。

31	24	23	16	15	8	7	0
0000 0000		0000 0bbb		bbbb bbbb		bbbb bxxx	

图 3-69 存储器间接寻址的双字指针格式

图 3-70 是例程"存储器间接寻址"的监控画面。图中"INDIRECT"（间接）列的监控值 4.0 是 DBD10 中的指针值 P#4.0 的简写，该行指令的地址 QB[DBD10] 为 QB4。因为 QB 是字节地址，P#4.0 的小数点后面的位编号必须为 0。累加器 1（STANDARD）的数据显示格式为十六进制，其中的 20 实际上是 16#20。

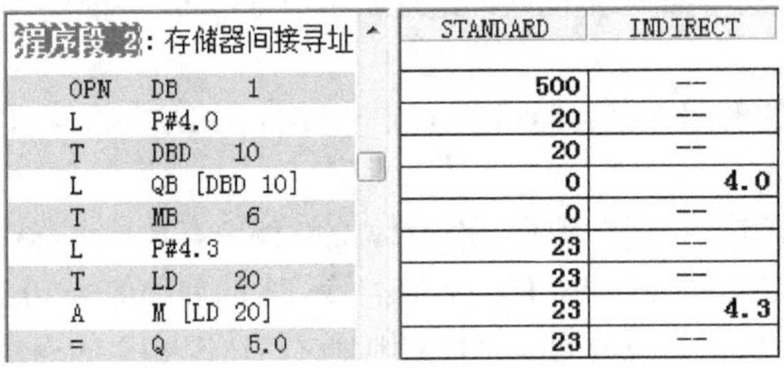

程序段 2: 存储器间接寻址		STANDARD	INDIRECT	
OPN	DB 1	500	---	//打开 DB 1
L	P#4.0	20	---	//指针的位编号为 0，字节编号为 4
T	DBD 10	20	---	
L	QB [DBD 10]	0	4.0	//DBD 10 中的地址指针值为 P#4.0
T	MB 6	0	---	
L	P#4.3	23	---	
T	LD 20	23	---	
A	M [LD 20]	23	4.3	//LD20 中的地址指针值为 P#4.3
=	Q 5.0	23	---	

图 3-70 间接寻址的程序状态

P#4.0 的值为 2#0000 0000 0000 0000 0000 0000 0010 0000（16#20）。

P#4.3 的值为 2#0000 0000 0000 0000 0000 0000 0010 0011（16#23）。

在 PLCSIM 中用十六进制格式监控 QB4，给 QB4 赋值。执行间接寻址指令"L QB[DBD10] 后，可以看到累加器中出现对应的值，证明了 QB[DBD10] 就是 QB4。

用 PLCSIM 监控 MB4 和 QB5，改变 M4.3 的状态，可以看到 Q5.0 的状态随之而变。证明了 M[LD20] 就是 M4.3。

用共享数据块中的字或双字存放指针值时，首先应打开该数据块。例如上例中用 OPN 指令打开了 DB1，QB[DBD10] 中的 DBD10 实际上是 DB1.DBD10。

使用 32 位指针对数据块内的地址寻址时，首先必须用 OPN 指令打开要寻址的数据块，然后才能寻址，例如 DBW [MD10]。在程序中输入指令"L   DB2.DBW [LD20]"，该指令变为红色，表示有格式错误。改为指令"OPN   DB2"和"L   DBW [LD20]"就可以了。

3.3.6 实训十七 循环程序的仿真实验

如果需要重复执行若干次同样的任务，可以使用循环指令。循环指令"LOOP <跳转标号>"用累加器的低字作循环计数器，每次执行 LOOP 指令时累加器低字的值减 1，若减 1 后非 0，将跳转到 LOOP 指令指定的标号处，在跳转目标处又恢复线性程序扫描。跳转只能在同一个逻辑块内进行，LOOP 指令的跳转标号在块内应该是唯一的。

【例 3-1】 用循环指令和间接寻址求从 MW80 开始存放的 5 个字的累加和（见随书云盘中的例程"存储器间接寻址"）。累加的结果用 MD50 保存，用临时局部变量 LD24 保存地址指针，LW32 作循环计数器。

```
      L     L#0              //32 位双整数装载到累加器 1
      T     MD     50        //将保存累加和的双字清零
      L     P#80.0
      T     LD     24        //起始地址送 LD24
      L     5                //将循环次数（需要累加的字的个数）装载到累加器 1 的低字
BACK: T     LW     32        //暂存循环计数器值
      L     MW [LD24]        //取数据，第一次循环取的是 MW80 的值
      ITD                    //转换为双整数
      L     MD     50        //取累加和
      +D                     //累加
      T     MD     50        //保存累加和
      L     LD     24        //取地址指针值
      L     P#2.0
      +D                     //指针值增加两个字节，指针指到下一个字
      T     LD     24        //保存地址指针值
      L     LW     32        //循环计数器值装载到累加器 1
LOOP  BACK                   //若循环计数器值减 1 后非 0，跳转到标号 BACK 处
      NOP   0
```

每次累加完成后，为了使指针指向下一个字，指针值应加 P#2.0（两个字节）或加 L#16（1 个字由 16 位组成）。如果是对字节进行操作，每次循环指针值应加一个字节（加 P#1.0）。如果是对双字进行操作，每次循环指针值应加 4 个字节（加 P#4.0）。

启动 PLCSIM，将随书云盘中的例程"存储器间接寻址"下载到 PLC，将 PLC 切换到 RUN-P 模式。 在变量表中监控 MW80～MW88 和 MD50（见图 3-71），

	地址		显示格式	状态值	修改数值
1	MW	80	DEC	1	1
2	MW	82	DEC	2	2
3	MW	84	DEC	3	3
4	MW	86	DEC	4	4
5	MW	88	DEC	5	5
6	MD	50	DEC	L#15	

图 3-71　变量表

在 MW80～MW88 的"修改数值"列键入任意的值，单击工具栏上的按钮，将修改数值传送到 CPU，MD50 中是 MW80 开始的 5 个字的值的累加和。

将上述程序中的 P#2.0 改为 L#16，下载后运行程序，观察是否能得到相同的结果。

3.4　数据处理指令

3.4.1　实训十八　比较指令的仿真实验

1. 比较指令

比较指令用来比较两个具有相同数据类型的有符号数，指令助记符中的 I、D、R 分别表示比较整数、双整数和浮点数。表 3-8 中的"?"可以取==（等于）、<>（不等于）、>、

<、>=和<=。被比较数的数据区可以是 I、Q、M、L、D 或常数。

梯形图中的方框比较指令（见图 3-72）相当于一个常开触点，可以与其他触点串联和并联。比较指令框的使能输入和使能输出均为 BOOL 变量。在使能输入信号为 1 时，比较 IN1 和 IN2 输入的两个操作数。如果被比较的两个数满足指令指定的条件，比较结果为"真"，等效的触点闭合。本节的程序见随书云盘中的例程"数据处理"。

表 3-8　比较指令

语句表	梯形图	描　述
? I	CMP ? I	比较累加器 2 和累加器 1 低字中的整数是否==，<>，>，<，>=，<=，如果条件满足，RLO=1
? D	CMP ? D	比较累加器 2 和累加器 1 中的双整数是否==，<>，>，<，>=，<=，如果条件满足，RLO=1
? R	CMP ? R	比较累加器 2 和累加器 1 中的浮点数是否==，<>，>，<，>=，<=，如果条件满足，RLO=1

2. 基于比较指令的方波发生器

图 3-72 中的 T0 是接通延时定时器，I0.0 的常开触点接通时，T0 开始定时，其剩余时间值从预设时间值 2s 开始递减。减至 0 时，T0 的状态位 Q 变为 1 状态。它的常闭触点断开，T0 被复位，复位后它的状态位变为 0 状态。下一扫描周期 T0 的常闭触点闭合，又从预设时间值开始定时。T0 的剩余时间值的波形为锯齿波。

T0 的十六进制剩余时间值（单位为 10ms）被写入 MW10 后，与常数 80 比较。剩余时间值大于等于 80（800ms）时，比较指令等效的触点闭合，Q4.0 的线圈通电，通电的时间为 1.2s（见图 3-73）。剩余时间值小于 80 时，比较指令等效的触点断开，Q4.0 的线圈断电 0.8s。

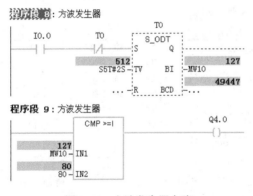

图 3-72　方波发生器电路

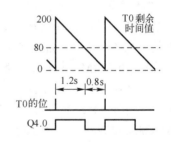

图 3-73　方波发生器的波形图

将程序输入到 OB1 后下载到仿真 PLC，启动程序状态监控，接通 I0.0 的常开触点，观察 Q4.0 的状态和 T0 的剩余时间值是否按图 3-73 的波形变化。

语句表中的比较指令用于比较累加器 1 与累加器 2 中数据的大小，被比较的两个数的数据类型应该相同。如果比较条件满足，则 RLO 为 1，否则为 0。状态字的 CC0 和 CC1 位用来表示两个数的大于、小于和等于关系。下面是图 3-72 中的程序段 9 对应的语句表程序：

```
L    MW    10        //MW10 中的整数装载到累加器 1
```

```
L       80              //累加器 1 中的数据自动传送到累加器 2,80 装载到累加器 1
>=I                     //比较累加器 1 和累加器 2 的值
=       Q       4.0     //如果 MW10≥80,则 Q4.0 为 1 状态
```

3. 路灯控制程序的仿真练习

OB1 的局部变量 OB1_DATE_TIME 是调用
OB1 的日期和时间,共 8 个字节。其数据格式为
DATE_AND_TIME,起始地址为 LB12,前 7 个字
节分别是 BCD 码格式的年的低两位、月、日、时、
分、秒、毫秒的百位和十位,最后一个字节的 4~7
位是毫秒的个位,0~3 位是星期的代码。时、分的
值在 LW15 中。

路灯控制电路见图 3-74,LW15 中的时、分值
大于等于 16#2000(20:00)或小于 16#600(6:00)
时,控制路灯的 Q4.1 的线圈通电,反之则断电。

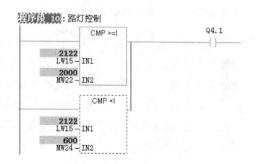

图 3-74 路灯控制程序

将程序输入到 OB1 后下载到仿真 PLC,启动程序状态监控,显示格式为十六进制数
(实际上是 BCD 码)。用 PLCSIM 设置 MW22 和 MW24 中的开、关灯时间的时、分值。为
了节约调试的时间,可将开灯时间和关灯时间设置得距离当前时间尽量近一些。分别观察两
个比较触点是否能按设置的时间动作。

3.4.2 实训十九 数据转换指令的仿真实验

数据转换指令见表 3-9。语句表中的数据转换指令将累加器 1 中的数据进行数据类型的
转换,转换的结果仍然在累加器 1。

DTR 指令将 32 位双整数转换为 32 位浮点数。有 4 条将浮点数转换为 32 位双整数的指
令,使用得最多的是四舍五入的 ROUND 指令,向上取整和向下取整指令极少使用。

表 3-9 数据转换指令

语句表	梯形图	描 述	语句表	梯形图	描 述
BTI	BCD_I	将 3 位 BCD 码转换为整数	RND	ROUND	将浮点数转换为四舍五入的双整数
ITB	I_BCD	将整数转换为 3 位 BCD 码	RND+	CEIL	向上取整
BTD	BCD_DI	将 7 位 BCD 码转换为双整数	RND−	FLOOR	向下取整
DTB	DI_BCD	将双整数转换为 7 位 BCD 码	TRUNC	TRUNC	将浮点数截位取整为双整数
DTR	DI_R	将双整数转换为浮点数	CAW	—	交换累加器 1 低字中两个字节的位置
ITD	I_DI	将整数转换为双整数	CAD	—	改变累加器 1 中 4 个字节的顺序

1. BCD 码

BCD 码是二进制编码的十进制数的英语缩写,用 4 位二进制数表示一位十进制数(见
表 3-5),每一位 BCD 码的数值范围为 2#0000~2#1001,对应于十进制数 0~9。

BCD 码的最高 4 位二进制数用来表示符号,负数的最高位为 1,正数为 0,其余 3 位一
般与符号位相同。BCD 码字(16 位二进制数)的范围为–999~+999。BCD 码双字(32 位
二进制数)的范围为–9999999~+9999999。BCD 码相邻两位之间的关系是逢十进一,图 3-75

中的 BCD 码为-829，图 3-76 是 7 位 BCD 码的格式。

图 3-75   3 位 BCD 码的格式   图 3-76   7 位 BCD 码的格式

拨码开关（见图 3-77）的圆盘圆周面上有 0～9 这 10 个数字，用按钮来增、减各位要输入的数字。它用内部的硬件将显示的数字转换为 4 位二进制数。PLC 用数字量输入点读取的多位拨码开关的输出值就是 BCD 码，需要用数据转换指令将它转换为整数或双整数。

用 PLC 的 4 个输出点给一片译码驱动芯片 4547 提供输入信号（见图 3-78），可以用 LED 七段显示器显示一位十进制数。需要用数据转换指令，将 PLC 中的整数转换为 BCD 码，然后分别送给各个译码驱动芯片。

图 3-77   拨码开关

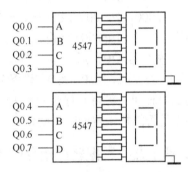

图 3-78   LED 七段显示器电路

BCD 码主要用于 PLC 的输入和输出，STEP 7 中定时器的剩余时间值、计数器的当前计数值和日期、时间值都使用 BCD 码。

BCD 码的表示方式与十六进制数相同，例如用数字量输入模块读取的图 3-77 中的拨码开关的数值为 16#829。到底是 BCD 码还是十六进制数，取决于数据的来源或用途。

2. BCD 码与整数相互转换的仿真实验

打开 OB1，执行菜单命令"视图"→"LAD"，切换到梯形图语言，输入图 3-79 和图 3-80 中的梯形图程序。

图 3-79   BCD 码转换为整数   图 3-80   整数转换为 BCD 码

用鼠标右键单击 SIMATIC 管理器左边窗口中的"块"，执行出现的快捷菜单中的命令"插入新对象"→"变量表"，生成变量表 VAT_1（见图 3-81）。显示格式 HEX 和 DEC 分别是十六进制数和十进制数。

打开 PLCSIM，将 OB1 下载到仿真 PLC，将仿真 PLC 切换到 RUN-P 模式。打开 OB1，单击工具栏上的 按钮，启动程序状态监控功能。

在变量表第 1 行的"修改数值"列输入十六进制数 W#16#8123（低 12 位二进制数是从拨码开关读取的 BCD 码），二进制数的最高位（符号位）为 1，表示负数。单击工具栏上的按钮 ，"修改数值"被写入 PLC 内的 MW2，并在"状态值"列显示出来。图 3-79 中的指令将它转换为十进制数-123。

	地址		显示格式	状态值	修改数值
1	MW	2	HEX	W#16#8123	W#16#8123
2	MW	4	DEC	-123	
3	MW	6	DEC	-456	-456
4	MW	8	HEX	W#16#F456	

图 3-81　变量表

将 MW2 中的数分别修改为 W#16#F123（最高 4 位二进制数均为 1）和 W#16#0123，观察转换后的 MW4 中的十进制数。

在变量表第 3 行的"修改数值"列输入十进制数-456，单击工具栏上的"激活修改数值"按钮 ，"修改数值"被写入 PLC 内的 MW6。图 3-80 中的指令将它转换为 MW8 中的 BCD 码 W#16#F456。二进制数的最高 4 位均为 1，表示该数是负数。将 MW6 中的数修改为 456，观察转换后的 MW8 中的 BCD 码。

执行菜单命令"视图"→"STL"，切换到语句表语言，观察图 3-79 和图 3-80 对应的语句表程序。

3. BCD 码转换的仿真练习

将图 3-79 和图 3-80 中的程序改为 BCD 码与双字的转换指令，修改变量表中的地址。

打开 PLCSIM，将修改后的程序下载到仿真 PLC，将仿真 PLC 切换到 RUN-P 模式。用变量表设置指令的输入值，观察转换后的结果是否正确。

4. 压力计算程序中的数据转换

某压力变送器的量程为 0～10MPa，输出的 4～20mA 电流被 AI 模块转换为数字 0～27648。设 AI 模块的输出值为 N，压力计算公式为

$$P = (10000 \times N) / 27648 = 0.36169 \times N \quad (\text{kPa}) \qquad (3\text{-}1)$$

来自 AI 模块的 PIW320 的原始数据 N 为 16 位整数，首先用 I_DI 指令将整数转换为双整数（见图 3-82），然后用 DI_R 指令转换为实数（Real），再用实数乘法指令 MUL_R 完成式（3-1）的运算。最后用四舍五入的 ROUND 指令，将运算结果转换为以 kPa 为单位的整数。图中的程序在随书云盘的例程"数据处理"中。

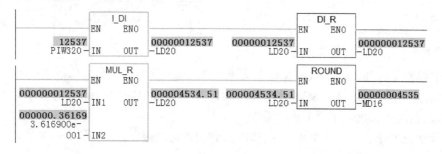

图 3-82　使用浮点数运算指令的压力测量值计算程序

打开 PLCSIM，将程序下载到仿真 PLC，将仿真 PLC 切换到 RUN-P 模式。将 0 和 27648 分别输入 PIW320，观察 MD24 中的计算结果是否是 0 和 10000 kPa。将 0～27648 之间的任意数值输入 PIW320，观察计算结果是否与计算器计算的相同。

指令 ROUND 的运算结果为双字，但是由式（3-1）可知最终的运算结果实际上不会超

过一个字，保存运算结果的 MD24 的高位字 MW24 的值为 0，运算结果的有效部分在低位字 MW26 中。观察 MW24 和 MW26 的值，验证上述结论是否正确。

5. 数据转换指令的仿真练习

半径（小于 10000 的整数）在 MW10 中，圆周率为 3.1416，用浮点数运算指令计算圆的周长，将运算结果转换为整数，存放在 MD14 中。将程序输入到 OB1 后下载到仿真 PLC，调试程序直到满足要求。

3.4.3 实训二十 移位与循环移位指令的仿真实验

移位指令将累加器 1 的低字或累加器 1 的全部内容左移或右移若干位（见表 3-10）。

表 3-10 移位指令

语句表	梯形图	描　　述	语句表	梯形图	描　　述
SSI	SHR_I	整数逐位右移，空出来的位添上符号位	SRW	SHR_W	字逐位右移，空出来的位添 0
SSD	SHR_DI	双整数逐位右移，空出来的位添上符号位	SLD	SHL_DW	双字逐位左移，空出来的位添 0
SLW	SHL_W	字逐位左移，空出来的位添 0	SRD	SHR_DW	双字逐位右移，空出来的位添 0

1. 有符号数右移指令

有符号的整数或双整数右移后空出来的位填以符号位对应的二进制数，正数的符号位为 0，负数的符号位为 1。最后移出的位被保存到状态字的 CC1 位。图 3-83 中的整数右移指令 SHR_I 将 MW40 中的 16 位有符号整数右移 4 位。移位位数 N 的数据类型为 WORD，其常数用十六进制数表示。

打开 PLCSIM，将程序下载到仿真 PLC，将仿真 PLC 切换到 RUN-P 模式。在 PLCSIM 中将-8000 输入 MW40，在变量表中设置 MW40 和 MW42 的显示格式为 BIN（二进制），可以看到右移 4 位的效果（见图 3-84）。-8000 右移 4 位相当于除以 2^4，移位后的数为 -500。右移后空出来的位用符号位 1 填充。

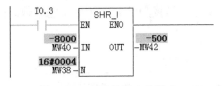

	地址		显示格式	状态值
1	MW	40	BIN	2#1110_0000_1100_0000
2	MW	42	BIN	2#1111_1110_0000_1100

图 3-83 有符号数右移指令　　　　　　　　图 3-84 变量表

令 MW38 分别为 0 和 20（移位位数大于 16），观察移位的结果。移位位数大于 16 时，原有的数据被全部移出去了，MW42 的各位均为符号位 1，其值为 16#FFFF（实际上为 0）。将 MW40 的值改为 8000，重复上述的操作。

下面是用 STEP 7 转换图 3-83 中的程序得到的语句表程序。

```
A      I      0.3
JNB    _001           //I0.3 为 0 则跳转
L      MW     38      //移位次数送累加器 1
L      MW     40      //移位次数自动送累加器 2，MW40 的值装载到累加器 1
SSI                   //有符号整数右移
T      MW     42      //移位结果传送到 MW42
```

_001: NOP   0

2．无符号数移位指令

无符号的字（Word）和双字（DWord）可以左移和右移，移位后空出来的位填以 0。

图 3-85 是无符号字左移 4 位的移位指令，在 PLCSIM 中将 50 输入 MW44。在变量表中设置 MW44 和 MW46 的显示格式为 BIN（二进制），可以看到左移 4 位的效果（见图 3-86）。50 左移 4 位相当于乘以 2^4，移位后的数为 800，左移后空出来的低 4 位添 0。

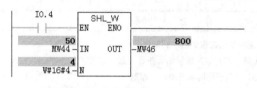

图 3-85 无符号数左移指令

	地址		显示格式	状态值
1	MW	44	BIN	2#0000_0000_0011_0010
2	MW	46	BIN	2#0000_0011_0010_0000

图 3-86 变量表

将移位次数分别修改为 2、8 和 16，观察移位的结果。

将图 3-85 中的 OUT 的实参 MW46 改为 MW44，下载后观察程序运行的结果并解释原因。在 I0.4 的触点右边添加一个上升沿检测线圈，下载后令 I0.4 为 1 状态，观察程序运行的结果。

3．循环移位指令

语句表中的循环移位指令（见图 3-87）将累加器 1 的整个内容逐位循环左移或循环右移 0～32 位（见表 3-11），即移出来的位又送回累加器 1 另一端空出来的位，最后移出的位保存到状态字的 CC1 位。梯形图中 N 为移位的位数，移位的结果保存在输出参数 OUT 指定的地址。此外还有双字通过 CC1 循环左移和右移指令，这两条指令很少使用。

在 PLCSIM 中输入 MD50 和 MW48 的十六进制数值，在变量表中设置 MD50 和 MD54 的显示格式为 BIN（二进制），图 3-87 和图 3-88 给出了双字循环左移 8 位的例子。

表 3-11 循环移位指令

语句表	梯形图	描　　述	语句表	梯形图	描　　述
RLD	ROL_DW	双字循环左移	RLDA	—	双字通过 CC1 循环左移
RRD	ROR_DW	双字循环右移	RRDA	—	双字通过 CC1 循环右移

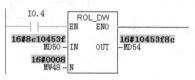

	地址		显示格式	状态值
1	MD	50	BIN	2#1000_1100_0001_0000_0100_0101_0011_1111
2	MD	54	BIN	2#0001_0000_0100_0101_0011_1111_1000_1100

图 3-87 循环左移指令　　　　　　　　　　　　图 3-88 变量表

将移位次数分别修改为 0、4、16 和 20，观察移位的结果。

3.5 数学运算指令

3.5.1 实训二十一 数学运算指令的仿真实验

数学运算指令包括整型数学运算指令、浮点型数学运算指令和字逻辑运算指令。这些指令是否执行与 RLO 无关。

1. 整型数学运算指令

语句表中整型数学运算指令的操作见表 3-12。梯形图中的整型数学运算指令对输入参数 IN1 和 IN2 进行运算，运算结果送输出参数 OUT（见图 3-89）。四则运算指令的操作为 IN1 + IN2 = OUT，IN1-IN2 = OUT，IN1 * IN2 = OUT，和 IN1 / IN2 = OUT。

表 3-12 整型数学运算指令

语 句 表	梯 形 图	描 述
+I	ADD_I	将累加器 1、2 低字的整数相加，运算结果在累加器 1 的低字
−I	SUB_I	累加器 2 低字的整数减去累加器 1 低字的整数，运算结果在累加器 1 的低字
*I	MUL_I	将累加器 1、2 低字的整数相乘，32 位双整数运算结果在累加器 1
/I	DIV_I	累加器 2 低字的整数除以累加器 1 低字的整数，商在累加器 1 的低字，余数在累加器 1 的高字
+		累加器 1 的内容与 16 位或 32 位常数相加，运算结果在累加器 1
+D	ADD_DI	将累加器 1、2 的双整数相加，32 位双整数运算结果在累加器 1
−D	SUB_DI	累加器 2 的双整数减去累加器 1 的双整数，双整数运算结果在累加器 1
*D	MUL_DI	将累加器 1、2 的双整数相乘，双整数运算结果在累加器 1
/D	DIV_DI	累加器 2 的双整数除以累加器 1 的双整数，32 位商在累加器 1，余数被丢掉
MOD	MOD_DI	累加器 2 的双整数除以累加器 1 的双整数，32 位余数在累加器 1

2. 整型数学运算的仿真实验

AI 模块的输出值为 N，改用整型数学运算指令实现（3-1）式的压力计算公式为

$$P = (10000 \times N) / 27648 \quad \text{(kPa)} \tag{3-2}$$

在运算时一定要先乘后除，否则会损失原始数据 N 的精度。应根据指令的输入、输出数据可能的最大值选用整数运算指令或双整数运算指令。

程序见图 3-89（见随书云盘中的例程"数学运算"）。假设用于测量压力的 AI 模块的通道地址为 PIW320。模拟量满量程时 A-D 转换后的数字 N 的值为 0～27648，乘以 10000 以后乘积可能超过 16 位整数的允许范围，因此应采用双整数乘法指令 MUL_DI。式（3-2）中的被除数是双整数，也应采用双整数除法指令 DIV_DI。

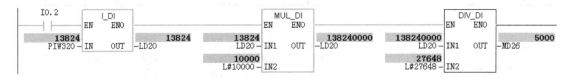

图 3-89 压力测量值计算程序

首先用 I_DI 指令将 PIW320 中的原始数据（16 位整数）转换为双整数（见图 3-89），双整数乘、除法指令中的常数应使用"L#"开始的 32 位的双整数常数。

图 3-89 与图 3-82 中的程序的调试方法相同。

3. 浮点型数学运算指令

浮点型数学运算指令见表 3-13。语句表中的浮点数四则运算指令对累加器 1 和累加器 2 中的 32 位 IEEE 格式的浮点数进行运算，运算结果在累加器 1。

表 3-13 浮点型数学运算指令

语 句 表	梯 形 图	描　述
+R	ADD_R	累加器 1、2 的浮点数相加,浮点数运算结果保存在累加器 1
–R	SUB_R	累加器 2 的浮点数减去累加器 1 的浮点数,浮点数运算结果保存在累加器 1
*R	MUL_R	累加器 1、2 的浮点数相乘,浮点数乘积保存在累加器 1
/R	DIV_R	累加器 2 的浮点数除以累加器 1 的浮点数,浮点数商保存在累加器 1 中,余数被丢掉
ABS	ABS	累加器 1 的浮点数取绝对值,浮点数运算结果保存在累加器 1
SQR	SQR	求累加器 1 的浮点数的平方,浮点数运算结果保存在累加器 1
SQRT	SQRT	求累加器 1 的浮点数的平方根,浮点数运算结果保存在累加器 1
EXP	EXP	求累加器 1 的浮点数的自然指数,浮点数运算结果保存在累加器 1
LN	LN	求累加器 1 的浮点数的自然对数,浮点数运算结果保存在累加器 1
SIN	SIN	求累加器 1 的浮点数的正弦函数,浮点数运算结果保存在累加器 1
COS	COS	求累加器 1 的浮点数的余弦函数,浮点数运算结果保存在累加器 1
TAN	TAN	求累加器 1 的浮点数的正切函数,浮点数运算结果保存在累加器 1
ASIN	ASIN	求累加器 1 的浮点数的反正弦函数,浮点数运算结果保存在累加器 1
ACOS	ACOS	求累加器 1 的浮点数的反余弦函数,浮点数运算结果保存在累加器 1
ATAN	ATAN	求累加器 1 的浮点数的反正切函数,浮点数运算结果保存在累加器 1

4. 浮点型数学运算指令应用的仿真练习

浮点数三角函数指令的输入值是以弧度为单位的浮点数,图 3-90 是求正弦值的程序。MD30 中的角度值是以度为单位的浮点数,使用三角函数指令之前应先将角度值乘以 $\pi/180.0$（0.0174533）,转换为弧度值,然后用 SIN 指令求角度的正弦值。

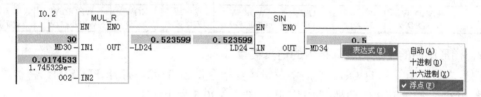

图 3-90 浮点数运算程序

打开 PLCSIM,将程序下载到仿真 PLC,将仿真 PLC 切换到 RUN-P 模式。右键单击梯形图中的显示值,将"表达式"（显示格式）由"自动"改为"浮点",用 PLCSIM 将 30.0 输入 MD30,观察 MD34 中的计算结果是否是 0.5。输入 0.0～360.0 之间的任意实数,观察 MD34 中的运算结果是否与计算器计算的相同。

5. 数学运算指令的仿真练习

某温度变送器的量程为 –100℃～500℃,输出信号为 4～20mA,某模拟量输入模块将 0～20mA 的电流信号转换为数字 0～27648,设转换后得到的数字为 N,求以 0.1℃为单位的温度值。

单位为 0.1℃的温度值–1000～5000 对应于数字量 5530～27648,由图 3-91 给出的比例关系可列出下式:

$$\frac{T-(-1000)}{N-5530} = \frac{5000-(-1000)}{27648-5530}$$

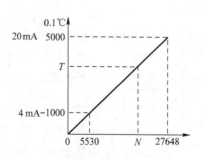

图 3-91 模拟量与转换值的关系

经数学运算求出 T 的计算公式为

$$T = \frac{6000 \times (N - 5530)}{22118} - 1000 \quad （0.1℃）$$

根据上式编写出温度计算程序，打开 PLCSIM，将程序下载到仿真 PLC，将仿真 PLC 切换到 RUN-P 模式。用 PLCSIM 设置输入 N 的值分别为 5530 和 27648，观察输出 T 是否为 -1000 和 5000。设置 N 为某个中间值，观察输出 T 是否与计算器算出的相同。

3.5.2 实训二十二 字逻辑运算指令的仿真实验

1. 字逻辑运算指令

字逻辑运算指令（见表 3-14）对两个 16 位字或 32 位双字逐位进行逻辑运算，语句表中字逻辑运算的一个操作数在累加器 1，另一个操作数在累加器 2，或者在指令中用立即数（常数）的形式给出，运算结果在累加器 1。如果字逻辑运算的结果非 0，状态字的 CC1 位为 1，反之为 0。状态字的 CC0 和 OV 位被清零。

"与"运算时两个操作数的同一位如果均为 1，运算结果的对应位为 1，否则为 0。

"或"运算时两个操作数的同一位如果均为 0，运算结果的对应位为 0，否则为 1。

"异或"运算时如果两个操作数的同一位不相同，运算结果的对应位为 1，否则为 0。

表 3-14 字逻辑运算指令

语句表	梯形图	描 述	语句表	梯形图	描 述	语句表	梯形图	描 述
AW	WAND_W	单字与	OW	WOR_W	单字或	XOW	WXOR_W	单字异或
AD	WAND_DW	双字与	OD	WOR_DW	双字或	XOD	WXOR_DW	双字异或

2. 梯形图中的字逻辑运算指令的仿真实验

例程"数学运算"的 OB1 中的字逻辑运算指令见图 3-92，打开 PLCSIM，将程序下载到仿真 PLC，将仿真 PLC 切换到 RUN-P 模式，令 I0.5 为 1 状态。

生成变量表（见图 3-93），在变量表中输入有关的地址，显示格式均为二进制（BIN）。在"修改值"列设置各输入变量的值，单击工具栏上的 按钮，将修改值写入 PLC，观察状态值列各指令的输出变量值是否正确。

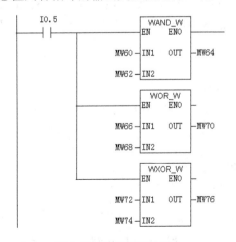

图 3-92 字逻辑运算指令　　　　　　　　　　图 3-93 变量表

3．字逻辑运算指令的仿真练习

要求将输入 IW0 的高 4 位清零后，保存在 MW0（提示：IW0 与常数 16#FFF 作字逻辑"与"运算）。将 QW0 的最高 2 位置 1，其他位保持不变（提示：QW0 与常数 16#C000 作字逻辑"或"运算后送 QW0）。编写梯形图程序，下载到仿真 PLC，调试程序，用变量表检查是否满足要求。

3.6　练习题

1．填空

1）每一位 BCD 码用___位二进制数来表示，其取值范围为二进制数 2#_____ ～ 2#_____。BCD 码 2#0100 0001 1000 0101 对应的十进制数是_____。

2）二进制数 2#0100 0001 1000 0101 对应的十六进制数是 16#_____，对应的十进制数是_____。

3）Q4.2 是输出字节_____的第___位。

4）MW 4 由 MB__和 MB__组成，MB__是它的高位字节。

5）MD104 由 MW____和 MW____组成，MB____是它的最低位字节。

6）16 位常数 21 的数据类型为_____，16 位常数 16#21 的数据类型为_____，常数 21.0 的数据类型为_____，L#21 是___位的_____。

7）RLO 是_____的简称。

8）如果方框指令的 EN 输入端有能流流入且执行时无错误，则 ENO 输出端_____。状态字的_____位与方框指令的使能输出 ENO 的状态相同。

9）状态字的_____位与位逻辑指令中的位变量的状态相同。

10）算术运算有溢出或执行了非法的操作，状态字的_____位被置 1。

11）接通延时定时器的 SD 线圈_____时开始定时，定时时间到时剩余时间值为___，其常开触点_____，常闭触点_____。定时期间如果 SD 线圈断电，定时器的剩余时间_____。线圈重新通电时，又从_____开始定时。复位输入信号为 1 或 SD 线圈断电时，定时器的常开触点_____。

12）在加计数器的设置输入端 S 的_____，将预设值 PV 指定的值送入计数器字。在加计数脉冲输入信号 CU 的_____，如果计数值小于_____，计数值加 1。复位输入信号 R 为 1 时，计数值被_____。计数值大于 0 时计数器状态位（即输出 Q）为___；计数值为 0 时，计数器状态位为___。

13）S5T#和 T#二者之一能用于梯形图的是_____。

14）整数 MW0 的值为 2#1011 0110 1100 0010，右移 4 位后为 2#_____。

2．变量表用什么数据格式显示 BCD 码？

3．按下启动按钮 I0.0，Q4.0 控制的电机运行 30s，然后自动断电，同时 Q4.1 控制的制动电磁铁开始通电，10s 后自动断电。用扩展的脉冲定时器和断开延时定时器设计控制电路。

4．按下启动按钮 I0.0，Q4.0 延时 10s 后变为 1 状态，按下停止按钮 I0.1，Q4.0 变为 0 状态，用扩展的接通延时定时器设计程序。

5. 指出图 3-94 中的错误，左侧垂直线断开处是相邻网络的分界点。

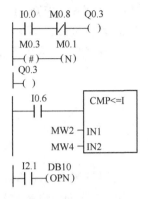

图 3-94 题 5 的图

6. 在按钮 I0.0 按下后 Q0.0 变为 1 状态并自保持（见图 3-95），T0 开始定时，5s 后用 C1 对 I0.1 输入的脉冲计数。计了 3 个数时 Q0.0 变为 0 状态，设计出梯形图。

7. 用 S、R 和上升沿、下降沿检测指令设计满足图 3-96 所示波形的梯形图。

8. 画出图 3-97 中 M0.0 的波形图。

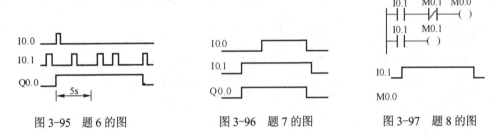

图 3-95 题 6 的图   图 3-96 题 7 的图   图 3-97 题 8 的图

9. 执行下列指令后，累加器 1 装入的是 MW___ 中的数据。

```
L        P#28.0
T        LD 10
L        MW[LD 10]
```

10. 编写程序，在 I0.0 的上升沿将 MW10～MW58 清零。

11. 如果 MW4 中的数小于等于 IW2 中的数，将 M0.1 置位为 1，反之将 M0.1 复位为 0。设计满足上述要求的程序。

12. 设计循环程序，求 MD20～MD40 中的浮点数的平均值。

13. 频率变送器的输入量程为 45～55Hz，输出信号为直流 4～20mA，AI 模块的通道地址为 PIW320，额定输入电流为 4～20mA。编写程序，求以 0.01Hz 为单位的频率值，运算结果用 MW20 保存。

14. 半径（小于 10000 的整数）在 DB2.DBW2 中，取圆周率为 3.1416，编写程序，用整型运算指令计算圆的周长，运算结果转换为整数，存放在 DB2.DBW4 中。

15. 设计程序，将 Q 4.5 的值立即写入到对应的输出模块。

第 *4* 章
S7-300/400 的用户程序结构

4.1 功能与功能块

4.1.1 S7-300/400 的用户程序结构

PLC 的程序分为操作系统和用户程序，操作系统用来实现与特定的控制任务无关的功能，处理 PLC 的启动、刷新过程映像输入/输出表、调用用户程序、处理中断和错误、管理存储区和处理通信等。用户程序包含处理用户特定的自动化任务所需要的所有功能。

1. 逻辑块

STEP 7 将用户编写的程序和程序所需的数据放置在块中，使单个程序部件标准化。OB、FB、FC、SFB 和 SFC 都是有程序的块，统称为逻辑块（见表 4-1），FB、FC、SFB 和 SFC 属于子程序。通过块与块之间的调用，使用户程序结构化，可以简化程序组织，使程序易于修改、查错和调试。块结构显著地增加了 PLC 程序的组织透明性、可理解性和易维护性。程序运行时所需的大量数据和变量存储在数据块中。

表 4-1 用户程序中的块

	块 的 类 型	简 要 描 述
逻辑块	组织块（OB）	操作系统与用户程序的接口，决定用户程序的结构
	功能块（FB）	用户编写的包含经常使用的功能的子程序，有专用的存储区（背景数据块）
	功能（FC）	用户编写的包含经常使用的功能的子程序，没有专用的存储区
	系统功能块（SFB）	集成在 CPU 模块中，通过 SFB 调用系统功能，有专用的存储区（背景数据块）
	系统功能（SFC）	集成在 CPU 模块中，通过 SFC 调用系统功能，没有专用的存储区
数据块	共享数据块（DB）	存储用户数据的地址域，供所有的逻辑块共享
	背景数据块（DI）	用于保存 FB 和 SFB 的输入、输出参数和静态数据，其数据是自动生成的

系统功能块 SFB 和系统功能 SFC 集成在 S7 CPU 的操作系统中，它们是预先编好程序的功能块和功能，不占用用户程序空间。可以在用户程序中调用这些块，但是用户不能打开和修改它们的程序。FB 和 SFB 有专用的存储区，其局部变量（不包括临时变量）的值保存在指定给它们的背景数据块中。FC 和 SFC 没有背景数据块。

CPU 循环执行操作系统程序，每次循环都要调用一次主程序 OB1。OB1 可以调用 OB 之外的逻辑块，被调用的块又可以调用别的块，称为嵌套调用。

如果出现中断事件，例如时间中断、硬件中断和错误处理中断等，CPU 将立即停止执行当前的程序，操作系统将会调用中断事件对应的组织块（即中断程序）。该组织块执行完后，被中断的块将从断点处继续执行。组织块中的程序是用户编写的。

2. 数据块

数据块是用于存放执行用户程序时所需数据的地址区。与逻辑块不同，数据块没有指令，STEP 7 按数据块中的变量生成的顺序自动地为它们分配地址。

4.1.2　实训二十三　功能的生成与调用

1. 生成功能

功能简称为 FC，是用户编写的没有自己的存储区的逻辑块。功能主要用来执行调用一次就可以完成的操作。

用新建项目向导生成名为"FC 例程"的项目（见随书云盘中的同名例程），CPU 为 CPU 315-2DP。执行 SIMATIC 管理器的菜单命令"插入"→"S7 块"→"功能"，在出现的"属性 – 功能"对话框中（见图 4-1），采用默认的名称 FC1，设置"创建语言"为 LAD（梯形图）。单击"OK"键后，在 SIMATIC 管理器右边窗口出现 FC1。

图 4-1　生成功能

2. 局部数据的类型

双击生成的 FC1，打开程序编辑器。将鼠标的光标放在右边的程序区最上面的分隔条上（见图 4-2），按住鼠标的左键，往下拉动分隔条，分隔条上面是功能的变量声明表，下面是程序区，左边是指令列表和库。将水平分隔条拉至程序编辑器视窗的顶部，不再显示变量声明表，但是它仍然存在。

在变量声明表中声明（即定义）局部变量，局部变量只能在它所在的块中使用。

变量声明表的左边窗口给出了该表的总体结构，选中某一变量类型，例如"IN"，在表的右边显示的是输入参数的详细情况。块的局部变量名必须以英语字母开始，只能由字母、数字和下划线组成，不能使用汉字。

由图 4-2 可知，功能有 5 种局部变量：

1）输入参数（IN）用于将数据从主调块传递到被调用块。

2）输出参数（OUT）用于将块的执行结果从被调用块返回给主调块。

3）输入_输出参数（IN_OUT）用于双向数据传递。其初始值由主调块提供，用同一个参数将块的执行结果返回给主调块。

4）临时变量（TEMP）是暂时保存在局部数据堆栈中的数据。同一优先级的 OB 及其调用的块的临时变量使用局部数据堆栈中的同一片物理存储区，它类似于公用的布告栏，大家都可以往上面贴布告，后贴的布告将原来的布告覆盖掉。只是在执行块时使用临时数据，每次调用块之后，不再保存它的临时数据的值，它可能被同一优先级中同一扫描周期后面调用的块的临时数据覆盖。调用 FC 和 FB 时，首先应初始化它的临时数据（写入数值），然后再使用它，简称为"先赋值后使用"。

5）RETURN 文件夹中的 RET_VAL（返回值）属于输出参数。RET_VAL 是自动生成的，它没有初始的数据类型。在调用 FC1 时，方框内没有 RET_VAL。如果在变量声明表中将它设置为任意的数据类型，在调用 FC1 时，可以看到 FC1 方框内右边出现了 RET_VAL。由此可知 RET_VAL 属于 FC 的输出参数。

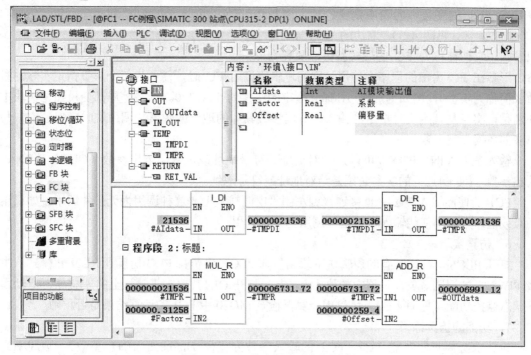

图 4-2　FC1 的变量声明表与程序

3．生成局部变量

选中变量声明表左边窗口中的"IN"，在变量声明表的右边窗口输入参数的名称 AIdata（AI 模块的输出值），单击"数据类型"列，再单击该单元左边出现的▼按钮，选用打开的数据类型列表中的 Int（16 位整数）。块的输入、输出参数的数据类型可以是基本数据类型、复杂数据类型和参数类型 Pointer（指针）、ANY 等。输入参数还可以使用参数类型 Timer（定时器）、Counter（计数器）和块（FB、FC、DB、SDB）。

用同样的方法，输入数据类型为实数的输入参数 Factor（系数）和 Offset（偏移量）。

选中变量声明表左边窗口中的"OUT"，生成数据类型为实数的输出参数 OUTdata（以工程量为单位的输出值）。

选中变量声明表左边窗口中的"TEMP"，生成数据类型为双整数的临时变量 TMPDI 和数据类型为实数的 TMPR。临时变量的地址是程序编辑器根据各变量的数据类型自动指定的。

4. 生成功能中的程序

在变量声明表下面的程序区生成梯形图程序（见图 4-2），输入参数 AIdata 首先被转换为双整数，然后转换为实数，转换结果乘以系数 Factor，加上偏移量 Offset，得到输出参数 OUTdata。STEP 7 自动地在局部变量的前面添加#号，例如"#AIdata"。

5. 调用功能

双击打开 SIMATIC 管理器中的 OB1，打开程序编辑器左边指令列表窗口中的文件夹"FC块"（见图 4-2），将其中的 FC1 拖放到右边的程序区的"导线"上。FC1 的方框中左边的 AIdata 等是在 FC1 的变量声明表中定义的输入参数和 IN_OUT 参数（见图 4-3），右边的 OUTdata 是输出参数。它们被称为 FC 的形式参数，简称为形

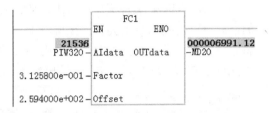

图 4-3　在 OB1 中调用功能

参，形参在 FC 内部的程序中使用。别的逻辑块调用 FC 时，需要为每个形参指定实际的参数（简称为实参），例如为形参 AIdata 指定的实参为 PIW320。形参是局部变量在逻辑块中的名称，实参是调用块时指定的输入、输出参数具体的地址或数值。调用块时应保证实参与形参的数据类型一致。

输入参数（IN）的实参可以是绝对地址、符号地址或常数，输出参数（OUT）或输入_输出参数（IN_OUT）的实参必须是绝对地址或符号地址。

FC1 的使能输入端 EN 直接连接到左侧"电源线"上，这种调用为无条件调用。如果用触点或电路来控制使能输入端，这种调用为条件调用。

6. 仿真实验

打开 PLCSIM，将所有的逻辑块下载到仿真 PLC，将仿真 PLC 切换到 RUN-P 模式。生成 PIW320 的视图对象，设置它的值为 21536。打开 OB1，单击工具栏上的⚙按钮，启动程序状态监控功能（见图 4-3）。可以用计算器检查 MD20 中 FC1 的运算结果是否正确。

7. 功能的仿真练习

设计求圆周长的功能 FC2，FC2 的输入参数为直径 Diameter（INT 整数），圆周率为 3.1416，用整型数学运算指令计算圆的周长，存放在双字输出参数 Perimeter 中。TMP1 是 FC2 中的双字临时局部变量。在 OB1 中调用 FC2，直径的输入值为常数 10000，存放圆周长的地址为 MD8。

打开 PLCSIM，将所有的逻辑块下载到仿真 PLC，将仿真 PLC 切换到 RUN-P 模式。打开 OB1，单击工具栏上的⚙按钮，启动程序状态监控功能。观察 MD8 中的运算结果是否正确。

4.1.3　实训二十四　功能块的生成与调用

1. 生成功能块

功能块是用户编写的有自己的存储区（背景数据块）的逻辑块。功能块主要用来执行在一个扫描周期不能结束的操作。用新建项目向导生成一个名为"FB 例程"的项目（见随书云盘中的同名例程），CPU 为 CPU 315-2DP。执行 SIMATIC 管理器的菜单命令"插入"→"S7 块"→"功能块"，在出现的"属性–功能块"对话框中（见图 4-4），采用默认的名称

FB1，设置创建语言为 LAD（梯形图）。采用默认的设置，FB1 有多重背景功能。

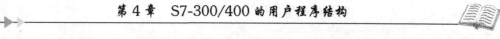

图 4-4　FB1 的属性对话框

2. 生成局部变量

控制要求如下：用 Bool 输入参数"Start"（启动按钮）和"Stop"（停止按钮）控制输出参数"Motor"（电动机）。按下停止按钮，输入参数 TOF 指定的断电延时定时器开始定时，输出参数"Brake"（制动器）为 1 状态，开始制动。经过设置的时间预设值后，停止制动。图 4-5 的上面是 FB1 的变量声明表，下面是程序。

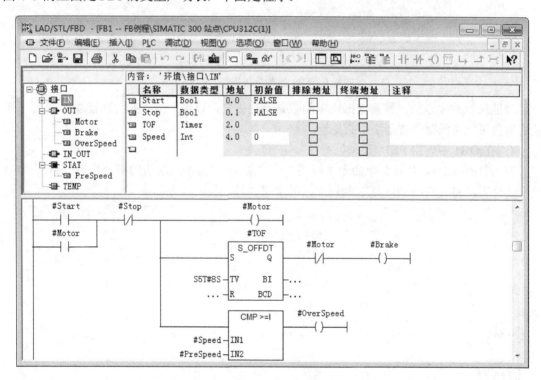

图 4-5　FB1 的变量声明表与程序

整数输入参数 Speed（实际转速）与初始值为 1500 的静态变量 PreSpeed（预置转速）比较，在 Q0.0 为 1 状态时，如果实际转速大于等于预置转速，Bool 输出参数 OverSpeed（转速过高）为 1 状态。从功能块执行完，到下一次重新调用它，其静态变量（STAT）的值保持不变。

本例程的输入参数 TOF 的数据类型为 Timer（定时器），TOF 的实参应为定时器的编号（例如 T1）。

3. 背景数据块

背景数据块是调用功能块时指定给被控对象的专用的数据块。背景数据块用来保存 FB 和 SFB 的输入参数 IN、输出参数 OUT、输入_输出参数 IN_OUT 和静态数据 STAT，背景数据块中的变量是自动生成的。它们是功能块的变量声明表中的变量（不包括临时变量，见图 4-5 和图 4-6），临时变量（TEMP）存储在局部数据堆栈中。每次调用功能块时应指定不同的背景数据块，后者随功能块的调用而打开，在调用结束时自动关闭。背景数据块相当于每次调用功能块时指定的某个被控对象专用的私人数据仓库。

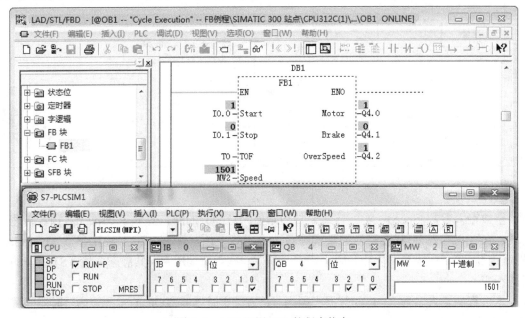

图 4-6　FB1 的背景数据块 DB1

功能块执行完以后，背景数据块中的数据不会丢失，以供下一次执行功能块时使用。其他逻辑块可以访问背景数据块中的变量。

4. 在 OB1 中调用 FB1

双击打开 OB1，执行菜单命令"视图"→"总览"，显示出左边的指令列表。打开"FB 块"文件夹，将其中的 FB1 拖放到程序区的水平"导线"上（见图 4-7）。

图 4-7　OB1 调用 FB1 的程序状态

双击方框上面的红色"???"，输入背景数据块的名称 DB1，按回车键后出现的对话框询问"背景数据块 DB1 不存在，是否要生成它？"，单击"是"按钮确认。打开 SIMATIC 管理器，可以看到自动生成的 DB1。

也可以首先生成 FB1 的背景数据块（见图 4-8），然后在调用 FB1 时使用它。应设置生成的数据块为背景数据块，如果项目中有多个 FB，还应设置是哪一个 FB 的背景数据块。

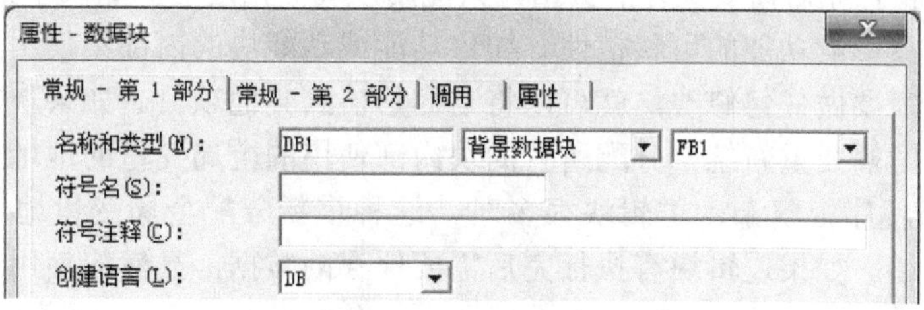

图 4-8　背景数据块的属性对话框

背景数据块中的变量是自动生成的，不能在背景数据块中直接删除和修改它们，只能在它对应的功能块的变量申明表中删除和修改这些变量。

生成功能块的输入、输出参数和静态变量时，它们被自动指定一个初始值，用户可以修改这些初始值。它们被传送给 FB 的背景数据块，作为同一个变量的初始值。

如果调用时没有给形参指定实参，功能块使用背景数据块中形参的数值。该数值可能是在功能块的变量声明表中设置的形参（例如静态变量 PreSpeed）的初始值，也可能是开机后调用 FB 时储存在背景数据块中的数值。

5. 仿真实验

打开 PLCSIM，将所有的块下载到仿真 PLC，将仿真 PLC 切换到 RUN-P 模式。打开 OB1，单击工具栏上的 按钮，启动程序状态监控功能（见图 4-7）。

单击两次 PLCSIM 中 I0.0 对应的小方框，模拟按下和放开启动按钮。可以看到 OB1 中 I0.0 的值的变化。由于内部程序的作用，输出参数 Motor 的实参 Q4.0 变为 1 状态。

用 PLCSIM 修改实际转速 MW2 的值，它大于等于转速预置值 PreSpeed 的初始值 1500 时，输出参数 OverSpeed 和它的实参 Q4.2 为 1 状态，反之为 0 状态。

单击两次 I0.1 对应的小方框，模拟按下和放开停止按钮。可以看到 Q4.0 变为 0 状态，电动机停机。同时控制制动的 Q4.1 变为 1 状态，经过程序设置的延时时间后，Q4.1 变为 0 状态。

6. 功能块的仿真练习

在项目"FB 例程"的 OB1 中，再调用一次 FB1，背景数据块为 DB2，注意两次调用时 FB1 的实参的地址不能重叠。

打开 PLCSIM，将所有的块下载到仿真 PLC，将仿真 PLC 切换到 RUN-P 模式。打开 OB1，单击工具栏上的 按钮，启动程序状态监控功能。

分别改变两次调用 FB1 的 Start、Stop 和 Speed 的实参的值，观察它们的输出参数的变化是否符合程序的要求。

7. 功能与功能块的区别

FB 和 FC 均为用户编写的子程序，变量声明表中均有 IN、OUT、IN_OUT 和 TEMP 变量。FC 的返回值 Ret_Val 实际上属于输出参数。下面是 FC 和 FB 的区别：

1）功能块有背景数据块，功能没有背景数据块。只能在功能内部访问功能的局部变量，其他逻辑块可以访问背景数据块中的变量。

2）功能没有静态变量（STAT），功能块有保存在背景数据块中的静态变量。

功能如果有执行完后需要保存的数据，只能用全局数据区（例如共享数据块和 M 区）保存，但是这样会影响功能的可移植性。如果功能或功能块的内部不使用全局变量，只使用局部变量，不需要做任何修改，就可以将它们移植到其他项目。如果块的内部使用了全局变量，在移植时需要重新统一分配所有的块内部使用的全局变量的地址，以保证不会出现地址冲突。当程序很复杂，逻辑块很多时，这种重新分配全局变量地址的工作量非常大，也很容易出错。如果逻辑块有执行完后需要保存的数据，显然应使用功能块，而不是功能。

3）功能块的局部变量（不包括 TEMP）有初始值，功能的局部变量没有初始值。在调用功能块时如果没有设置某些输入、输出参数的实参，将使用背景数据块中的初始值，或使用上一次执行后的参数值。调用功能时应给所有的输入、输出参数指定实参。

4）功能块的输出参数不仅与来自外部的输入参数有关，还与用静态变量保存的内部状态数据有关。功能因为没有静态变量，相同的输入参数产生的执行结果是相同的。

8. 组织块与 FB 和 FC 的区别

事件或故障出现时，由操作系统调用对应的组织块，其他逻辑块是用户程序调用的。

组织块没有输入参数、输出参数和静态变量，只有临时局部变量。组织块自动生成的 20B 临时局部变量包含了与触发组织块的事件有关的信息（见表 4-3），它们由操作系统提供。组织块中的程序是用户编写的，用户可以自己定义和使用组织块前 20B 之后的临时局部数据。

9. 时间标记冲突与一致性检查

调用 FB1 以后，如果又在 FB1 的变量声明表中生成一个新的输入参数，在保存 FB1 时，将会出现块产生接口冲突的警告消息。

双击打开 OB1，出现的小对话框显示"至少一个块调用有时间标记冲突"。单击"确定"按钮后打开 OB1，可以看到 FB1 的方框和形参、实参均为红色。关闭 OB1，返回 SIMATIC 管理器。选中左边窗口的"块"，执行菜单命令"编辑"→"检查块的一致性"。

在"检查块的一致性"视图（见图 4-9 左边的图），可以看到 OB1 和 DB1 左边红色的故障指示灯。单击工具栏最左边的编译按钮 ，出现要求关闭程序编辑器的"编译"对话框（见图 4-9 上面的小图）。单击"确定"按钮，开始编译。编译结束后，时间标记冲突被消除，红色的故障指示灯全部消失（见图 4-9 右下角的图），下面的编译信息显示没有错误和警告。打开 OB1，可以看到 FB1 方框的红色消失，方框左边出现新增加的输入参数。

如果用上述方法不能自动清除时间标志冲突，只能删除有冲突的块，然后重新调用修改参数以后的块。

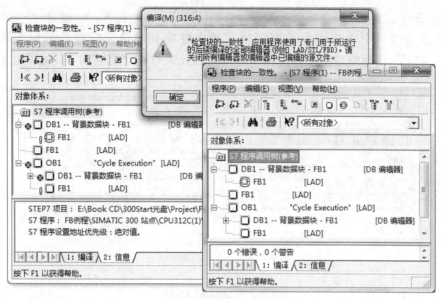

图 4-9　检查块的一致性

4.1.4　实训二十五　共享数据块与系统功能的调用

1. 生成数据块

数据块（DB）用来分类储存设备或生产线中变量的值，数据块分为共享数据块（DB）和背景数据块（DI）。共享数据块和符号表中的变量为全局变量，可供所有的逻辑块使用。

CPU 可以用 OPN 指令分别打开一个共享数据块和一个背景数据块。打开数据块 DB1 以后，DB1.DBW2 可以简写为 DBW2。打开新的数据块时，原来被打开的数据块自动关闭。

用新建项目向导生成一个名为"数组_SFC"的项目（见随书云盘中的同名例程），CPU 为 CPU 315-2DP。

在 SIMATIC 管理器中执行菜单命令"插入"→"S7 块"→"数据块"，生成数据块 DB1。默认的类型为共享数据块（见图 4-10）。

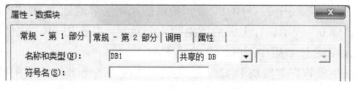

图 4-10　数据块的属性对话框

2. 生成数组

数据块的大小与数据块中定义的变量的个数和数据类型有关。数组由同一数据类型的数据组合而成，可以用数组快速定义数据块的大小。

双击打开生成的数据块，其中只有一个临时占位符变量 DB_VAR。将变量的名称改为 Press，用鼠标右键单击"类型"列，执行出现的快捷菜单中的"复杂类型"→"ARRAY"（见图 4-11），生成一个数组。

在出现的"ARRAY[]"的方括号中输入"1..4"（见图 4-12）。ARRAY[1..4]中的 1 和 4

分别是数组元素的下标的下限值和上限值，它们用两个小数点隔开，可以是-32 768~32 767之间任意的整数，上限值应大于下限值。选中注释列的单元后按计算机的回车键，ARRAY[1..4]下面出现空白单元，在其中输入数组元素的数据类型 INT，结束了对数组的声明。

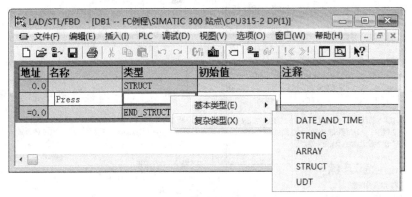

图 4-11　设置数据类型

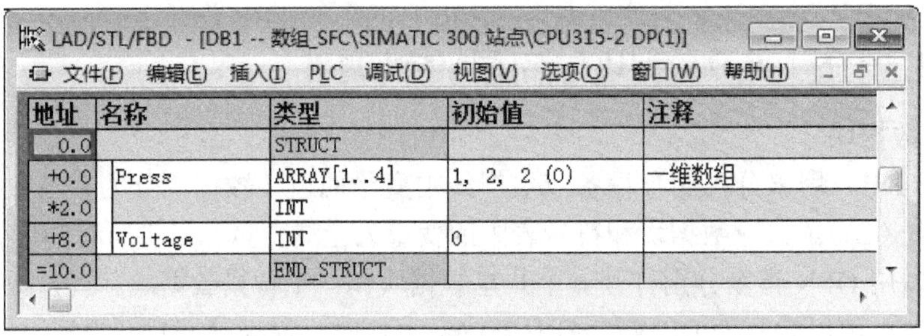

图 4-12　数据块中的数组

图 4-12 中生成的是一维数组，该数组有 4 个数据类型为 INT 的元素。"初始值"列可以输入用英语的逗号分隔的各元素的初始值。其中的"2（0）"表示最后两个元素的初始值为 0。未定义初始值的数组所有的元素的初始值均为 0。此外 DB1 中还生成了一个 INT 变量 Voltage。

图 4-12 的"地址"列中的"+0.0"表示数组的起始字节地址为 0，"*2.0"表示数组元素的大小为 2B，"+8.0"表示该行上面的数组的 4 个元素一共占用 8B，地址列的内容是自动生成的。DB1.Press[2]是该数组中下标为 2 的元素。

用同样的方法生成共享数据块 DB2，在 DB2 中生成有 5 个 INT 元素的数组 Buffer1。

3．调用系统功能

打开 OB1，执行菜单命令"视图"→"总览"，左边窗口出现指令列表。打开最下面的"\库\Standard Library\System Function Blocks"文件夹，可以看到系统功能块 SFB 和系统功能SFC（见图 4-13）。将文件夹中的 SFC21"FILL"拖放到程序区，调用 SFC21 来将 MW2 的值传送给 DB1 的数组 Press 的各单元。在执行 SFC 时如果出错，返回值 RET_VAL 中是错误代码。

SFC21"FILL"用源存储区 BVAL 的数值初始化目标存储区 BLK。选中 SFC21，按计算机键盘的〈F1〉键，打开在线帮助，可以看到对 SFC21 的详细说明和应用实例。

SFC20"BLKMOV"（块传送）用于将源存储区 SRCBLK 的内容复制到目标存储区

DSTBLK，两个存储区的地址不能重叠。上述两个 SFC 的参数 BVAL、BLK、SRCBLK 和 DSTBLK 的数据类型均为参数类型 ANY。

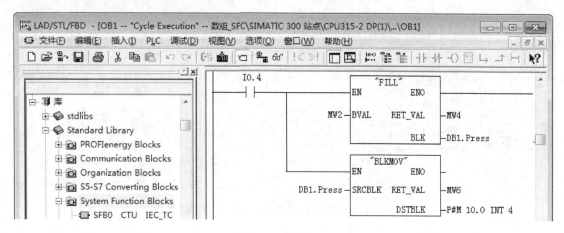

图 4-13　调用 SFC

ANY 主要用来表示一片连续的数据区，例如 P#M10.0 INT 4 表示 MW10～MW16 这 4 个整数。输入图 4-13 中 BLK 的实参 P#DB1.DBX0.0 INT 4（DB1 中的 DBW0～DBW6）后，因为该地址区与 DB1 中定义的数组 Press 的地址相同，输入后自动变为 DB1.Press，当然也可以直接输入 DB1.Press。ANY 的实参也可以是一个任意的数据类型的地址，例如图 4-13 中的 MW2。

图 4-13 中的 SFC21 将 MW2 的值传送给数组 DB1.Press，SFC20 将数组 DB1.Press 各元素的值分别传送给 MW10～MW16。

下面是用语句表调用 SFC20 的程序：

```
CALL        "BLKMOV"              //调用 SFC20
   SRCBLK  :=DB1.Press            //源存储器区
   RET_VAL:=MW6                   //执行 SFC20 出错时的错误代码
   DSTBLK  := P#M 10.0 INT 4      //目标存储器区
```

":="前面是 SFC 的形式参数（形参），":="后面是各形参的实际参数（实参），"//"的右边是对该行语句的注释。

4. 仿真实验

打开 PLCSIM，将逻辑块和数据块下载到仿真 PLC，将它由 STOP 模式切换到 RUN-P 模式。打开 DB1，执行菜单命令"视图"→"数据视图"。将数据块切换到数据视图显示方式（见图 4-14），可以看到数组中的各元素。图 4-12 是声明视图显示方式，用于声明（定义）数据块中的变量。

单击工具栏上的"监视（开/关）"按钮，启动监控功能。如果数据块原来是声明视图显示方式，将会自动切换到数据视图显示方式。

图 4-14 中的"初始值"列是生成数组时设置的初始值。在 PLCSIM 中设置 MW2 为 31524，令 I0.4 为 1 状态，OB1 中的 SFC21 被执行。MW2 中的数据 31524 被写入 DB1 中数组 Press 的各元素。图 4-14 中各数组元素的实际值变为 31524。

用变量表监控 MW10～MW16 这 4 个整数，单击工具栏上的🔘按钮，启动监控功能。由于 OB1 中 SFC20 的作用，它们的值均为 31524。

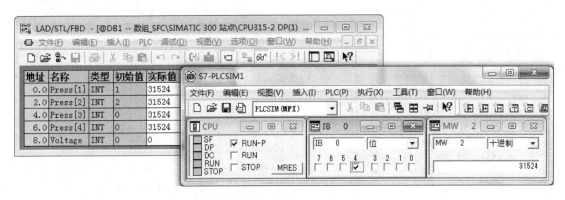

图 4-14　数据视图显示方式的数组与 PLCSIM

5. 数据块应用练习

在符号名为 Pump 的数据块中生成一个由 50 个字节元素组成的一维数组（下标从 1 到 50），数组的符号名为 Press1。用数据视图方式观察数组中的各元素。

4.1.5　实训二十六　多重背景的应用

1. 多重背景的概念

有的项目需要调用很多功能块，有的功能块（例如 IEC 定时器、IEC 计数器）可能被多次调用，每次调用都需要生成一个背景数据块，但是这些背景数据块中的变量又很少，这样在项目中就出现了大量的背景数据块 "碎片"。在用户程序中使用多重背景可以减少背景数据块的数量。

例程 "多重背景" 用项目 "FB 例程" 中的 FB1 来控制两台电动机。如果在 OB1 中调用两次 FB1，需要使用两个背景数据块 DB1 和 DB2。使用多重背景时，需要增加一个功能块（本例为 FB10）来调用两次作为 "多重背景" 的 FB1。调用时不需要给 FB1 分配背景数据块，两次调用 FB1 的背景数据存储在 FB10 的背景数据块 DB10 中。但是需要在 FB10 的变量声明表中声明数据类型为 FB1 的两个静态数据变量（STAT）。

2. 调用多重背景和多重背景功能块

用新建项目向导生成一个名为 "多重背景" 的项目（见随书云盘中的同名例程），CPU 为 CPU 315-2DP。

执行 SIMATIC 管理器的菜单命令 "插入" → "S7 块" → "功能块"，在出现的 "属性–功能块" 对话框中（见图 4-15），设置块的名称为 FB10，将创建语言设置为 LAD（梯形图）。采用默认的设置，激活 "多重背景" 复选框。单击 "确定" 按钮后，在 SIMATIC 管理器右边窗口出现 FB10。在生成与项目 "FB 例程" 中相同的 FB1 时，也应激活 "多重背景功能" 复选框。

实现多重背景的关键，是在 FB10 的变量声明表中（见图 4-16），声明了名为 "Motor1" 和 "Motor2" 的两个静态变量（STAT），其数据类型为 FB1（符号名为 "电机控制"）。变量声明表的文件夹 "Motor1" 和 "Motor2" 中的 8 个变量来自 FB1 的变量声明表，它们是自动生成的。

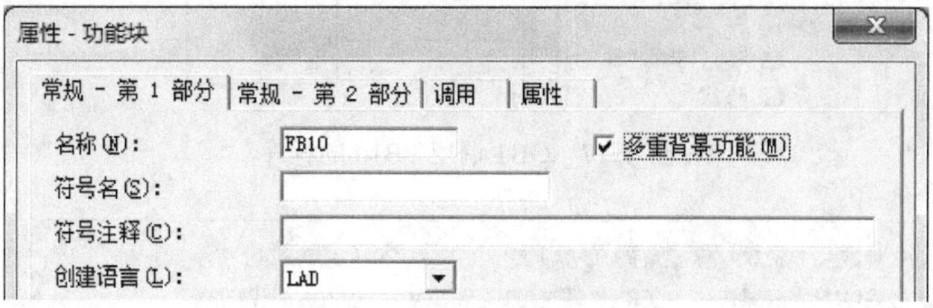

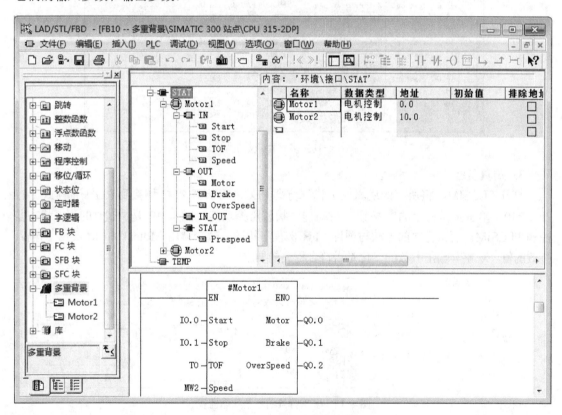

图 4-15　生成多重背景功能块

　　完成上述操作后，打开程序编辑器左边目录窗口的"多重背景"文件夹，可以看到刚生成的"Motor1"和"Motor2"（见图 4-16）。将它们"拖放"到 FB10 的程序区中，然后指定它们的输入参数和输出参数。

图 4-16　定义与调用多重背景

　　在 OB1 中调用 FB10，其背景数据块为 DB10（见图 4-17）。在本例中，FB10 没有输入参数和输出参数。

　　控制两台电动机的局部变量均存储在多重背景数据块 DB10 中（见图 4-18），DB10 的变量是自动生成的，与 FB10 的变量声明表中的相同（不包括临时变量）。多重背景的局部变量的名称由多重背景的名称和 FB1 的局部变量的名称组成，例如"Motor1.Start"。

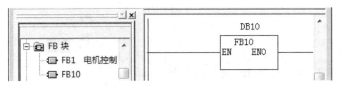

图 4-17　OB1 调用 FB10 的程序

	地址	声明	名称	类型	初始值	实际值	备注
1	0.0	stat:in	Motor1.Start	BOOL	FALSE	FALSE	
2	0.1	stat:in	Motor1.Stop	BOOL	FALSE	FALSE	
3	2.0	stat:in	Motor1.TOF	TIMER	T 0	T 0	
4	4.0	stat:in	Motor1.Speed	INT	0	0	
5	6.0	stat:out	Motor1.Motor	BOOL	FALSE	FALSE	
6	6.1	stat:out	Motor1.Brake	BOOL	FALSE	FALSE	
7	6.2	stat:out	Motor1.OverSpeed	BOOL	FALSE	FALSE	
8	8.0	stat	Motor1.Prespeed	INT	1500	1500	
9	10.0	stat:in	Motor2.Start	BOOL	FALSE	FALSE	
10	10.1	stat:in	Motor2.Stop	BOOL	FALSE	FALSE	
11	12.0	stat:in	Motor2.TOF	TIMER	T 0	T 0	
12	14.0	stat:in	Motor2.Speed	INT	0	0	
13	16.0	stat:out	Motor2.Motor	BOOL	FALSE	FALSE	
14	16.1	stat:out	Motor2.Brake	BOOL	FALSE	FALSE	
15	16.2	stat:out	Motor2.OverSpeed	BOOL	FALSE	FALSE	
16	18.0	stat	Motor2.Prespeed	INT	1500	1500	

图 4-18　多重背景数据块

3. 仿真实验

打开 PLCSIM，将所有的逻辑块下载到仿真 PLC，将仿真 PLC 切换到 RUN-P 模式。打开 FB10，单击工具栏上的 按钮，启动程序状态监控功能。图 4-19 是调试时的程序状态监控和 PLCSIM。调试程序的方法与项目 "FB 例程" 相同，改变调用 Motor1 和 Motor2 的输入参数的值，观察其输出参数的变化是否符合程序的要求。

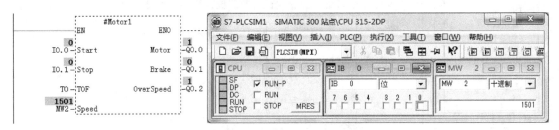

图 4-19　多重背景的程序状态监视

4.2　组织块的应用

4.2.1　组织块与中断

1. 组织块

组织块（OB，见表 4-2）是操作系统与用户程序之间的接口，用于控制扫描循环和中断程序的执行、PLC 的启动和错误处理等，可以使用的同类组织块的个数与 CPU 的型号有关。

表 4-2 组织块

OB 编号	错 误 类 型	优 先 级	说 明
OB1	启动或上一次循环结束时执行 OB1	1	用于循环程序处理的主程序
OB10～OB17	时间中断 0～7	2	在设置的日期和时间启动
OB20～OB23	时间延迟中断 0～3	3～6	延时后启动
OB30～OB38	循环中断 0～8	7～15	以设定的时间周期运行
OB40～OB47	硬件中断 0～7	16～23	检测到来自外部模块的中断请求时启动
OB55	状态中断	2	DPV1 中断（PROFIBUS-DP 中断）
OB56	刷新中断	2	
OB57	制造厂商特殊中断	2	
OB60	多处理器中断，调用 SFC35 时启动	25	多 CPU 的同步操作
OB61～64	同步循环中断 1～4	25	用于等时模式程序段的编程
OB65	技术功能同步中断	25	
OB70	I/O 冗余错误	25	冗余故障中断，只能用于 H 系列 CPU
OB72	CPU 冗余错误	28	
OB73	通信冗余错误	25	
OB80	时间错误	26、28	异步错误中断
OB81	电源故障	S7-300：26、28 S7-400 和 CPU 318：27、28	
OB82	诊断中断		
OB83	插入/删除模块中断		
OB84	CPU 硬件故障		
OB85	程序周期错误		
OB86	机架故障或分布式 I/O 的站故障		
OB87	通信错误		
OB88	处理中断	28	
OB90	背景循环	29	背景循环
OB100～OB102	暖启动、热启动、冷启动	27	启动
OB121	编程错误	与引起错误的 OB 的优先级相同	同步错误中断
OB122	I/O 访问错误		

OB1 用于循环处理，是用户程序中的主程序。操作系统在每次循环中调用一次 OB1。

2．事件中断处理

中断处理用来实现对特殊内部事件或外部事件的快速响应。如果没有中断事件发生，CPU 循环执行主程序 OB1。CPU 检测到中断源的中断请求时，操作系统在执行完当前逻辑块的当前指令后，立即响应中断。CPU 暂停正在执行的程序，自动调用中断源对应的中断组织块。执行完中断组织块后，返回被中断的程序的断点处继续执行原来的程序。中断组织块不是由逻辑块调用，而是在中断事件发生时由操作系统调用。中断组织块中的程序是用户编写的。

大多数中断事件发生时，如果没有下载对应的组织块，CPU 将会进入 STOP 模式。即使下载一个空的组织块，出现对应的中断事件时，CPU 也不会进入 STOP 模式。

PLC 的中断事件可能来自 I/O 模块的硬件中断和故障中断，或者来自 CPU 模块内部的软件中断，例如时间中断、延时中断、循环中断和编程错误引起的中断。

3．中断的优先级

OB 按触发事件分成若干个级别，这些级别有不同的优先级（见表 4-2）。如果在执行中断程序（组织块）时，又检测到一个中断请求，CPU 将比较两个中断源的中断优先级。如果优先级相同，按照产生中断请求的先后次序进行处理。如果后者的优先级比正在执行的 OB 的优先级高，将中止当前正在处理的中断 OB，改为调用较高优先级的中断 OB。这种处理方式称为中断程序的嵌套调用。

4．组织块的临时局部变量

组织块的局部数据区只有临时（TEMP）数据，局部数据区的前 20B 提供了触发该 OB 的事件的详细信息，这些信息在 OB 启动时由操作系统提供（见表 4-3）。用户也可以在局部数据的前 20B 之后定义自己使用的临时局部变量。

表 4-3 OB 的临时局部变量

地址（字节）	内　　容
0	事件级别与标识符，例如 OB40 为 B#16#11，表示硬件中断被激活
1	用代码表示与启动 OB 的事件有关的信息
2	优先级，例如 OB40 的优先级为 16
3	OB 块号，例如 OB40 的块号为 40
4～11	事件的附加信息，例如 OB40 的 LB5 为产生中断的模块的类型，LW6 为产生中断的模块的起始地址；LD8 为产生中断的通道号
12～19	OB 被启动的日期和时间（年的低两位、月、日、时、分、秒、毫秒与星期）

4.2.2 实训二十七 使用循环中断的彩灯控制程序

本节的实训主要用于熟悉启动组织块与循环中断组织块的使用方法。

1．CPU 模块的启动方式与启动组织块

在 CPU 模块的属性对话框的"启动"选项卡，S7-400 可以选择暖启动、热启动和冷启动这 3 种启动方式中的一种，绝大多数 S7-300 CPU 只能暖启动。

启动组织块 OB100～OB102 用于系统初始化。CPU 上电或由 STOP 模式切换到 RUN 模式时，首先执行一次启动组织块。用户可以在启动组织块中编写初始化程序，例如设置开始运行时某些变量的初始值和输出模块的初始值等。

1）暖启动：过程映像数据和没有保持功能的存储器位、定时器和计数器被复位。具有保持功能的存储器位、定时器、计数器和所有的数据块将保留原数值。执行一次 OB100 后，循环执行 OB1。将模式选择开关从 STOP 位置扳到 RUN 位置，执行一次手

动暖启动。

2）热启动：如果 S7-400 CPU 在 RUN 模式时电源突然丢失，在设置的时间之内又重新上电，将执行 OB101，自动地完成热启动。从上次 RUN 模式结束时程序被中断之处继续执行，不对定时器、计数器、位存储器和数据块复位。

3）冷启动：所有系统存储区均被清零，包括有保持功能的存储区。用户程序从装载存储器载入工作存储器，调用 OB102 后，循环执行 OB1。将模式选择开关扳到 MRES 位置，可以实现手动冷启动。

2. 循环中断组织块

循环中断组织块用于按精确的时间间隔循环执行中断程序，例如周期性地执行闭环控制系统的 PID 控制程序，间隔时间从 STOP 模式切换到 RUN 模式时开始计算。部分 S7-300 CPU 只能使用 OB35，其余的 CPU 可以使用的循环中断 OB 的个数与 CPU 的型号和订货号有关。

3. 硬件组态

用新建项目向导生成名为"OB35 例程"的项目（见随书云盘中的同名例程），CPU 为 CPU 315-2DP。双击硬件组态工具 HW Config 中的 CPU，打开 CPU 属性对话框，由"循环中断"选项卡（见图 4-20）可知，该 CPU 只能使用 OB35，其循环的时间间隔（1～6000ms）的默认值为 100ms，将它修改为 1000ms，将组态数据下载到 CPU 后生效。如果没有作上述的硬件组态，时间间隔为默认值 100ms。

	优先级	执行	相位偏移量		单位	过程映像分区
OB30:	7	5000	0		ms ▾	---- ▾
OB31:	8	2000	0		ms ▾	---- ▾
OB32:	9	1000	0		ms ▾	---- ▾
OB33:	10	500	0		ms ▾	---- ▾
OB34:	11	200	0		ms ▾	---- ▾
OB35:	12	100	0		ms ▾	---- ▾
OB36:	13	50	0		ms ▾	---- ▾

图 4-20 组态循环中断

如果两个循环中断 OB 的时间间隔为整倍数，它们可能同时请求中断。相位偏移量（默认值为 0）用于错开不同时间间隔的几个循环中断 OB，以减少连续执行循环中断 OB 的时间。相位偏移应小于 OB 的循环时间间隔。

组态结束后，单击工具栏上的 🖳 按钮，编译并保存组态信息。

4. OB100 的程序

用鼠标右键单击 SIMATIC 管理器左边窗口中的"块"，在弹出的菜单中执行"插入新对象"→"组织块"命令，在出现的"属性—组织块"对话框中（见图 4-21），将组织块的名称改为 OB100，设置创建语言为 LAD（梯形图）。单击"确定"按钮后，在 SIMATIC 管理器右边窗口出现 OB100。

双击打开 OB100（见图 4-22），用 MOVE 指令将 MB0 的初值设置为 7，即低 3 位置 1，其余各位为 0。此外用 ADD_I 指令将 MW6 加 1，可以观察 CPU 执行 OB100 的次数。

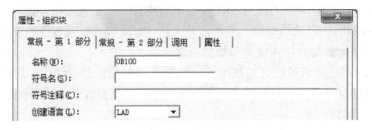

图 4-21 OB100 的属性对话框

图 4-22 OB100 的程序

5. OB35 的程序

OB35 中的程序用于控制 8 位彩灯循环移位，用 I0.0 控制移位的方向。I0.0 为 1 状态时彩灯左移，为 0 状态时彩灯右移。

S7-300/400 只有双字循环移位指令，MB0 是双字 MD0 的最高字节（见图 4-23）。在 MD0 每次循环左移 1 位之后，最高位 M0.7 的数据被移到 MD0 最低位的 M3.0。为了实现 MB0 的循环移位，移位后如果 M3.0 为 1 状态，将 MB0 的最低位 M0.0 置位为 1（见图 4-25 的程序段 1），反之将 M0.0 复位为 0，相当于 MB0 的最高位 M0.7 移到了 MB0 的最低位 M0.0。

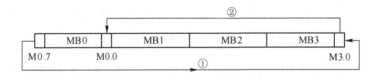

图 4-23 MB0 循环左移

在 MD0 每次循环右移 1 位之后（见图 4-24），MB0 的最低位 M0.0 的数据被移到 MB1 最高位的 M1.7。移位后根据 M1.7 的状态，将 MB0 的最高位 M0.7 置位或复位（见图 4-25 的程序段 2），相当于 MB0 的最低位 M0.0 移到了 MB0 的最高位 M0.7。

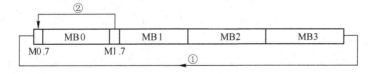

图 4-24 MB0 循环右移

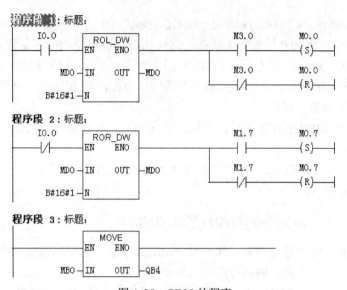

图 4-25　OB35 的程序

在程序段 3，用 MOVE 指令将 MB0 的值传送到 QB4，用 QB4 来控制 8 位彩灯。

6. 禁止和激活硬件中断

SFC40 "EN_IRT" 和 SFC39 "DIS_IRT" 分别是激活、禁止中断和异步错误的系统功能。它们的参数 MODE（模式）为 2 时激活或禁止 OB_NR 指定的 OB 编号对应的中断。因为 MODE 的数据类型为 BYTE，它的实参为十六进制常数 16#2。

在 OB1 中编写图 4-26 所示的程序，在 I0.2 的上升沿调用 SFC "EN_IRT" 来激活 OB35 对应的循环中断，在 I0.3 的上升沿调用 SFC "DIS_IRT" 来禁止 OB35 对应的循环中断。

图 4-26　OB1 激活和禁止循环中断的程序

7. 仿真实验

打开仿真软件 PLCSIM（见图 4-27），下载系统数据和所有的块以后，切换到 RUN-P 模式。MB0 和 QB4 被设置为初始值 7，其低 3 位被初始化为 1，MW6 的值一直为 1。因为只在 OB100 中访问了 MW6，说明只调用了一次 OB100。

图 4-27　PLCSIM

OB35 被自动激活，CPU 每 1s 调用一次 OB35。因为 I0.0 的初始值为 0 状态，QB4 的值每 1s 循环右移 1 位。将 I0.0 设置为 1 状态，QB4 由循环右移变为循环左移。

单击两次 I0.3 对应的小方框，在 I0.3 的上升沿，循环中断被禁止，CPU 不再调用 OB35，QB4 的值保持不变。单击两次 I0.2 对应的小方框，在 I0.2 的上升沿，循环中断被激活，QB4 的值又开始循环移位。

改变 OB100 中 MB0 的初始值后，下载到仿真 PLC，观察运行的效果。

8. 仿真练习

要求每 2s 调用一次 OB35，每次调用时将 MW30 加 1。编写程序后下载到仿真 PLC，调试程序直到满足要求。

4.2.3 实训二十八 时间中断组织块的仿真实验

可以设置在某一特定的日期和时间产生一次时间中断，也可以设置从设定的日期时间开始，周期性地重复产生中断，例如每分钟、每小时、每天、每周、每月、月末、每年产生一次时间中断。可以用组态或编程的方法来启动时间中断。用专用的 SFC28～SFC30 设置、取消和激活时间中断。大多数 S7-300 CPU 只能使用 OB10。

1. 基于硬件组态的时间中断

要求在到达设置的日期和时间时，用 Q4.0 自动启动某台设备。用新建项目向导生成一个名为 "OB10_1" 的项目（见随书云盘中的同名例程），CPU 模块的型号为 CPU 315-2DP。

打开硬件组态工具 HW Config，双击机架中的 CPU，打开 CPU 的属性对话框。在 "时间中断" 选项卡（见图 4-28），设置自动启动设备的日期和时间，执行方式为 "一次"。用复选框激活中断，按 "确定" 按钮结束设置。单击工具栏上的 ![按钮] 按钮，保存和编译组态信息。

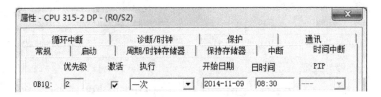

图 4-28 组态时间中断

在 SIMATIC 管理器中生成 OB10，下面是用语句表编写的 OB10 的程序，设置的时间到时，将需要启动的设备对应的输出点 Q4.0 置位：

```
SET                          //将 RLO 置为 1
=   Q    4.0                 //将 RLO 写入 Q4.0
```

下面是 OB1 中的程序，用 I0.0 将 Q4.0 复位：

```
A   I    0.0
R   Q    4.0
```

打开 PLCSIM，生成 QB4 的视图对象。下载所有的块和系统数据后，将仿真 PLC 切换到 RUN-P 模式。达到设置的日期和时间时，可以看到 Q4.0 变为 1 状态。做实验时设置比当前的日期时间稍晚一点的日期和时间,以免等待的时间太长。

2. 用 SFC 控制时间中断

可以在用户程序中用 SFC 来设置和激活时间中断。用新建项目向导生成一个名为 "OB10_2" 的项目(见随书云盘中的同名例程)。在 OB1 中调用 SFC31 "QRY_TINT" 来查询时间中断的状态(见图 4-29),读取的状态字用 MW8 保存。

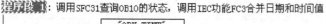

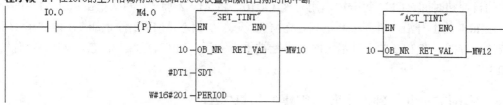

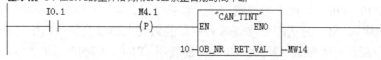

图 4-29 OB1 的程序

IEC 功能 FC3 "D_TOD_TD" 用于合并日期和时间值,它在程序编辑器左边窗口的文件夹 "\库\Standard Library\IEC Function Blocks" 中。首先生成 OB1 的临时局部变量(TEMP)"DT1",其数据类型为 Date_And_Time,"D_TOD_TD" 的执行结果用 DT1 保存。

在 I0.0 的上升沿,调用 SFC28 "SET_TINT" 和 SFC30 "ACT_TINT" 来分别设置和激活时间中断 OB10。在 I0.1 的上升沿,调用 SFC29 "CAN_TINT" 来取消时间中断。

各 SFC 的参数 OB_NR 是组织块的编号,SFC28 "SET_TINT" 用来设置时间中断,它的参数 SDT 是 D_TOD_TD 定义的开始产生中断的日期和时间。PERIOD 用来设置执行的方式,W#16#0201 表示每分钟产生一次时间中断。RET_VAL 是执行时可能出现的错误代码,为 0 时无错误。

下面是 OB10 中将 MW2 加 1 的 STL 程序:

```
L    MW    2
+    1
T    MW    2
```

3. 仿真实验

打开仿真软件 PLCSIM,生成 MB9、IB0 和 MW2(见图 4-30)的视图对象,MB9 是 SFC31 读取的状态字 MW8 的低位字节。

图 4-30　PLCSIM

下载所有的块后，将仿真 PLC 切换到 RUN-P 模式，M9.4 变为 1 状态，表示已经下载了 OB10。令 I0.0 为 1 状态，M9.2 变为 1 状态，表示时间中断已被激活，如果设置的是已经过去的日期和时间，CPU 每分钟调用一次 OB10，将 MW2 加 1。两次单击 I0.1 对应的小方框，在 I0.1 的上升沿，时间中断被禁止，M9.2 变为 0 状态，MW2 停止加 1。两次单击 I0.0 对应的小方框，在 I0.0 的上升沿，时间中断被重新激活，M9.2 变为 1 状态，MW2 每分钟又被加 1。

4.2.4　实训二十九　硬件中断组织块的仿真实验

硬件中断组织块（OB40～OB47）用于快速响应信号模块（SM，即输入/输出模块）、通信处理器（CP）和功能模块（FM）的状态变化。具有中断能力的上述模块将中断信号传送到 CPU 时，将触发硬件中断。绝大多数 S7-300 CPU 只能使用 OB40，S7-400 CPU 可以使用的硬件中断 OB 的个数与 CPU 的型号有关。

为了产生硬件中断，在组态时应启用有硬件中断功能的模块的硬件中断。产生硬件中断时，如果没有生成和下载硬件中断组织块，操作系统将会向诊断缓冲区输入错误信息，并执行异步错误处理组织块 OB80。

1. 硬件组态

用新建项目向导生成一个名为"OB40 例程"的项目（见随书云盘中的同名例程），CPU 模块的型号为 CPU 315-2DP。打开硬件组态工具 HW Config（见图 4-31），将硬件目录中型号为"DI4xNAMUR，Ex"的 4 点 DI 模块插入 4 号槽，16 点 DO 模块插入 5 号槽。

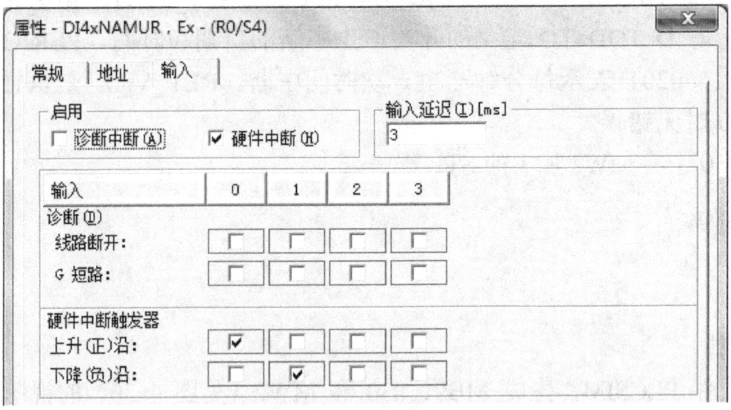

图 4-31　组态硬件中断

自动分配的 DI 模块的字节地址为 0。双击该模块，打开它的属性对话框（见图 4-31）。用复选框启用硬件中断，设置 I0.0 产生上升沿中断，I0.1 产生下降沿中断。

2．编写 OB40 中的程序

OB40 中的程序（见图 4-32）用来判断是哪个模块的哪个点产生的中断，然后执行相应的操作。临时局部变量 OB40_MDL_ADDR 和 OB40_POINT_ADDR 分别是产生中断的模块的起始字节地址和模块内的位地址，数据类型分别为 Word 和 DWord，这两个变量不能直接用于整数比较指令和双整数比较指令。

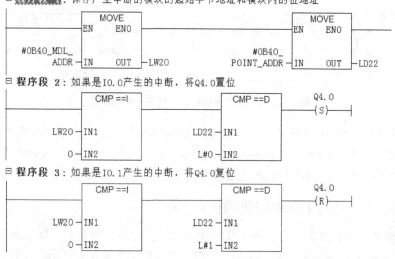

图 4-32   OB40 中的程序

首先用 MOVE 指令将这两个变量保存到 LW20 和 LD22，然后才能用比较指令判别是哪一个模块和模块中的哪一点产生的中断。如果是 I0.0 产生的中断，LW20 和 LD22 均为 0，程序段 2 的两条比较指令等效的触点同时闭合，将 Q4.0 置位。如果是在 I0.1 的下降沿产生的中断，程序段 3 将 Q4.0 复位。

3．硬件中断的仿真实验

打开 PLCSIM，下载所有的块，将仿真 PLC 切换到 RUN-P 模式。执行 PLCSIM 的菜单命令"执行"→"触发错误 OB"→"硬件中断（OB40-OB47）…"，打开"硬件中断 OB（40-47）"对话框（见图 4-33），在"模块地址"文本框中输入模块的起始字节地址 0，在"模块状态（POINT_ADDR）"文本框中输入模块内的位地址 0。

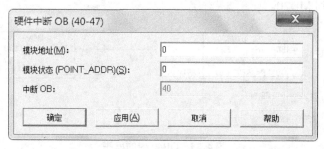

图 4-33   模拟产生硬件中断的对话框

109

单击"应用"按钮，触发 I0.0 的上升沿中断，CPU 调用 OB40，Q4.0 被置位为 1 状态，同时在"中断 OB"显示框内自动显示出对应的 OB 编号 40。将位地址（POINT_ADDR）改为 1，模拟 I0.1 产生的下降沿中断，单击"应用"按钮，在放开按钮时，Q4.0 被复位为 0 状态。单击"OK"按钮，将执行与"应用"按钮同样的操作，同时关闭对话框。

4. 禁止和激活硬件中断

图 4-34 是 OB1 中的程序，在 I0.2 的上升沿调用 SFC40（EN_IRT）激活 OB40 对应的硬件中断，在 I0.3 的上升沿调用 SFC39（DIS_IRT）禁止 OB40 对应的硬件中断。输入参数 MODE（模式）为 2 时，OB_NR 的实参为 OB 的编号。

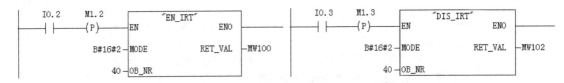

图 4-34　OB1 中激活和禁止硬件中断的程序

单击两次 PLCSIM 中 I0.3 对应的小方框，OB40 被禁止执行。这时用图 4-33 中的对话框模拟产生硬件中断，不会调用 OB40。单击两次 I0.2 对应的小方框，OB40 被允许执行。又可以用 I0.0 和 I0.1 产生的硬件中断来控制 Q4.0 了。

4.2.5　实训三十　延时中断组织块的仿真实验

PLC 的普通定时器的工作与扫描工作方式有关，其定时精度较差。如果需要高精度的延时，可以使用延时中断 OB。用 SFC32"SRT_DINT"启动延时中断，延迟时间为 1～60000ms，精度为 1ms。延时时间到时触发延时中断，调用 SFC32 指定的组织块。S7-300 的部分 CPU 只能使用 OB20。

1. 硬件组态

用新建项目向导生成一个名为"OB20 例程"的项目（见随书云盘中的同名例程），硬件结构和组态方法与例程"OB40"的相同。型号为"DI4xNAMUR，Ex"的 4 点 DI 模块的字节地址为 0，用复选框启用硬件中断，设置 I0.0 产生上升沿中断（见图 4-31）。

2. 程序设计

在 I0.0 的上升沿触发硬件中断，CPU 调用 OB40，在 OB40 中调用 SFC32"SRT_DINT"启动延时中断（见图 4-35），延时时间为 10s。从 LD12 开始的 8B 临时局部变量是调用 OB40 的日期时间值，用 MOVE 指令将其中的后 4 个字节 LD16（min、s、ms 和星期的代码）保存到 MD20。

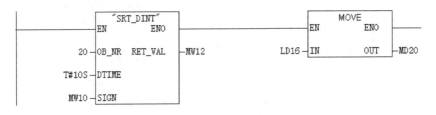

图 4-35　OB40 中的程序

10s 后延时时间到，CPU 调用 SFC32 指定的 OB20。在 OB20 中将它的局部变量的日期时间值的后 4 个字节保存到 MD24（见图 4-36）。同时将 Q4.0 置位，并通过 PQB4 立即输出 Q4.0 的新值。可以用 I0.2 将 Q4.0 复位（见图 4-37）。

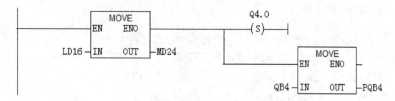

图 4-36 OB20 中的程序

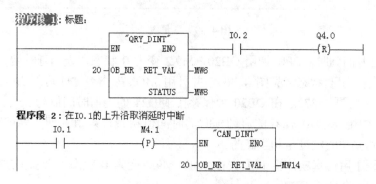

图 4-37 OB1 中的程序

在 OB1 中调用 SFC34 "QRY_DINT" 来查询延时中断的状态字 STATUS（见图 4-37），查询的结果保存在 MW8，其低字节为 MB9。OB_NR 是延时中断 OB 的编号，RET_VAL 为 SFC 执行时的错误代码，为 0 时无错误。

在延时过程中，可以用 I0.1 调用 SFC33 "CAN_DINT" 来取消延时中断过程。

3. 仿真实验

打开仿真软件 PLCSIM，将程序和组态信息下载到仿真 PLC。切换到 RUN-P 模式时，M9.4 马上变为 1 状态（见图 4-38），表示 OB20 已经下载到 CPU。

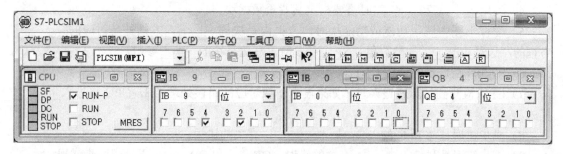

图 4-38 PLCSIM

执行 PLCSIM 的菜单命令"执行"→"触发错误 OB"→"硬件中断（OB40-OB47）…"，在"硬件中断 OB（40-47）"对话框中（见图 4-33），输入 DI 模块的起始字节地址 0 和模块内的位地址 0。单击"应用"按钮，I0.0 产生硬件中断，CPU 调用 OB40，

M9.2 变为 1 状态，表示正在执行 SFC32 启动的时间延时。

在 SIMATIC 管理器中生成变量表（见图 4-39），单击工具栏上的 按钮，启动监控功能。MD20 保存的是在 OB40 中读取的 BCD 格式的时间值（36 分 42 秒 738 毫秒），最后 1 位为星期的代码，2 表示星期 1。

图 4-39　变量表

10s 的延时时间到时，CPU 调用 OB20，M9.2 变为 0 状态，表示延时结束。OB20 中的程序将 Q4.0 置位为 1 状态（见图 4-36），并且用 MOVE 指令立即写入 DO 模块。可以用 I0.2 复位 Q4.0（见图 4-37）。在 OB20 中保存在 MD24 的当前时间值为 36 分 52 秒 738 毫秒，与 OB40 中用 MD20 保存的启动延时的时间值相减，差值（即实际的延时时间）为 10.000s，由此可知定时精度是相当高的。

在延时过程中用仿真软件将 I0.1 置位为 1，M9.2 变为 0 状态，表示 OB20 的延时被取消，定时时间到不会调用 OB20。

4.3　练习题

1．填空

1）逻辑块包括＿＿＿、＿＿＿、＿＿＿、＿＿＿和＿＿＿。

2）CPU 可以同时打开＿＿个共享数据块和＿＿个背景数据块。打开 DB2 后，DB2.DBB0 可以用地址＿＿＿＿来访问。

3）背景数据块中的数据是功能块的＿＿＿＿＿中的数据（不包括临时数据）。

4）调用＿＿＿＿和＿＿＿＿时需要指定其背景数据块。

5）在梯形图中调用功能或功能块时，方框内是块的＿＿＿，方框外是对应的＿＿＿。方框的左边是块的＿＿＿参数和＿＿＿＿参数，右边是块的＿＿＿参数。

6）S7-300 在启动时调用 OB＿＿＿。

7）CPU 检测到故障或错误时，如果没有下载对应的错误处理 OB，CPU 将进入＿＿＿模式。

8）异步错误是与 PLC 的＿＿＿或＿＿＿＿有关的错误。

9）同步错误是与＿＿＿＿有关的错误，OB＿＿和 OB＿＿用于处理同步错误。

2．功能和功能块有什么区别？

3．组织块与其他逻辑块有什么区别？

4．怎样生成多重背景功能块，怎样调用多重背景？

5．延时中断与定时器都可以实现延时，它们有什么区别？

6．在符号名为 Pump 的数据块中生成一个由 50 个字组成的一维数组，数组的符号名为 Press。

7．在程序中怎样表示第 6 题中数组 Press 的下标为 15 的元素？

8．设计求圆周长的功能 FC1，FC1 的输入参数为直径 Diameter（整数），圆周率为 3.1416，用整型运算指令计算圆的周长，存放在双整数输出参数 Circle 中。TMP1 是 FC1 中的双整数临时局部变量。在 OB1 中调用 FC1，直径的输入值用 MW6 提供，存放圆周长的地址为 MD8。

9．AI 模块的输出值 0～27648 正比于温度值 0～1200℃。设计功能块 FC2，其输入参数为 AI 模块输出的转换值 In_Value（整数），输出参数为计算出的以度为单位的整数 Out_Value，TMP1 是 FC1 中的双整数临时变量。在 OB1 中调用 FC2 来计算温度测量值，模拟量输入点的地址为 PIW320，运算结果用 MW30 保存。设计出梯形图程序。

10．用指针 Pointer 作输入变量，编写功能 FC3，用循环程序求同一地址区中相邻的若干个整数的平均值。在 OB1 中调用 FC3，求 DB1 中 DBW0～DBW38 的平均值，运算结果用 DB1.DBW40 保存。

11．什么原因会产生块的时间标记冲突，应怎样处理？

12．要求每 750ms 在 OB35 中将 MW50 加 1，在 I0.1 的上升沿停止调用 OB35，在 I0.0 的上升沿允许调用 OB35。生成项目，组态硬件，编写程序，用 PLCSIM 调试程序。

第 5 章

梯形图的顺序控制设计法

5.1 顺序控制设计法与顺序功能图

5.1.1 顺序功能图的基本元件

1. 顺序控制设计法

继电器电路图和简单的梯形图程序一般采用经验设计法来设计，这种设计方法具有很大的试探性和随意性，很难掌握。设计的质量和速度与设计者的经验有很大的关系。

所谓顺序控制，就是按照生产工艺预先规定的顺序，在各个输入信号的作用下，根据内部状态和时间的顺序，在生产过程中各个执行机构自动地有秩序地进行操作。

顺序控制设计法是一种先进的很容易掌握的设计方法，对于有经验的工程师，也会提高设计的效率，程序的调试、修改和阅读也很方便。只要正确地画出描述系统工作过程的顺序功能图，顺序控制程序一般都可以做到在试车时能一次成功。

顺序功能图（Sequential Function Chart，SFC）是描述控制系统的控制过程、功能和特性的一种图形，也是 PLC 的编程语言标准 IEC 61131-3 位居首位的编程语言。S7-300/400 的 S7-Graph 就是一种顺序功能图语言。

可以用顺序功能图来描述系统的功能，根据它来设计梯形图程序。本章首先介绍顺序功能图的画法，然后介绍用置位复位指令设计顺序控制程序的方法。

2. 步的基本概念

顺序功能图主要由步、动作、有向连线、转换和转换条件组成。

顺序控制设计法最基本的思想是将系统的一个工作周期划分为若干个顺序相连的阶段，这些阶段称为步（Step），并用位地址（例如位存储器 M）来代表各步。步是根据输出量的 0、1 状态的变化来划分的，一般在任何一步之内，各输出量的状态不变，但是相邻两步输出量总的状态是不同的，步的这种划分方法使代表各步的位地址的状态与各输出量的状态之间有着极为简单的逻辑关系。

顺序控制设计法用转换条件控制代表各步的位地址，让它们的状态按规定的顺序变化，然后用代表各步的位地址去控制 PLC 的各输出位。

图 5-1 中的两条运输带启动时应先启动 1 号运输带，延时 10s 后自动启动 2 号运输带。按了停止按钮后，先停 2 号运输带，10s 后再停 1 号运输带。图 5-1 给出了输入输出信号的波形图和顺序功能图。

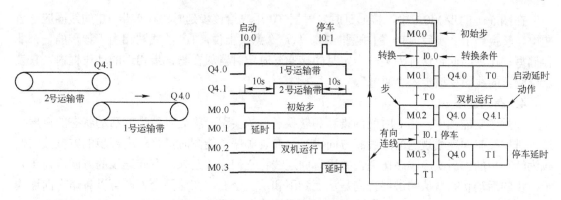

图 5-1　波形图与顺序功能图

根据 Q4.0～Q4.1 的 ON/OFF 状态的变化，显然可以将上述工作过程分为 3 步，分别用 M0.1～M0.3 来代表这 3 步，另外还设置了一个等待启动的初始步 M0.0。图 5-1 的右边是描述该系统的顺序功能图，图中用矩形方框表示步，方框中是代表该步的位元件的地址，例如 M0.0 等。

初始状态一般是系统等待启动命令的相对静止的状态。系统在开始进行自动控制之前，首先应进入规定的初始状态。与系统的初始状态相对应的步称为初始步，初始步用双线方框来表示，每一个顺序功能图至少应该有一个初始步。

当系统正处于某一步所在的阶段时，称该步处于活动状态，该步为"活动步"。步处于活动状态时，执行相应的非存储型动作；处于不活动状态时，则停止执行非存储型动作。

3. 与步对应的动作

可以将一个控制系统划分为被控系统和施控系统，例如在数控车床中，数控装置是施控系统，而车床是被控系统。对于被控系统，在某一步中要完成某些"动作"（action）；对于施控系统，在某一步中则要向被控系统发出某些"命令"（command）。为了叙述方便，下面将命

图 5-2　动作

令或动作统称为动作，并用矩形框中的文字或符号来表示动作，该矩形框与相应的步的方框用水平短线相连。如果某一步有几个动作，可以用图 5-2 中的两种画法来表示，但是并不隐含这些动作之间有先后顺序。

应清楚地表明动作是存储型的还是非存储型的。非存储型动作与它所在的步是"同生共死"的。例如图 5-1 中的 Q4.1 为非存储型动作，M0.2 与 Q4.1 的波形完全相同。在步 M0.2 为活动步时，M0.2 和 Q4.1 为 1 状态；步 M0.2 为不活动步时，M0.2 和 Q4.1 为 0 状态。

图 5-1 中 Q4.0 在 M0.1～M0.3 这连续的 3 步都应为 1 状态，在顺序功能图中，可以用动作的修饰词"S"将它在应为 1 状态的第一步（步 M0.1）置位（见图 5-3），用动作的修饰词"R"将它在应为 1 状态的最后一步的下一步（步 M0.0）复位为 0 状态。这种动作是存储型动作。在程序中用置位、复位指令来实现上述操作。

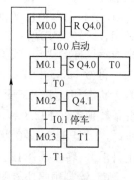

图 5-3　顺序功能图

在图 5-1 的步 M0.1 中，接通延时定时器 T0 用来给该步延时，在该步 T0 的线圈应一直通电，转换到下一步后，T0 的线圈断电。从这个意义上说，T0 的线圈相当于该步的一个非存储型动作，因此将这种为某一步定时的接通延时定时器放在与该步相连的动作框内，它表示定时器的线圈在该步内"通电"。

4. 有向连线

在顺序功能图中，随着时间的推移和转换条件的实现，将会发生步的活动状态的进展，这种进展按有向连线规定的路线和方向进行。在画顺序功能图时，将代表各步的方框按它们成为活动步的先后次序顺序排列，并用有向连线将它们连接起来。有向连线的方向用箭头表示，步的活动状态默认的进展方向是从上到下和从左至右，在这两个方向可以省略有向连线上的箭头。如果不是上述的方向，则应在有向连线上用箭头注明进展方向。在可以省略箭头的有向连线上，为了更易于理解也可以加箭头。

5. 转换与转换条件

转换用有向连线上与有向连线垂直的短划线来表示，转换将相邻两步分隔开。步的活动状态的进展是由转换的实现来完成的，并与控制过程的发展相对应。

使系统由当前步进入下一步的信号称为转换条件，转换条件可以是外部的输入信号，例如按钮、指令开关、限位开关的接通或断开等；也可以是 PLC 内部产生的信号，例如定时器、计数器触点的通断等，转换条件还可以是若干个信号的与、或、非逻辑组合。

图 5-1 中步 M0.1 下面的转换条件 T0 对应于接通延时定时器 T0 的常开触点，在 T0 的定时时间到时，其常开触点闭合，该转换条件满足。

S7-Graph 中的转换条件用梯形图或功能块图来表示（见图 5-4），如果没有使用 S7-Graph 语言，一般用布尔代数表达式来表示转换条件。

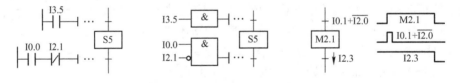

图 5-4　转换与转换条件

图 5-4 的右图用高电平表示步 M2.1 为活动步，反之则用低电平来表示。转换条件 I3.5 表示 I3.5 为 1 状态时转换实现，转换条件 $\overline{I3.5}$ 表示 I3.5 为 0 状态时转换实现。转换条件 $I0.0 \cdot \overline{I2.1}$ 表示 I0.0 的常开触点和 I2.1 的常闭触点同时闭合时转换实现，在梯形图中则用两个触点的串联来表示这样的"与"逻辑关系。

符号 ↑I2.3 和 ↓I2.3 分别表示当 I2.3 从 0 状态变为 1 状态和从 1 状态变为 0 状态时转换实现。一般情况下转换条件 ↑I2.3 和 I2.3 是等效的，前级步为活动步时，一旦 I2.3 由 0 状态变为 1 状态（即在 I2.3 的上升沿），转换条件 I2.3 也会马上起作用。

6. 绘制顺序功能图的练习

冲床的运动示意图如图 5-5 所示。初始状态时机

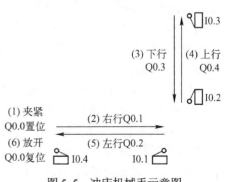

图 5-5　冲床机械手示意图

械手在最左边，I0.4 为 1 状态；冲头在最上面，I0.3 为 1 状态；机械手松开，Q0.0 为 0 状态。按下启动按钮 I0.0，Q0.0 变为 1 状态，工件被夹紧并保持，2s 后 Q0.1 变为 1 状态，机械手右行，直到碰到 I0.1。以后将顺序完成以下动作：冲头下行，冲头上行，机械手左行，机械手松开（Q0.0 被复位），系统返回初始状态。各限位开关和定时器提供的信号是相应步之间的转换条件。画出控制系统的顺序功能图。

5.1.2　顺序功能图的基本结构

1．单序列

单序列由一系列相继激活的步组成，每一步的后面仅有一个转换，每一个转换的后面只有一个步（见图 5-6a），单序列的特点是没有分支与合并。

2．选择序列

选择序列的开始称为分支（见图 5-6b），转换符号只能标在水平连线之下。如果步 5 是活动步，并且转换条件 h 为 1 状态，则发生由步 5→步 8 的进展。如果步 5 是活动步，并且 k 为 1 状态，则发生由步 5→步 10 的进展。在步 5 之后选择序列的分支处，每次只允许选择一个序列。如果将选择条件 k 改为 $k \cdot \overline{h}$，则当 k 和 h 同时为 1 状态时，将优先选择 h 对应的序列。

选择序列的结束称为合并（见图 5-6b），几个选择序列合并到一个公共序列时，用需要重新组合的序列相同数量的转换符号和水平连线来表示，转换符号只允许标在水平连线之上。如果步 9 是活动步，并且转换条件 j 为 1 状态，则发生由步 9→步 12 的进展。如果步 10 是活动步，并且 n 为 1 状态，则发生由步 10→步 12 的进展。

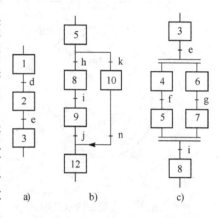

图 5-6　单序列、选择序列与并行序列

3．并行序列

并行序列用来表示系统的几个同时工作的独立部分的工作情况。并行序列的开始称为分支（见图 5-6c），当转换的实现导致几个序列同时激活时，这些序列称为并行序列。当步 3 是活动的，并且转换条件 e 为 1 状态，步 4 和步 6 这两步同时变为活动步，同时步 3 变为不活动步。为了强调转换的同步实现，水平连线用双线表示。步 4 和步 6 被同时激活后，每个序列中活动步的进展将是独立的。在表示同步的水平双线之上，只允许有一个转换符号。

并行序列的结束称为合并（见图 5-6c），当直接连在双线上的所有前级步（步 5 和步 7）都处于活动状态，并且转换条件 i 为 1 状态时，才会发生步 5 和步 7 到步 8 的进展，即步 5 和步 7 同时变为不活动步，而步 8 变为活动步。在表示同步的水平双线之下，只允许有一个转换符号。

4．复杂的顺序功能图举例

某专用钻床用来加工圆盘状零件上均匀分布的 6 个孔（见图 5-7），上面是侧视图，下面是工件的俯视图。

在进入自动运行之前，两个钻头应在最上面，上限位开关 I0.3 和 I0.5 为 1 状态，初始步为活动步，减计数器 C0 的设定值 3 被送入计数器字。在图 5-8 中用存储器位 M 来代表各步，顺序功能图中包含了选择序列和并行序列。操作人员放好工件后，按下启动按钮 I0.0，转换条件

I0.0＊I0.3＊I0.5 满足（＊号表示"与"运算），从初始步转换到步 M0.1，Q4.0 变为 1 状态，工件被夹紧。夹紧后压力继电器 I0.1 为 1 状态，从步 M0.1 转换到步 M0.2 和 M0.5，Q4.1 和 Q4.3 使两只钻头同时开始向下钻孔。因为要求两个钻头向下钻孔和钻头提升的过程同时进行，采用并行序列来描述上述的过程。由 M0.2～M0.4 和 M0.5～M0.7 组成的两个单序列分别用来描述大钻头和小钻头的工作过程。

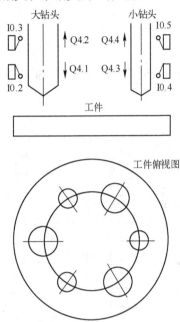

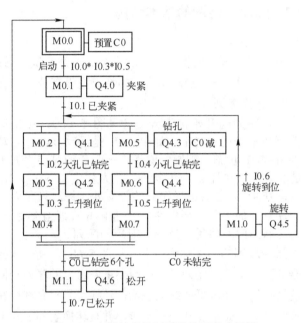

图 5-7　专用钻床示意图　　　　图 5-8　专用钻床控制系统的顺序功能图

大钻头钻到由限位开关 I0.2 设定的深度时，进入步 M0.3，Q4.2 使大钻头上升，升到由限位开关 I0.3 设定的起始位置时停止上升，进入等待步 M0.4。小钻头钻到由限位开关 I0.4 设定的深度时，进入步 M0.6，Q4.4 使小钻头上升，升到由限位开关 I0.5 设定的起始位置时停止上升，进入等待步 M0.7。在步 M0.5，设定值为 3 的计数器 C0 的当前值减 1。减 1 后当前值为 2（非 0），C0 的常开触点闭合，转换条件 C0 满足。两个钻头都上升到位后，将转换到步 M1.0。Q4.5 使工件旋转 120°，旋转到位时 I0.6 变为 1 状态，又返回步 M0.2 和 M0.5，开始钻第二对孔。3 对孔都钻完后，计数器的当前值变为 0，其常闭触点闭合，转换条件 C0 满足，进入步 M1.1，Q4.6 使工件松开。松开到位时，限位开关 I0.7 为 1 状态，系统返回初始步 M0.0。

步 M1.0 上面的转换条件如果改为 I0.6，因为在工件开始旋转之前限位开关 I0.6 就处于 1 状态，转换条件满足，导致工件不能旋转。转换条件改为" ↑I0.6"后则不存在这个问题。工件旋转 120°后，I0.6 由 0 状态变为 1 状态，转换条件" ↑I0.6"才满足，转换到步 M0.2 和步 M0.5 后，工件停止旋转。

在步 M0.1 之后，有一个并行序列的分支。当 M0.1 为活动步，并且转换条件 I0.1 得到满足（I0.1 为 1 状态），并行序列的两个单序列的第 1 步（步 M0.2 和 M0.5）同时变为活动步。此后两个单序列内部各步的活动状态的转换是相互独立的，例如大孔或小孔钻完时的转换一般不是同步的。

两个单序列的最后 1 步应同时变为不活动步。但是两个钻头一般不会同时上升到位，不可能同时结束运动，所以设置了等待步 M0.4 和 M0.7，它们用来同时结束两个并行序列。当两个钻头均上升到位，限位开关 I0.3 和 I0.5 均为 1 状态时，大、小钻头两个子系统分别进入两个等待步，并行序列将会立即结束。

在步 M0.4 和 M0.7 之后，有一个选择序列的分支。没有钻完 3 对孔时 C0 的常开触点闭合，转换条件 C0 满足，如果两个钻头都上升到位，将从步 M0.4 和 M0.7 转换到步 M1.0。如果已经钻完了 3 对孔，C0 的常闭触点闭合，转换条件 $\overline{C0}$ 满足，将从步 M0.4 和 M0.7 转换到步 M1.1。在步 M0.1 之后，有一个选择序列的合并。当步 M0.1 为活动步，并且转换条件 I0.1 得到满足（I0.1 为 1 状态），将转换到步 M0.2 和 M0.5。当步 M1.0 为活动步，并且转换条件 ↑I0.6 得到满足，也会转换到步 M0.2 和 M0.5。

5.1.3　顺序功能图中转换实现的基本规则

1. 转换实现的条件

在顺序功能图中，步的活动状态的进展是由转换的实现来完成的。转换实现必须同时满足两个条件：

1）该转换所有的前级步都是活动步。

2）相应的转换条件得到满足。

如果转换的前级步或后续步不止一个，转换的实现称为同步实现（见图 5-9）。为了强调同步实现，有向连线的水平部分用双线表示。

2. 转换实现应完成的操作

转换实现时应完成以下两个操作：

1）使所有由有向连线与相应转换符号相连的后续步都变为活动步。

2）使所有由有向连线与相应转换符号相连的前级步都变为不活动步。

转换实现的基本规则是根据顺序功能图设计梯形图的基础，它适用于顺序功能图中的各种基本结构，也是后面将要介绍的顺序控制梯形图编程方法的基础。

3. 顺序控制设计法的本质

经验设计法实际上是试图用输入信号 I 直接控制输出信号 Q（见图 5-10a），如果无法直接控制，或者为了实现记忆、联锁、互锁等功能，只好被动地增加一些辅助元件和辅助触点。由于不同的控制系统的输出量 Q 与输入量 I 之间的关系各不相同，以及它们对联锁、互锁的要求千变万化，不可能找出一种简单通用的设计方法。

顺序控制设计法则是用输入量 I 控制代表各步的位地址（例如存储器位 M），再用它们控制输出量 Q（见图 5-10b）。步是根据输出量 Q 的状态划分的，M 与 Q 之间具有很简单的逻辑关系，输出电路的设计极为简单。任何复杂系统的代表步的存储器位 M 的控制电路的设计方法都是相同的，并且很容易掌握，所以顺序控制设计法具有简单、规范、通用的优点。由于 M 是依次顺序变为 1 状态的，实际上已经基本上解决了经验设计法中的记忆、联锁等问题。

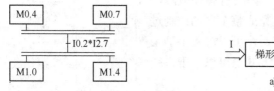

图 5-9　转换的同步实现

图 5-10　信号关系图

4．绘制顺序功能图的注意事项

下面是针对绘制顺序功能图时常见的错误提出的注意事项：

1）两个步绝对不能直接相连，必须用一个转换将它们分隔开。

2）两个转换也不能直接相连，必须用一个步将它们分隔开。

3）顺序功能图中的初始步一般对应于系统等待启动的初始状态，这一步可能没有什么输出处于 1 状态，因此在画顺序功能图时很容易遗漏掉这一步。初始步是必不可少的，一方面因为该步与它的相邻步相比，从总体上来说输出变量的状态各不相同；另一方面如果没有该步，无法表示初始状态，系统也不能返回停止状态。

4）自动控制系统应能多次重复执行同一个工艺过程，因此在顺序功能图中一般应有由步和有向连线组成的闭环，即在完成一次工艺过程的全部操作之后，应从最后一步返回初始步，系统停留在初始状态（单周期操作，见图 5-1），在连续循环工作方式时，应从最后一步返回下一工作周期开始运行的第一步（见图 5-8）。

5.2 使用置位复位指令的顺序控制梯形图编程方法

5.2.1 实训三十一 编程的基本方法

S7-Graph 是 S7-300/400 的顺序功能图编程语言，它属于可选的语言，需要单独的许可证密钥，熟练掌握 S7-Graph 需要花大量的时间。此外现在很多 PLC（包括 S7-200 和 S7-200 SMART）还没有顺序功能图语言。因此有必要学习使用通用的指令，根据顺序功能图来设计顺序控制梯形图的编程方法。

本节介绍的编程方法很容易掌握，用它们可以迅速地、得心应手地设计出任意复杂的数字量控制系统的梯形图。

1．程序的基本结构

绝大多数自动控制系统除了自动工作方式外，还需要设置手动工作方式。下列两种情况需要使用手动工作方式：

1）开始执行自动程序之前，要求系统处于规定的初始状态。如果开机时系统没有处于初始状态，则应进入手动工作方式，用手动操作使系统进入规定的初始状态后，再切换到自动工作方式。

系统满足规定的初始状态以后，应将顺序功能图的初始步对应的存储器位（M）置为 1 状态，使初始步变为活动步，为启动自动运行做好准备。同时还应将其余各步对应的存储器位复位为 0 状态，这是因为在没有并行序列或并行序列未处于活动状态时，同时只能有一个活动步。

2）顺序自动控制对硬件的要求很高，如果有硬件故障，例如某个限位开关有故障，不可能正确地完成整个自动控制过程。在这种情况下，为了使设备不至于停机，可以进入手动工作方式，对设备进行手动控制。手动工作方式也可以用于系统的调试。

有自动、手动工作方式的控制系统的程序结构如图 5-11

图5-11　OB1

所示，公用程序用于处理自动方式和手动方式都需要执行的任务，以及处理两种工作方式的相互切换。

图中的 I2.0 是自动/手动切换开关，I2.0 为 0 状态时调用自动程序，为 1 状态时调用手动程序。

2. 编程的基本方法

根据顺序功能图设计梯形图时，用存储器位来代表步。5.1.3 节介绍的转换实现的基本规则是设计顺序控制程序的基础。图 5-12 给出了顺序功能图与梯形图的对应关系。实现图中的转换需要同时满足两个条件：

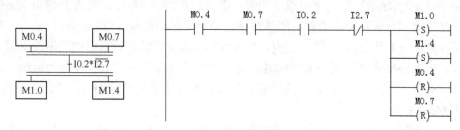

图 5-12　使用置位复位指令的编程方法

1）该转换所有的前级步都是活动步，即 M0.4 和 M0.7 均为 1 状态，它们的常开触点同时闭合。

2）转换条件 $I0.2*\overline{I2.7}$ 满足，即 I0.2 的常开触点和 I2.7 的常闭触点组成的串联电路接通。

在梯形图中，M0.4、M0.7、I0.2 的常开触点和 I2.7 的常闭触点组成的串联电路接通时，上述两个条件同时满足，应执行下述的两个操作：

1）将该转换所有的后续步变为活动步，即将后续步对应的存储器位 M0.1 和 M0.4 变为 1 状态，并保持为 1 状态。这一要求刚好可以用有保持功能的置位指令（S 指令）来完成。

2）将该转换所有的前级步变为不活动步，即将前级步对应的存储器位 M0.4 和 M0.7 变为 0 状态，并使它们保持为 0 状态。这一要求刚好可以用复位指令（R 指令）来完成。

这种编程方法与转换实现的基本规则之间有着严格的对应关系，在任何情况下，代表步的存储器位的控制电路都可以用这个统一的规则来设计，每个转换对应一个图 5-12 所示的控制置位和复位的程序段，有多少个转换就有多少个这样的程序段。这种编程方法特别有规律，在设计复杂的顺序功能图的梯形图时既容易掌握，又不容易出错。用它编制复杂的顺序功能图的梯形图时，更能显示出它的优越性。

任何一种 PLC 的指令系统都有置位、复位指令，因此这是一种通用的编程方法，可以用于任意厂家、任意型号的 PLC。

3. 初始化程序

用新建项目向导生成一个名为"二运输带顺控"的项目（见随书云盘中的同名例程），CPU 为 CPU 315-2DP。

执行 SIMATIC 管理器的菜单命令"插入"→"S7 块"→"组织块"，将组织块的名称改为"OB100"。单击"确定"按钮确认。

在没有并行序列或并行序列未处于活动状态时，同时只能有一个活动步。双击打开

OB100，用 MOVE 指令将顺序功能图中的各步（M0.0～M0.3）清零，然后将初始步 M0.0
置位为活动步（见图 5-13）。

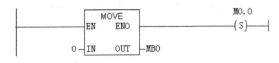

图 5-13　OB100 中的梯形图

4. 控制步的转换的电路设计方法

将图 5-1 的运输带控制系统的顺序功能图重新画在图 5-14 中。实现初始步下面的 I0.0
对应的转换需要同时满足两个条件，即该转换的前级步是活动步（M0.0 为 1 状态）和转换
条件满足（I0.0 为 1 状态）。在梯形图中，用 M0.0 和 I0.0 的常开触点组成的串联电路来表示
上述条件。该电路接通时，两个条件同时满足。此时应将该转换的后续步变为活动步，即用
置位指令（S 指令）将 M0.1 置位。还应将该转换的前级步变为不活动步，即用复位指令（R
指令）将 M0.0 复位。

图 5-15 中的程序段 1～4 是用上述方法编写的控制步 M0.0～M0.3 的置位复位电路，每
个转换对应一个这样的电路。

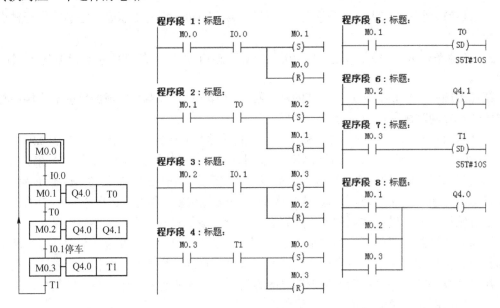

图 5-14　顺序功能图　　　　图 5-15　OB1 中的梯形图

5. 输出电路的处理

应根据顺序功能图，用代表步的存储器位的常开触点或它们的并联电路来控制输出位的
线圈。Q4.1 仅仅在步 M0.2 为 1 状态，它们的波形完全相同（见图 5-1）。因此可以用 M0.2
的常开触点直接控制 Q4.1 的线圈。

接通延时定时器 T0 的线圈仅在步 M0.1 接通，因此用 M0.1 的常开触点控制 T0 的线
圈。由于同样的原因，用 M0.3 的常开触点控制 T1 的线圈。

Q4.0 的线圈在步 M0.1～M0.3 均为 1 状态，因此将 M0.1～M0.3 的常开触点并联后，来控制 Q4.0 的线圈。

6. 程序的调试

顺序功能图是用来描述控制系统的外部性能的，因此应根据顺序功能图而不是梯形图来调试顺序控制程序。

打开 PLCSIM，生成 IB0、QB4、MB0、T0 和 T1 的视图对象（见图 5-16）。将所有的逻辑块下载到仿真 PLC，将仿真 PLC 切换到 RUN-P 模式。由于执行了 OB100 的程序，初始步对应的 M0.0 为 1 状态，其余各步对应的存储器位为 0 状态。

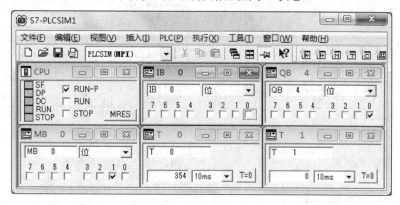

图 5-16　PLCSIM

单击两次 PLCSIM 中 I0.0 对应的小方框，模拟按下和放开启动按钮。初始步下面的转换条件满足，M0.0 变为 0 状态，M0.1 和 Q4.0 变为 1 状态，表明转换到了启动延时步。T0 的当前值从 1000（单位为 10ms）开始不断减少（见图 5-16），减到 0 时，10s 延时结束，M0.1 变为 0 状态，M0.2 和 Q4.1 变为 1 状态，表明转换到了步 M0.2。

单击两次 I0.1 对应的小方框，模拟按下和放开停车按钮。步 M0.2 下面的转换条件满足，M0.2 和 Q4.1 变为 0 状态，M0.3 变为 1 状态，表明转换到了停车延时步。T1 的当前值从 1000（单位为 10ms）开始不断减少，减到 0 时，10s 的延时结束，M0.3 和 Q4.0 变为 0 状态，M0.0 变为 1 状态，返回到初始步 M0.0。

5.2.2　实训三十二　选择序列与并行序列的顺序控制编程方法

1. 选择序列的编程方法

如果某一转换与并行序列的分支、合并无关，站在该转换的立场上看，它只有一个前级步和一个后续步（见图 5-17），需要复位、置位的存储器位也只有一个，因此与选择序列的分支、合并有关的转换的编程方法实际上与单序列的完全相同。

图 5-17 所示的顺序功能图中，除了 I0.3 与 I0.6 对应的转换以外，其余的转换均与并行序列的分支、合并无关，I0.0～I0.2 对应的转换与选择序列的分支、合并有关，它们都只有一个前级步和一个后续步。与并行序列无关的转换对应的梯形图是非常标准的，每一个控制置位、复位的电路块都由一个前级步对应的存储器位和转换条件对应的触点组成的串联电路、对一个后续步的置位指令和对一个前级步的复位指令组成。图 5-18 中的程序见随书云盘中的例程"复杂顺控"。OB100 的程序与例程"二运输带顺控"的相同。

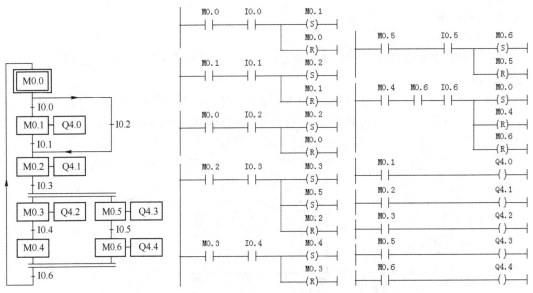

图 5-17 顺序功能图   图 5-18 OB1 的梯形图

2．并行序列的编程方法

图 5-17 中步 M0.2 之后有一个并行序列的分支，当步 M0.2 是活动步，并且转换条件 I0.3 满足时，步 M0.3 与步 M0.5 应同时变为活动步，这是用梯形图中 M0.2 和 I0.3 的常开触点组成的串联电路使 M0.3 和 M0.5 同时置位来实现的；与此同时，步 M0.2 应变为不活动步，这是用复位指令来实现的。

I0.6 对应的转换之前有一个并行序列的合并，该转换实现的条件是所有的前级步（即步 M0.4 和 M0.6）都是活动步和转换条件 I0.6 满足。由此可知，应将 M0.4、M0.6 和 I0.6 的常开触点串联，作为使后续步 M0.0 置位和使前级步 M0.4、M0.6 复位的条件。

3．程序的调试方法

调试复杂的顺序功能图时，应充分考虑各种可能的情况，对系统的各种工作方式、顺序功能图中的每一条支路、各种可能的进展路线，都应逐一检查，不能遗漏。

打开 PLCSIM，将随书云盘中的例程"复杂顺控"下载到仿真 PLC。生成 MB0、QB4 和 IB0 的视图对象，切换到 RUN-P 模式后调试程序。

首先调试经过步 M0.1、最后返回初始步的流程，然后调试跳过步 M0.1、最后返回初始步的流程。应注意并行序列中各子序列的第 1 步（步 M0.3 和步 M0.5）是否同时变为活动步，各子序列的最后一步（步 M0.4 和步 M0.6）是否同时变为不活动步。

5.2.3　实训三十三　3 运输带顺序控制程序设计

1．控制要求

3 条运输带顺序相连（见图 3-36），按下启动按钮 I0.2，1 号运输带开始运行，5s 后 2 号运输带自动启动，再过 5s 后 3 号运输带自动启动。停机的顺序与启动的顺序刚好相反，即按了停止按钮 I0.3 以后，先停 3 号运输带，5s 后停 2 号运输带，再过 5s 停 1 号运输带。Q4.2～Q4.4 分别控制 1～3 号运输带。

在顺序启动 3 条运输带的过程中，操作人员如果发现异常情况，可以由启动改为停车。按下停止按钮 I0.3 后，将已经启动的运输带停车，仍采用后启动的运输带先停车的原则。图 5-19 是满足上述要求的顺序功能图。图中步 M0.1 之后有一个选择序列的分支。当步 M0.1 为活动步，并且停止按钮 I0.3 的常开触点闭合，转换条件满足，将返回到初始步 S0.0。如果步 M0.1 为活动步，T0 的定时时间到，其常开触点闭合，将从步 M0.1 转换到步 M0.2。

步 M0.5 之前有一个选择序列的合并，当步 M0.4 为活动步（M0.4 为 ON），并且转换条件 T2 满足，或者步 M0.2 为活动步，并且转换条件 I0.3 满足，步 M0.5 都应变为活动步。

此外在步 M0.1 之后有一个选择序列的分支，在步 M0.0 之前有一个选择序列的合并。

图 5-20 是根据顺序功能图和 5.2.1 节介绍的设计方法设计出的梯形图程序。

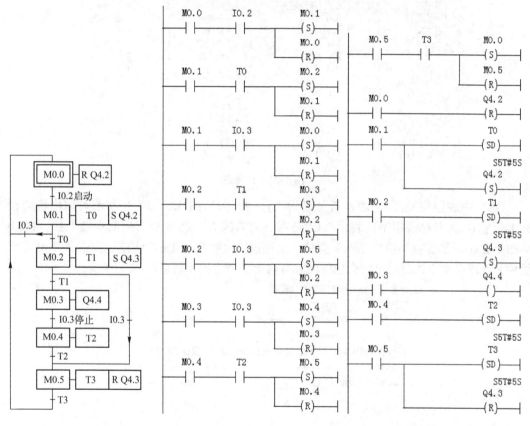

图 5-19　顺序功能图　　　　　　图 5-20　OB1 中的梯形图

2. 程序的调试

打开 PLCSIM，将随书云盘中的例程"3 运输带顺控"下载到仿真 PLC，将 CPU 切换到 RUN-P 模式后调试程序。调试时用 PLCSIM 监控 MB0、QB4 和 IB0。

1）从初始步开始，按正常启动和停车的顺序调试程序。即在初始步 M0.0 为活动步时按下启动按钮 I0.2，观察是否能转换到步 M0.1，延时后是否能依次转换到步 M0.2 和步 M0.3。在步 M0.3 为活动步时按下停止按钮 I0.3，观察是否能转换到步 M0.4，延时后是否能依次转换到步 M0.5 和返回到初始步 M0.0。

2）从初始步开始，模拟调试在启动了一条运输带时停机的过程。即在第 2 步 M0.1 为活动步时，单击两次 I0.3 对应的小方框，模拟按下和放开停止按钮，观察是否能返回初始步。

3）从初始步开始，模拟调试在启动了两条运输带时停机的过程。即在步 M0.2 为活动步时，单击两次 I0.3 对应的小方框，模拟按下和放开停止按钮，观察是否能跳过步 M0.3 和步 M0.4，进入步 M0.5，经过 T3 的延时后，是否能返回初始步。

5.2.4 实训三十四 专用钻床顺序控制程序设计

1. OB1 中的程序

本节介绍控制图 5-8 中专用钻床的梯形图设计方法。项目名称为"钻床控制"（见随书云盘中的同名例程），CPU 为 CPU 315-2DP。程序中变量的符号见图 5-21 中的符号表。

	符号	地址		数据类型			符号	地址		数据类型
1	起动按钮	I	0.0	BOOL		13	正转按钮	I	1.4	BOOL
2	已夹紧	I	0.1	BOOL		14	反转按钮	I	1.5	BOOL
3	大孔钻完	I	0.2	BOOL		15	夹紧按钮	I	1.6	BOOL
4	大钻升到位	I	0.3	BOOL		16	松开按钮	I	1.7	BOOL
5	小孔钻完	I	0.4	BOOL		17	自动开关	I	2.0	BOOL
6	小钻升到位	I	0.5	BOOL		18	夹紧阀	Q	4.0	BOOL
7	旋转到位	I	0.6	BOOL		19	大钻头上	Q	4.1	BOOL
8	已松开	I	0.7	BOOL		20	大钻头上	Q	4.2	BOOL
9	大钻升按钮	I	1.0	BOOL		21	小钻头下	Q	4.3	BOOL
10	大钻降按钮	I	1.1	BOOL		22	小钻头上	Q	4.4	BOOL
11	小钻升按钮	I	1.2	BOOL		23	工件正转	Q	4.5	BOOL
12	小钻降按钮	I	1.3	BOOL		24	松开阀	Q	4.6	BOOL
						25	工件反转	Q	4.7	BOOL

图 5-21 符号表

OB1 中的程序见图 5-22，符号名为"自动开关"的 I2.0 为 1 状态时调用自动程序 FC1，为 0 状态时调用手动程序 FC2。在手动方式时，将各步对应的存储器位（M0.0～M1.1）复位，然后将初始步 M0.0 置位。上述操作主要是防止由自动方式切换到手动方式，然后又返回自动方式时，可能会出现同时有两个活动步的异常情况。

图 5-22 OB1 中的程序

2. 初始化程序与手动程序

在初始化组织块 OB100 中（见图 5-23），将所有步对应的 M0.0～M1.1 复位为 0 状态，然后将初始步对应的 M0.0 置位为 1 状态。

图 5-24 是 FC2 中的手动程序，为了节约篇幅，删除了各程序段的标题。在手动方式，用 8 个手动按

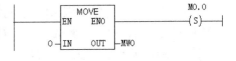

图 5-23 OB100 中的程序

钮分别独立操作大、小钻头的升降、工件的旋转和夹紧、松开。每对相反操作的输出位用对方的常闭触点实现互锁，用限位开关的常闭触点对钻头的升、降限位。

3．自动程序

钻床控制的顺序功能图重画在图 5-25 中，图 5-26 是用置位复位指令编制的顺序控制程序。图 5-27 是自动程序 FC1 中用代表步的存储器位 M 控制各输出位 Q 和 C0 的输出电路。

图 5-24 FC2 中的手动程序

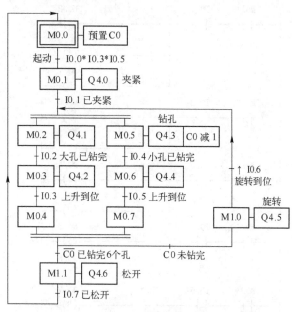

图 5-25 专用钻床控制系统的顺序功能图

顺序功能图中分别由 M0.2～M0.4 和 M0.5～M0.7 组成的两个单序列是并行工作的，设计梯形图时应保证这两个序列同时开始工作和同时结束，即两个序列的第一步 M0.2 和 M0.5 应同时变为活动步，两个序列的最后一步 M0.4 和 M0.7 应同时变为不活动步。

并行序列的分支的处理是很简单的，在图 5-25 中，当步 M0.1 是活动步，并且转换条件 I0.1 为 1 状态时，步 M0.2 和 M0.5 同时变为活动步，两个序列开始同时工作。在梯形图中，用 M0.1 和 I0.1 的常开触点组成的串联电路，来控制对 M0.2 和 M0.5 的同时置位，以及对前级步 M0.1 的复位。

另一种情况是当步 M1.0 为活动步，并且在 I0.6 的上升沿时，步 M0.2 和 M0.5 也应同时变为活动步，两个序列同时开始工作。在梯形图中，用 M1.0 的常开触点和 I0.6 的上升沿检测指令组成的串联电路，来控制对 M0.2 和 M0.5 的同时置位，以及对前级步 M1.0 的复位。

图 5-25 的并行序列合并处的转换有两个前级步 M0.4 和 M0.7，根据转换实现的基本规则，当它们均为活动步并且转换条件满足时，将实现并行序列的合并。未钻完 3 对孔时，减计数器 C0 的当前值非 0，其常开触点闭合，转换条件 C0 满足，将转换到步 M1.0。在梯形图中，用 M0.4、M0.7 和 C0 的常开触点组成的串联电路将 M1.0 置位，使后续步 M1.0 变为活动步；同时用 R 指令将 M0.4 和 M0.7 复位，使前级步 M0.4 和 M0.7 变为不活动步。

钻完 3 对孔时，C0 的当前值减至 0，其常闭触点闭合，转换条件 $\overline{C0}$ 满足，将转换到步 M1.1。在梯形图中，用 M0.4、M0.7 的常开触点和 C0 的常闭触点组成的串联电路将 M1.1 置位，使后续步 M1.1 变为活动步；同时用 R 指令将 M0.4 和 M0.7 复位，使前级步 M0.4 和 M0.7 变为不活动步。

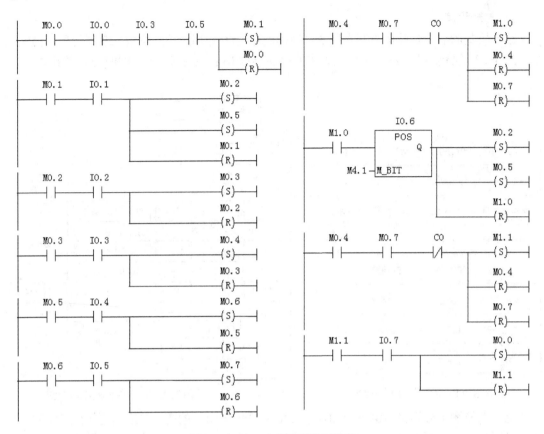

图 5-26 FC 1 中的顺序控制程序

4. 双线圈的处理

自动程序和手动程序都需要控制 PLC 的输出 Q，因此同一个过程映像输出位的线圈可能会出现两次，称为双线圈现象。一般情况不允许出现双线圈现象。像图 5-22 这样用相反的条件调用自动程序 FC1 和手动程序 FC2 时，允许同一个输出位的线圈在这两个 FC 中分别出现一次。因为它们的调用条件相反，在一个扫描周期内只会调用其中的一个 FC，而逻辑块中的指令只是在它被调用时才执行，没有调用时则不执行。因此实际上每次扫描循环只处理同一个过程映像输出位的两个线圈中的一个。

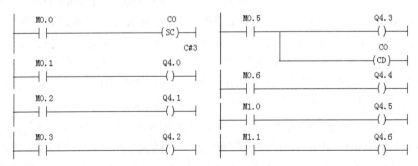

图 5-27 FC 1 中的输出电路

5. 调试手动程序

打开 PLCSIM，生成与调试有关的视图对象（见图 5-28）。将各逻辑块下载到仿真 PLC，将仿真 PLC 切换到 RUN-P 模式。由于执行了 OB100 中的程序，初始步对应的 M0.0 为 1 状态，其余各步对应的存储器位为 0 状态。

令 I2.0 为 0 状态，CPU 调用手动程序 FC2，根据图 5-24 调试手动程序。手动程序采用点动控制，分别令各手动控制按钮 I1.0~I1.7 为 1 状态，观察对应的输出点是否为 1 状态。对大、小钻头作升、降控制时，观察对应的限位开关是否起作用。

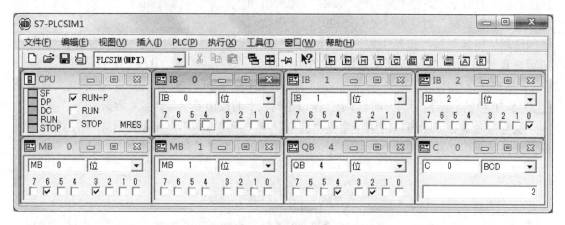

图 5-28　PLCSIM

6. 调试自动程序

调试时特别要注意并行序列中各子序列的第 1 步（图 5-25 中的步 M0.2 和步 M0.5）是否同时变为活动步，最后一步（步 M0.4 和步 M0.7）是否同时变为不活动步。经过 3 次循环后，是否能进入步 M1.1，最后返回初始步。发现问题后应及时修改程序，直到每一条进展路线上步的活动状态的顺序变化和输出点的变化都符合顺序功能图的规定。

令 I2.0 为 1 状态，CPU 调用自动程序 FC1。根据顺序功能图调试自动程序。进入自动程序时，仅初始步对应的 M0.0 为 1 状态。单击 PLCSIM 中 I0.3 和 I0.5 对应的小方框，模拟大、小钻头均在上限位置。单击两次 I0.0 对应的小方框，模拟按下和放开起动按钮。初始步下面的转换条件满足，M0.0 变为 0 状态，M0.1 和 Q4.0 变为 1 状态，说明转换到了夹紧步。令 I0.1 为 1 状态，转换到步 M0.2 和步 M0.5，C0 的当前值减 1 后变为 2。钻头开始下降后，应将上限位开关 I0.2 和 I0.4 复位为 0 状态。

按照顺序功能图，依次令当前的活动步后面的转换条件为 1 状态，观察是否能转换到后续步。大小钻头均上升到位时，观察是否能转换到旋转步 M1.0，旋转到位时是否能返回步 M0.2 和步 M0.5。钻完 3 对孔后，观察是否能转换到步 M1.1，I0.7 为 1 状态时是否能返回初始步。

在调试时应注意在工件旋转期间，上限位开关 I0.3 和 I0.5 应为 1 状态，在钻孔期间，旋转到位开关 I0.6 应为 1 状态。

在任意的步为活动步时切换到手动方式（令 I2.0 为 0 状态），当前的活动步对应的存储器位（M）和输出点应变为 0 状态，初始步对应的 M0.0 应变为 1 状态。

5.3 实训三十五 生成与显示参考数据

STEP 7 为用户提供各种参考数据，参考数据对阅读大型复杂的用户程序非常有用。

1. 显示参考数据

打开随书云盘中的项目"钻床控制"，用右键单击 SIMATIC 管理器左边窗口的"块"，执行出现的快捷菜单中的命令"参考数据"→"显示"，如果出现"生成参考数据"对话框（见图 5-29），采用默认的选项"更新"或"重新生成"，单击"是"按钮后出现"自定义"对话框（见图 5-30 中的左图）。用单选框选中"交叉参考"，单击"确定"按钮，打开"参考"窗口，显示交叉参考表（见图 5-30 中的右图）。可以用"参考"窗口工具栏上的按钮显示其他参考数据。

执行参考数据显示窗口的菜单命令"窗口"→"新建窗口"，出现图 5-30 中左边的对话框，选择新窗口要显示的参考数据，可以同时打开多个参考数据窗口。

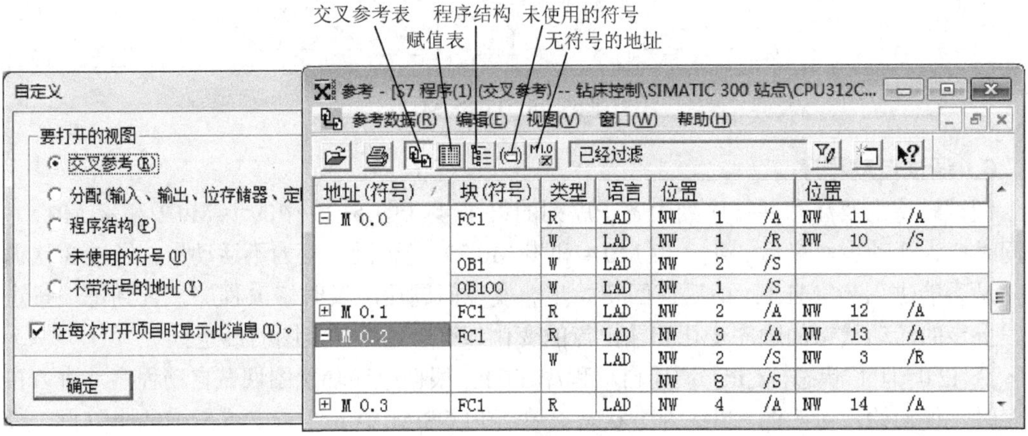

图 5-29 生成参考数据对话框

图 5-30 参考数据

2. 交叉参考表

交叉参考表（见图 5-30）给出了用户程序使用的地址的概况，显示 I、Q、M、T、C、FB、FC、SFB、SFC、PI/PQ 和 DB 的绝对地址、符号地址，以及它们的使用情况。"类型"列的"R"和"W"分别表示读和写。"块"列是变量所在的程序块，"位置"列给出了变量在程序块中的位置和指令，例如"NW 1 /A"是程序段 1 中的"A"（与）指令。可以用鼠标左右拖动表格最上面灰色的表头中各列的分界点，来调节表格各列的宽度。

单击地址列左边的 ⊞，可以查看该地址被多次使用的情况。单击地址列的 ⊟，可以将同一地址有关的各行缩为一行。执行菜单命令"编辑"→"查找"，可以搜索指定的地址或符号。

3. 交叉参考表的参数设置

执行菜单命令"视图"→"过滤",将出现"过滤参考数据"对话框,可以设置只显示部分地址。具体的使用方法可以查看在线帮助。

4. 赋值表

赋值表(见图5-31)显示已被用户程序使用的地址。赋值表的左边显示I、Q和M区哪些字节、哪些位被使用,一个字节占一行。标有"X"的方格表示该位被访问。

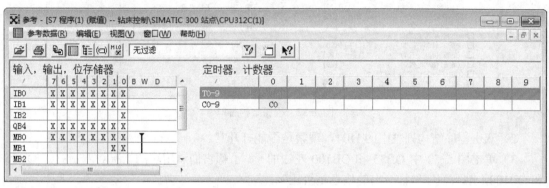

图5-31 赋值表

"B W D"列中的 B、W、D 分别用来表示按字节、字或双字访问,例如图 5-31 中的 MB0 和 MB1 以字(MW0)为单位访问。以字节、字或双字为单位访问的行用浅蓝色背景来表示。赋值表的右边显示用户程序使用的定时器(T)和计数器(C),该项目只使用了计数器C0。

5. 程序结构

程序结构显示用户程序中块的分层调用结构,通过它可以对程序所用的块、它们的从属关系以及它们对局部数据的需求有一个概括的了解。

打开随书云盘中的项目"S7_DP",用右键单击 SIMATIC 管理器左边窗口的"块",执行出现的快捷菜单中的命令"参考数据"→"显示"。出现图 5-30 左边的"自定义"对话框时,用单选框选中"程序结构",单击"确定"按钮,打开的"参考"视图显示该项目的程序结构(见图5-32)。

"块(符号),背景数据块(符号)"列显示逻辑块、功能块的背景数据块,逻辑块使用的共享数据块,以及它们的符号。

"局部数据(在路径中)"列显示调用结构中需要的最大的局部数据字节数,包括每个 OB 需要的最大局部数据和每个路径需要的局部数据。"语言"列是块使用的编程语言。

SFB14 的"位置"列的"NW 2 Sta 1"表示它被程序段 2 的第一条指令调用。没有被调用的块在程序结构的底部显示,并且用黑叉标记。

在程序结构窗口作下列操作:

1)双击 OB1 所在的行,观察是否能打开 OB1。在 OB1 中观察调用 SFB14 和 SFB15 的程序段和语句的编号与程序结构中给出的是否相同。

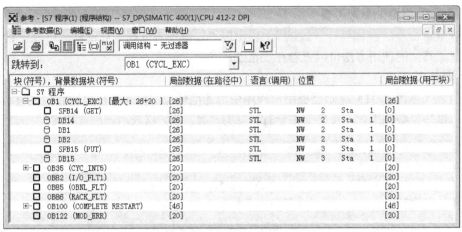

图 5-32　程序结构窗口

2）双击程序结构列表中的 DB1，观察是否能打开它。

3）单击图 5-32 中 OB35 和 OB100 左边的⊞，了解它们调用块的情况。双击打开 OB35 和 OB100，观察程序结构给出的信息是否正确。

6．其他参考数据

单击参考数据窗口工具栏上的"未使用的符号"按钮，可以显示在符号表中已经定义，但是没有在用户程序中使用的符号。项目调试好以后可以删除未使用的符号。单击工具栏上的"不带符号的地址"按钮，可以显示已经在用户程序中使用，但是没有在符号表中定义的绝对地址。

5.4　练习题

1．简述划分步的原则。

2．简述转换实现的条件和转换实现时应完成的操作。

3．图 5-33 是交通灯一个周期的波形图，PLC 上电后交通灯将按顺序功能图所示的要求不断地循环工作，直到 PLC 断电为止。用单序列画出顺序功能图。用周期为 1s 的时钟存储器位实现

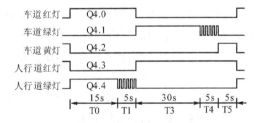

图 5-33　路灯的波形图

绿灯的闪烁。生成项目，用 PLCSIM 调试编写的程序，直到满足要求。

4．用包含并行序列的顺序功能图来描述图 5-33 中的交通灯控制系统。生成项目，用 PLCSIM 调试编写的程序，直到满足要求。

5．某组合机床动力头进给运动示意图如图 5-34 所示，设动力头在初始状态时停在左边，限位开关 I0.1 为 ON。按下启动按钮 I0.0 后，Q0.0 和 Q0.2 为 ON，动力头向右快速进给（简称快进），碰到限位开关 I0.2 后变为工作进给（简称工进），仅 Q0.0 为 ON，碰到限位开关 I0.3 后，暂停 5s；5s 后 Q0.2 和 Q0.1 为 ON，工作台快速退回（简称快退），返回初始位置后停止运动。画出控制系统的顺序功能图，设计出梯形图。

6. 小车开始停在左边,限位开关 I0.0 为 ON。按下启动按钮后,小车开始右行,以后按图 5-35 所示从上到下的顺序运行,最后返回并停在限位开关 I0.0 处。画出顺序功能图,设计出梯形图。

7. 画出图 5-36 所示信号灯控制系统的顺序功能图,I0.0 为启动信号,设计出梯形图。

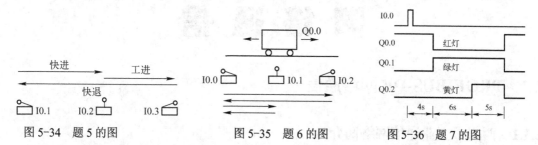

图 5-34 题 5 的图   图 5-35 题 6 的图   图 5-36 题 7 的图

8. 液体混合装置如图 5-37 所示,上限位、下限位和中限位液位传感器被液体淹没时为 1 状态,阀 A、阀 B 和阀 C 为电磁阀,线圈通电时打开,线圈断电时关闭。开始时容器是空的,各阀门均关闭,各传感器的输出信号均为 0 状态。按下启动按钮后,将自动顺序运行。首先打开阀 A,液体 A 流入容器,中限位开关变为 1 状态时,关闭阀 A,打开阀 B,液体 B 流入容器。当液面到达上限位开关时,关闭阀 B,电动机 M 开始运行,搅拌液体。60s 后停止搅拌,打开阀 C,放出混合液。当液面降至下限位开关之后再过 5s,容器放空,关闭阀 C,打开阀 A,又开始下一周期的操作。按下停止按钮,在当前工作周期的操作结束后,才停止操作,返回初始状态。画出 PLC 的外部接线图和控制系统的顺序功能图,设计出梯形图程序。生成项目,用 PLCSIM 调试编写的程序,直到满足要求。

9. 设计出图 5-38 所示的顺序功能图的梯形图程序。

10. 指出图 5-39 所示顺序功能图中的错误。

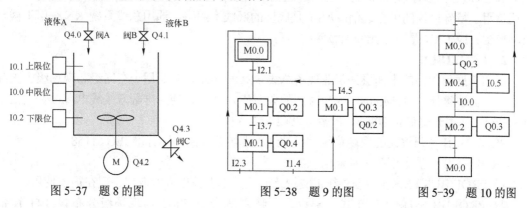

图 5-37 题 8 的图   图 5-38 题 9 的图   图 5-39 题 10 的图

第**6**章

网 络 通 信

6.1 PROFIBUS-DP 网络通信

6.1.1 西门子工业通信网络简介

1. 西门子工业通信网络

S7-300/400 有很强的通信功能，CPU 模块都集成了 MPI（多点接口），有的 CPU 模块还集成了 PROFIBUS-DP、PROFINET 或点对点通信接口，此外还可以使用 PROFIBUS-DP、工业以太网、AS-i 和点对点通信处理器（CP）模块。通过 PROFINET、PROFIBUS-DP 或 AS-i 现场总线，CPU 与分布式 I/O 模块之间可以周期性地自动交换数据。在自动化系统之间，PLC 与计算机和 HMI（人机界面）之间，均可以交换数据。数据通信可以周期性地自动进行，或者基于事件驱动。

图 6-1 是西门子的工业自动化通信网络的示意图。PROFINET 是基于工业以太网的现场总线，可以高速传送大量的数据。PROFIBUS 用于少量和中等数量数据的高速传送。MPI（多点接口）是 SIMATIC 产品使用的内部通信协议，用于 PLC 之间、PLC 与 HMI（人机界面）和 PG/PC（编程器/计算机）之间的通信，可以建立传送少量数据的低成本网络。点对点通信用于特殊协议的串行通信。AS-i 是底层的低成本网络，通用总线系统 KNX 用于楼宇自动控制。IWLAN 是工业无线局域网的缩写。

2. PROFIBUS

西门子通信网络的中间层为工业现场总线 PROFIBUS，它是用于车间级和现场级的国际标准，传输速率最高 12Mbit/s，响应时间的典型值为 1ms，使用屏蔽双绞线电缆最长通信距离 9.6km，使用光缆最长 90km，最多可以接 127 个从站。

PROFIBUS 是开放式的现场总线，已被纳入现场总线的国际标准 IEC 61158。

PROFIBUS 提供了下列 3 种通信服务：

1）PROFIBUS-FMS（现场总线报文规范）已基本上被以太网取代，现在很少使用。

2）PROFIBUS-DP（分布式外部设备）特别适合于 PLC 与现场级分布式 I/O 设备（例如西门子的 ET 200 和变频器）之间的通信。主站之间的通信为令牌方式，主站与从站之间为主从方式。PROFIBUS-DP（简称为 DP）是 PROFIBUS 中应用最广的通信方式。

3）PROFIBUS-PA（过程自动化）可以用于防爆区域的传感器和执行器与中央控制系统的通信。PROFIIBUS-PA 使用屏蔽双绞线电缆，由总线提供电源。

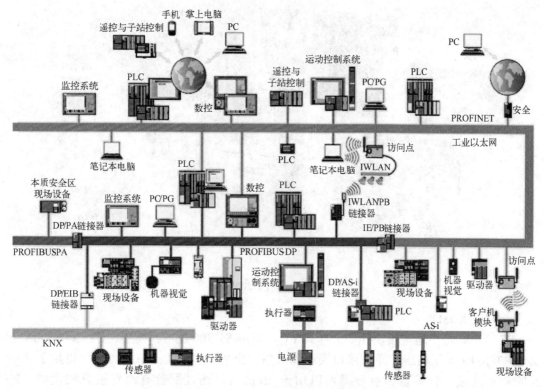

图 6-1　西门子的工业自动化通信网络

6.1.2　ET 200

西门子的 ET 200 是基于现场总线 PROFIBUS-DP 或 PROFINET 的分布式 I/O，可以与经过认证的非西门子公司生产的 PROFIBUS-DP 主站或 PROFINET IO 控制器协同运行。

在组态时，STEP 7 自动分配 ET 200 的输入/输出地址。DP 主站或 IO 控制器的 CPU 分别通过 DP 从站或 IO 设备的 I/O 模块的地址直接访问它们。使用不同的接口模块，ET 200SP、ET 200S、ET 200M、ET 200MP 和 ET 200pro 均可以分别接入 PROFIBUS-DP 和 PROFINET 网络。

1. 安装在控制柜内的 ET 200

（1）ET 200SP

ET 200SP（见图 6-2）可用于 S7-300/400 和 S7-1500，它的体积小，最多 64 个 I/O 模块，每个数字量模块最多 16 点，还有高速计数模块、定位模块、称重模块、通信模块、故障安全型模块和热插拔功能。系统集成了电源模块，AS-i 主站模块用于连接 AS-i 网络。

（2）ET 200S

ET 200S 是模块化的分布式 I/O。PROFINET 接口模块集成了双端口交换机。IM 151-7 CPU 接口模块的功能与 CPU 314 相当，IM151-8 PN/DP CPU 接口模块的 PROFINET 接口有 3 个 RJ45 端口。ET 200S 有数字量和模拟量 I/O 模块、技术功能模块、通信模块、最大 7.5kW 的电动机启动器、最大 4.0kW 的变频器和故障安全模块。每个站最多 63 个 I/O 模块，每个数字量模块最多 8 点。有热插拔功能和丰富的诊断功能，可以用于危险区域 Zone 2。ET 200S COMPACT（紧凑型）模块有 32 点数字量 I/O，可以扩展 12 个 I/O 模块。

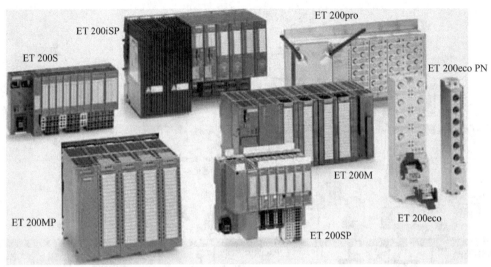

图 6-2 ET 200

（3）ET 200M

ET 200M 是多通道模块化的分布式 I/O，使用 S7-300 的 I/O 模块。ET 200M 可以提供与 S7-400H 系统相连的冗余接口模块和故障安全型 I/O 模块。ET 200M 可以用于 Zone 2 的危险区域，传感器和执行器可以用于 Zone 1。通过配置有源背板总线模块，ET 200M 支持带电热插拔功能。接口模块 IM153-1 DP 和 IM153-2 DP 最多分别可以扩展 8 块和 12 块模块。

S7-400 的 I/O 模块平均每点的价格比 S7-300 的贵得多，使用 S7-400 的 CPU 和 ET 200M 来组成系统，可以使用价格便宜的 S7-300 的模块，使系统具有很高的性能价格比。

（4）ET 200MP

ET 200MP 是多通道多功能的高性能分布式 I/O，响应时间短，可用于 S7-1500。PROFIBUS 接口模块支持 12 个 I/O 模块，PROFINET 接口模块支持 30 个 I/O 模块。有数字量和模拟量 I/O 模块、电动机启动器、安全技术模块、高速计数模块、位置检测模块和串行通信模块等，支持故障安全功能。最多可以增加两个电源模块，可以安装在危险区域 Zone 2，采用标准化的诊断和显示。

（5）ET 200iSP

ET 200iSP 是本质安全 I/O 系统，只能用于 PROFIBUS-DP，适用于有爆炸危险的区域。模块化 I/O 可以直接安装在 Zone 1，可以连接来自 Zone 0 的本质安全的传感器和执行器。

ET 200iSP 可以扩展多种端子模块，有热插拔功能，最多可以插入 32 块电子模块。ET 200iSP 有支持 HART 通信协议的模块，可以用于容错系统的冗余运行。

2．不需要控制柜的 ET 200

不需要控制柜的 ET 200 的保护等级为 IP65/67，具有抗冲击、防尘和不透水性，能适应恶劣的工业环境，可以用于没有控制柜的 I/O 系统。

ET 200 无控制柜系统安装在一个坚固的玻璃纤维加强塑壳内，耐冲击和污物。而且附加部件少，节省布线，响应快。

（1）ET 200pro

ET 200pro 是多功能模块化分布式 I/O，采用紧凑的模块化设计，易于安装。可选用多种连接模块，有无线接口模块。ET 200pro 具有极高的抗震性能，最低运行温度-25℃。有数字量和模拟量 I/O 模块、电动机启动器、变频器、RFID（射频识别）模块和气动模块等，支持故障安全功能。最多 16 个 I/O 模块，可以带电热插拔。

（2）ET 200eco

ET 200eco 是一体化经济实用的数字量 I/O 模块，只能用于 PROFIBUS-DP，有故障安全模块和多种连接方式，能在运行时更换模块，不会中断总线或供电。

（3）ET 200eco PN

ET 200eco PN 是用于 PROFINET 的经济型、节省空间的 I/O 模块，每个模块集成了两个端口的交换机。通过 PROFINET 的线性或星形拓扑，可以实现在工厂中的灵活分布。

开关量模块最多 16 点，还有模拟量模块、IO-Link 主站模块和负载电源分配模块。工作温度范围可达 -40℃～60℃，抗震能力强。

6.1.3 实训三十六 DP 主站与标准 DP 从站通信的组态

PROFIBUS-DP 最大的优点是使用简单方便，在大多数甚至绝大多数实际应用中，只需要对网络通信作简单的组态，不用编写任何通信程序，就可以实现 DP 网络的通信。在编程时，用户程序对远程 I/O 的访问，就像访问中央机架的 I/O 一样。

1. 组态 DP 主站系统

用新建项目向导生成一个名为"ET200DP"的项目（见随书云盘中的同名例程），CPU为 CPU 315-2DP（见图 6-3）。为了防止从站出现故障和断电时造成 CPU 停机，生成和下载OB82、OB86 和 OB122，其作用见 7.1.1 节。

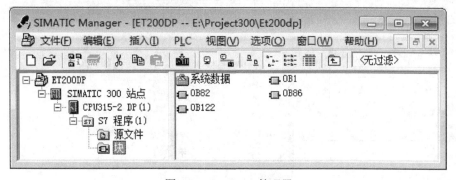

图 6-3　SIMATIC 管理器

选中 SIMATIC 管理器中的"SIMATIC 300 站点"，双击右边窗口中的"硬件"，打开硬件组态工具 HW Config（见图 6-4）。可以看到自动生成的机架和 2 号槽中的 CPU 模块。将电源模块、16 点 DI 模块和 16 点 DO 模块插入机架。DI、DO 模块的地址分别为IW0 和 QW4。

用鼠标双击机架中 CPU 315-2DP 下面"DP"所在的行（见图 6-4），单击出现的 DP 属性对话框的"常规"选项卡中的"属性"按钮（见图 6-5），在出现的"属性 - PROFIBUS接口 DP"对话框中，可以设置 CPU 在 DP 网络中的站地址，默认的站地址为 2。

单击"新建"按钮,在出现的"属性 – 新建子网 PROFIBUS"对话框的"网络设置"选项卡中(见图 6-5 下面的图),采用系统推荐的默认参数,传输速率为 1.5 Mbit/s,配置文件为 DP。传输速率和总线配置文件将用于整个 PROFIBUS 子网络。

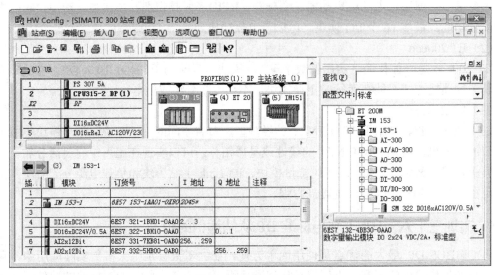

图 6-4 组态 DP 从站

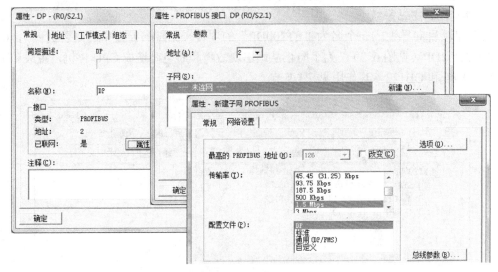

图 6-5 新建 DP 网络

单击"新建子网"对话框中的"确定"按钮,返回 PROFIBUS 接口属性对话框(见图 6-5)。可以看到"子网"列表框中出现了新生成的名为"PROFIBUS(1)"的子网。两次单击"确定"按钮,返回 HW Config,此时只能看到 S7-300 的机架和新生成的 PROFIBUS(1)网络线。图 6-4 是已经组态好的 PROFIBUS 网络和从站。

2. 组态 DP 从站

打开硬件目录窗口的文件夹"\PROFIBUS-DP\ET 200M",将其中的接口模块 IM 153-1(见图 6-4 的右边窗口)拖放到 PROFIBUS 网络线上,就生成了 ET 200M 从站。在出现的

"属性–PROFIBUS 接口 IM 153-1" 对话框中, 设置它的站地址为 3。用 IM 153-1 模块上的 DIP 开关设置的站地址应与 STEP 7 组态的站地址相同。图 6-6 中 DIP 开关标有 1 和 2 的最低两位为 ON, 设置的站地址为 1 + 2 = 3。

选中图 6-4 上面窗口的 3 号从站, 下面窗口是它的机架中的槽位, 其中的 4~11 号槽最多可以插入 8 块 S7-300 系列的模块。打开硬件目录中的 "IM 153-1" 子文件夹, 它里面的各子文件夹列出了可用的 S7-300 模块, 其组态方法与普通的 S7-300 的相同。将 DI、DO、AI、AO 模块分别插入 4~7 号槽。

打开硬件目录窗口的文件夹 "\PROFIBUS-DP\ET 200eco", 将其中的 "ET 200eco 8DI/8DO 2A" 拖放到 PROFIBUS 网络线上, 生成一个 ET 200pro 从站。在出现的 "属性 – PROFIBUS 接口" 对话框中, 采用自动设置的站地址 4 (见图 6-4)。单击 "确定" 按钮, 返回 HW Config。选中该从站, 在下面的窗口中, 可以看到自动分配给它的输入、输出地址为 IB4 和 QB2。

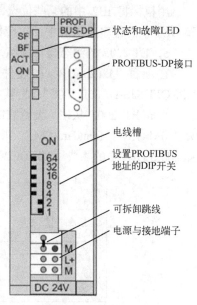

图 6-6 IM153 的正面视图

3. DP 网络上的 I/O 地址分配

在 PROFIBUS 网络系统中, 主站和非智能从站的 I/O 自动统一分配地址, 即 DI、DO、AI、AO 模块的字节地址按组态的先后次序分类顺序排列。DI、DO 模块的起始地址从 0 号字节开始分配。S7-300 和 S7-400 作主站时, 模拟量模块的起始地址分别从 256 号和 512 号字节开始分配。每个模拟量 I/O 点的地址占两个字节 (或一个字)。

4. 通信的仿真验证

组态任务完成后, 单击工具栏上的 按钮, 编译并保存组态信息。

为了验证 CPU 与 DP 从站之间的通信, 在主程序 OB1 中编写下面的简单程序:

```
L    IW    2
T    QW    0
```

即用 ET 200M 的数字量输入来控制它的数字量输出。

打开 PLCSIM, 生成 IB2 和 QB0 的视图对象 (见图 6-7)。将系统数据和 OB1 下载到仿真 PLC, 将仿真 PLC 切换到 RUN-P 模式。

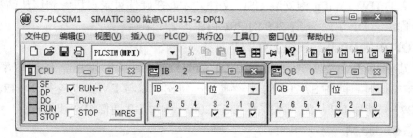

图 6-7 PLCSIM

用鼠标将 IB2 中的某些位设置为 1（小方框内出现"√"），由于主站与从站之间的通信和 OB1 中的程序，QB0 中的对应位变为 1 状态。

5. ET 200S 的组态与仿真练习

在项目"ET200DP"的硬件组态工具 HW Config 中，打开硬件目录窗口的文件夹"\PROFIBUS-DP\ET 200S"，将其中的接口模块 IM 151-1 Standard 拖放到 PROFIBUS 网络线上，生成 ET 200S 从站，设置它的站地址为 5。选中生成的从站，打开硬件目录中的子文件夹"\IM 151-1 Standard\PM"，将其中的电源模块插入 1 号槽。将子文件夹"\IM 151-1 Standard\DI"中的 4 块"2DI DC24V ST"模块插入 2～5 号槽（见图 6-8）。

插槽	模块 ...	订货号 ...	I 地址	Q 地址	注释
	(5) IM151-1 Standard			数据包地址(A)	
1	PM-E DC24..48V	6ES7 138-4CA50-0AB0			
2	2DI DC24V HF	6ES7 131-4BB00-0AB0	5.0...5.1		
3	2DI DC24V HF	6ES7 131-4BB00-0AB0	6.0...6.1		
4	2DI DC24V HF	6ES7 131-4BB00-0AB0	7.0...7.1		
5	2DI DC24V HF	6ES7 131-4BB00-0AB0	8.0...8.1		

图 6-8 地址打包

可以看到各 DI 模块被分配了一个字节的地址，但是只使用了其中的 2 位，相邻 DI 模块的地址不是连续的。可以用下面的方法使地址连续。

按住计算机的〈Ctrl〉键，单击下面的 ET 200S 的"插槽"列的 2～5 号槽，选中它们之后，其背景色变为深蓝色（见图 6-8）。单击"数据包地址"（地址打包）按钮，可以看到 4 个 DI 模块的地址被自动调整为 I5.0～I5.7，只占 1B 了。将子文件夹"\IM 151-1 Standard\DO"中的 2 块"4DO DC24V ST"模块插入 6 号槽和 7 号槽。用上述的方法将模块的地址打包，打包后的地址为 Q3.0～Q3.7。保存和编译组态信息。

在主程序 OB1 中编写程序，用 ET 200S 的数字量输入来控制它的数字量输出。

打开 PLCSIM，将系统数据和 OB1 下载到仿真 PLC，将仿真 PLC 切换到 RUN-P 模式。检查是否能用 ET 200S 的数字量输入来控制它的数字量输出。

6.1.4 实训三十七 组态 DP 主站与 S7-200 的通信

PROFIBUS-DP 是通用的国际标准，符合该标准的第三方设备作 DP 网络的从站时，需要在 STEP 7 的 HW Config 中安装 GSD 文件，才能在硬件目录窗口看到该从站和对它进行组态。本例程组态 DP 主站与 S7-200 的 PROFIBUS 通信。

1. PROFIBUS-DP 从站模块 EM 277

DP 从站模块 EM 277 用于将 S7-200 CPU 连接到 DP 网络，传输速率为 9.6k～12Mbit/s。主站通过它读写 S7-200 的 V 存储区，每次可以与 EM 277 交换 1～128 个字节的数据。EM 277 只能作 DP 从站，不需要在 S7-200 一侧对 DP 通信组态和编程。

2. 组态 S7-300 站

用新建项目向导生成一个名为"EM277"的项目（见随书云盘中的同名例程），CPU 为

CPU 315-2DP。

选中 SIMATIC 管理器左边窗口的"SIMATIC 300 站点",双击右边窗口中的"硬件"图标,打开硬件组态工具 HW Config(见图 6-9)。可以看到自动生成的机架和 2 号槽中的 CPU 模块。将电源模块插入 1 号槽,16 点 DI 模块插入 4 号槽,16 点 DO 模块插入 5 号槽。DI 模块和 DO 模块分别占用 IW0 和 QW4。

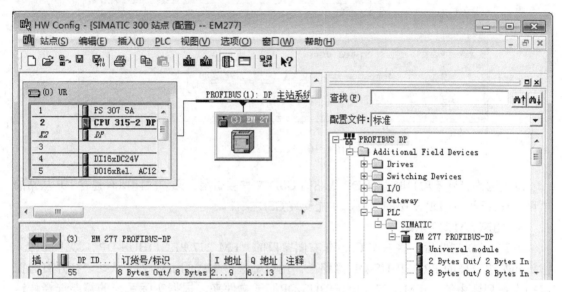

图 6-9　组态 DP 从站

双击"DP"所在的行,单击打开的对话框的"常规"选项卡中的"属性"按钮(见图 6-5),在出现的对话框的"参数"选项卡中,单击"新建"按钮,生成一条 PROFIBUS-DP 网络,采用默认的网络参数和默认的站地址 2。多次单击"确定"按钮,返回 HW Config。

3. 安装 EM 277 的 GSD 文件

EM 277 作为 PROFIBUS-DP 从站模块,其有关参数是以 GSD 文件的形式保存的。在对 EM 277 组态之前,需要安装它的 GSD 文件。EM 277 的 GSD 文件 siem089d.gsd 在随书云盘的文件夹"\Project"中。

执行 HW Config 中的菜单命令"选项"→"安装 GSD 文件",在出现的"安装 GSD 文件"对话框中(见图 6-10),采用最上面的"安装 GSD 文件"选择框默认的"来自目录"。单击"浏览"按钮,用出现的"浏览文件夹"对话框选中随书云盘中的文件夹"\Project",单击"确定"按钮,该文件夹的 GSD 文件"siem089d.gsd"等出现在 GSD 文件列表框中。选中需要安装的 GSD 文件,单击"安装"按钮,开始安装。

安装结束后,在 HW Config 右边的硬件目录窗口的"\PROFIBUS DP\Additional Field Devices\PLC\SIMATIC"文件夹中,可以看到新安装的 EM 277(见图 6-9)。

4. 不能安装 GSD 的处理方法

安装 GSD 文件时,如果出现一个对话框,显示"目前尚无法更新。在一个或多个 STEP 7 应用程序中将至少有一个 GSD 文件或类型文件正在被引用。",单击"确定"按钮,不能安装 GSD 文件。

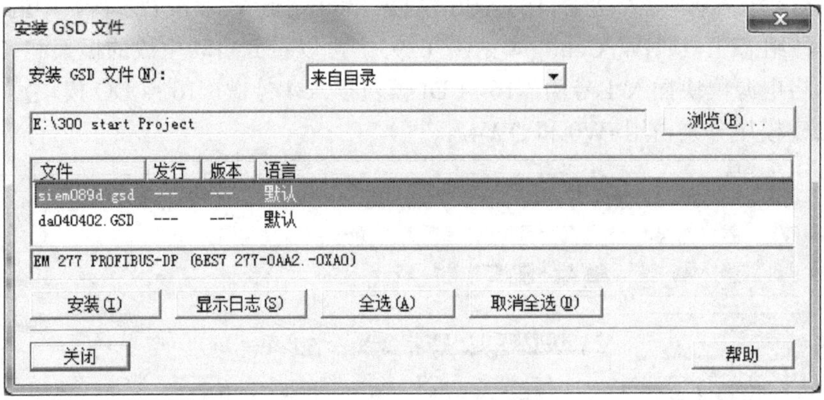

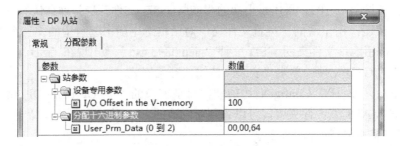

图 6-10 安装 GSD 文件

这是因为打开该项目时，有 DP 从站的 GSD 文件被引用。必须关闭所有包含 DP 从站的项目，只打开没有 DP 从站的项目，才能安装 GSD 文件。

5. 组态 EM 277 从站

安装 GSD 文件后，将 HW Config 右侧窗口的"EM 277 PROFIBUS-DP"（见图 6-9）拖放到左边窗口的 PROFIBUS-DP 网络上。用鼠标选中生成的 EM 277 从站，打开右边窗口的设备列表中的"\EM 277 PROFIBUS-DP"子文件夹，根据实际系统的需要选择传送的通信字节数。例程"EM277"选择的是 8 字节输入/8 字节输出方式，将图 6-9 中的"8 Bytes Out/8 Bytes In"拖放到下面窗口的表格中的 1 号槽。STEP 7 自动分配远程 I/O 的输入/输出地址，因为主机架占用了 IW0 和 QW4，自动分配给 EM 277 模块的输入、输出地址分别为 IB2～IB9 和 QB6～QB13。

双击网络上的 EM 277 从站，打开 DP 从站属性对话框。单击"常规"选项卡中的"PROFIBUS…"按钮，在打开的接口属性对话框中，设置 EM 277 的站地址为 3。用 EM 277 上的拨码开关设置的站地址应与 STEP 7 中设置的站地址相同。

在"分配参数"选项卡中（见图 6-11），设置"I/O Offset in the V-memory"（V 存储区中的 I/O 偏移量）为 100，即用 S7-200 的 VB100～VB115 与 S7-300 的 QB6～QB13 和 IB2～IB9 交换数据。组态结束后，应将组态信息下载到 S7-300 的 CPU 模块。

图 6-11 DP 从站属性对话框

6. S7-200 的编程

本例的 S7-200 通过 VB100～VB115 与 DP 主站交换数据。运行时 S7-300 周期性地将 QB6～QB13 的数据写入 S7-200 的 VB100～VB107（见图 6-12）；通过 IB2～IB9 周期性地读取 S7-200 的 VB108～VB115 中的数据。

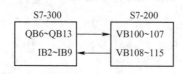

图 6-12 数据交换示意图

在 S7-200 的程序中，只需将待发送的数据传送到组态时指定的 V 存储区，或者在组态时指定的 V 存储区中读取接收的数据就可以了。

例如要把 S7-200 的 MB3 的值传送给 S7-300 的 MB10，应在 S7-200 的程序中，用 MOVB 指令将 MB3 传送到 VB108～VB115 中的某个字节，例如 VB108。通过通信，VB108 的值被 S7-300 的 IB2 读取，在 S7-300 的程序中将 IB2 的值传送给 MB10。

6.1.5 实训三十八 组态 DP 主站与智能从站的主从通信

可以将自动化任务划分为用多台 PLC 控制的若干个子任务，这些子任务分别用几台 CPU 独立地和有效地进行处理，这些 CPU 在 DP 网络中作 DP 主站和智能从站。

主站和智能从站内部的地址是独立的，它们可能分别使用编号相同的 I/O 地址区。DP 主站不是用智能从站的 I/O 地址直接访问它的物理 I/O 区，而是通过从站组态时指定的通信双方用于通信的 I/O 区来交换数据。这些 I/O 区不能占用分配给 I/O 模块的物理 I/O 地址区。

主站与从站之间的数据交换是由 PLC 的操作系统周期性自动完成的，不需要用户编程，但是用户必须对主站和智能从站之间的通信连接和用于数据交换的地址区组态。这种通信方式称为主/从（Master/Slave）通信方式，简称为 MS 方式。

1. 组态 DP 主站和 PROFIBUS 网络

用新建项目向导生成一个名为"智能从站"的项目（见随书云盘中的同名例程），CPU 为 CPU 412-2DP。选中 SIMATIC 管理器的 400 站点（见图 6-13），双击右边窗口中的"硬件"图标，打开硬件组态工具 HW Config（见图 6-14）。将电源模块插入 1 号槽，16 点 DI 模块插入 5 号槽，16 点 DO 模块插入 6 号槽。它们的地址分别为 IW0 和 QW0。

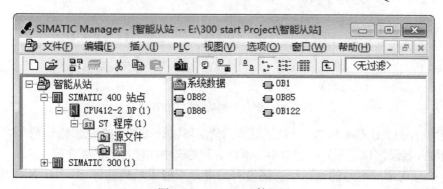

图 6-13 SIMATIC 管理器

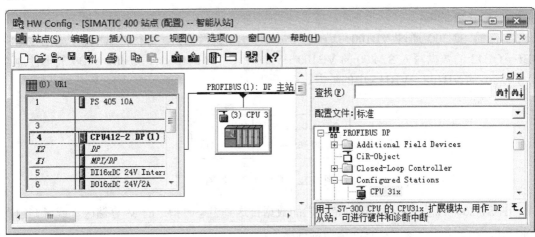

图 6-14 组态硬件

生成一条 PROFIBUS-DP 网络，CPU 412-2DP 为 DP 主站，站地址为 2。单击"确定"按钮，返回 HW Config。单击工具栏上的 按钮，编译与保存组态信息。关闭 HW Config，返回 SIMATIC 管理器。

2. 组态智能从站

用鼠标右键单击 SIMATIC 管理器左边窗口最上面的项目图标，执行出现的快捷菜单中的命令"插入新对象"→"SIMATIC 300 站点"。选中左边窗口新出现的"SIMATIC 300(1)"，用鼠标左键双击右边窗口的"硬件"图标，打开 HW Config。将硬件目录窗口的文件夹\SIMATIC 300\RACK-300 中的导轨（Rail）拖放到硬件组态窗口。

将 CPU 315-2DP 插入 2 号槽，DP 接口属性对话框的"参数"选项卡被自动打开。设置 PROFIBUS 站地址为 3，不要将它连接到 PROFIBUS(1)网络。单击"确定"按钮，返回 HW Config。

双击机架中 CPU 所在的行，打开 CPU 属性对话框，单击其中的"属性"按钮，将 CPU 的 MPI 地址设置为 3，单击"确定"按钮，返回 HW Config。将电源模块插入机架，16 点 DI 模块插入 4 号槽，16 点 DO 模块插入 5 号槽。它们分别占用 IW0 和 QW4。

双击机架中 CPU 315-2DP 下面的"DP"所在的行，打开 DP 属性对话框。在"工作模式"选项卡将该站设置为 DP 从站（见图 6-15），单击"确定"按钮，返回 HW Config。

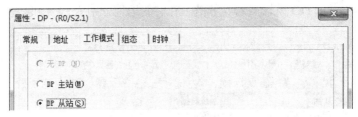

图 6-15 组态智能从站的工作模式

不是所有的 CPU 都能作 DP 从站，具体的情况可以查阅有关的手册或产品样本。在 HW Config 的硬件目录窗口下面的小窗口中，可以看到对选中的硬件的简要介绍。

因为此时从站与主站的通信组态还没有结束，不能成功地编译 S7-300 的硬件组态信息。单击 按钮，保存组态信息。最后关闭 HW Config。

3．将智能 DP 从站连接到 DP 主站系统

选中 SIMATIC 管理器中的 S7-400 站，双击右边窗口的"硬件"图标，打开 HW Config。打开右边的硬件目录窗口中的"\PROFIBUS DP\Configured Stations"（已组态的站）文件夹（见图 6-14），将其中的"CPU 31x"拖放到屏幕左上方的 PROFIBUS 网络线上。"DP 从站属性"对话框的"连接"选项卡（见图 6-16）被自动打开，选中从站列表中的"CPU 313-2DP"，单击"连接"按钮，该从站被连接到 DP 网络上。

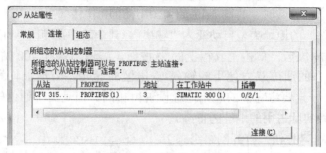

图 6-16　连接智能从站

连接好从站后，单击"确定"按钮，关闭 DP 从站属性对话框，返回 HW Config。

4．主站与智能从站主从通信的组态

用鼠标双击已经连接到 PROFIBUS 网络上的 DP 从站，打开 DP 从站属性对话框的"组态"选项卡（见图 6-17 上面的图），为主-从通信设置双方用于通信的输入/输出地址区。

单击图中的"编辑"按钮，可以编辑选中的行。单击"删除"按钮，将删除选中的行。

图 6-17 的"组态"选项卡中的模式"MS"表示主从通信；伙伴（主站）地址和本地（从站）地址是输入/输出地址区的起始地址，"长度"的单位可以选字节和字。数据的"一致性"的意义见实训三十九。

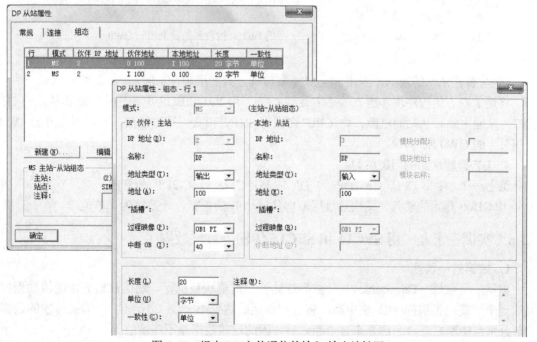

图 6-17　组态 DP 主从通信的输入/输出地址区

单击"新建"按钮,在出现的对话框中(见图 6-17 下面的图)设置组态表第 1 行的参数。每次可以设置智能从站与主站一个方向的通信使用的 I/O 地址区。设置好以后单击"确定"按钮,返回 DP 从站属性对话框的"组态"选项卡。

"组态"选项卡的第 1 行表示从站的通信伙伴(即主站)用 QB100~QB119 发送数据给从站(本地)的 IB100~IB119。第 2 行表示主站用 IB100~IB119 接收从站的 QB100~QB119 发送给它的数据。可以传送的最大数据长度为 32B(与 CPU 的型号有关)。

组态第 2 行的通信参数时,将图 6-17 的大图中的 DP 伙伴(主站)的"地址类型"改为"输入",本地(从站)的地址类型自动变为"输出"。其余的参数与图 6-17 下面的图中的相同。返回 HW Config 以后,单击工具栏上的 🖳 按钮,编译与保存 400 站点的组态信息。

图 6-17 中组态的通信双方使用的输入/输出区的起始字节地址均为 100(IB100 和 QB100),并不要求一定要将它们的起始地址设置得相同。但是用于通信的数据区不能与主站和从站的信号模块实际占用的地址区重叠。

单击工具栏上的 🖳 按钮,打开网络组态工具 NetPro(见图 6-18),可以看到两个站点都连接到 PROFIBUS 网络上了。

单击站点左边方框中的 PLC 图标,可以打开 HW Config,为该站点的硬件组态。

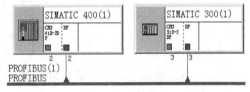

图 6-18 网络组态

5. 通信的验证

本书的通信程序一般只是用来验证通信是否成功,没有什么工程意义。下面是 CPU 412-2DP 的 OB1 中的程序,CPU 315-2DP 的 OB1 的程序基本上相同,只是将 QW0 改为 QW4。

```
L    IW       0         //IW0 的值传送给发送缓冲区的 QW100
T    QW     100
L    IW     100         //用 IW100 接收到的数据控制 QW0
T    QW       0
```

DP 与智能从站的通信不能用 PLCSIM 来仿真,只能用硬件来验证。

将通信双方的程序块和组态信息下载到 CPU。用 PROFIBUS 电缆连接主站和从站的 DP 接口,接通主站和从站的电源。将 CPU 切换到 RUN 模式,通过通信,可以用双方的 IW0 控制对方的 QW0 或 QW4。

6. DP 智能从站的组态练习

组态一个项目,CPU 315-2DP 为 DP 主站,CPU 313C-2DP 为智能从站,双方分别用 IB60 和 QB60 开始的输入、输出地址区双向传送 10B 的数据,一致性为"单位"。

6.1.6 实训三十九 用 SFC14 和 SFC15 传输一致性数据

1. 数据的一致性

数据的一致性(Consistency)又称为连续性。通信块被执行、通信数据被传送的过程如果被一个更高优先级的 OB 块中断,将会使传送的数据不一致(不连续)。即被传输的数据一部分来自中断之前,一部分来自中断之后,因此这些数据是不连续的。

在通信中，有的从站用来实现复杂的控制功能，例如模拟量闭环控制或电气传动等。从站与主站之间需要同步传送比字节、字和双字更大的数据区，这样的数据称为一致性数据。需要绝对一致性传送的数据量越大，系统的中断反应时间越长。PROFIBUS 网络控制系统经常使用系统功能 SFC14 和 SFC15 来传送具有一致性的数据。

2．组态硬件和主从通信的地址区

在 STEP 7 中生成一个项目（见随书云盘中的例程 SFC14_15），CPU 412-2DP 是 DP 主站，CPU 313C-2DP 是智能 DP 从站。主站和从站的组态与实训三十八的项目"智能从站"基本上相同，其区别在于参数"一致性"被组态为"全部"（见图 6-19），因此需要在用户程序中调用 SFC15 "DPWR_DAT"，将数据"打包"后发送，调用 SFC14 "DPRD_DAT"，将接收到的数据"解包"。SFC14、SFC15 的参数 RECORD 指定的地址区应与组态的参数一致。

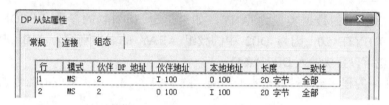

图 6-19　组态主从通信的地址区

DP 主站用 SFC15 发送的输出数据被智能从站用 SFC14 读出，并作为其输入数据保存。反之也适用于智能从站发送给主站的数据的处理。用于通信的输入/输出数据区的起始地址 LADDR 应使用十六进制数格式。100 对应的十六进制数为 16#64。

3．生成数据块

选中 SIMATIC 管理器左边窗口中 CPU 412-2DP 的"块"，用鼠标右键单击右边的窗口，执行出现的快捷菜单中的命令，生成数据块 DB1。打开 DB1，生成一个名为 ARAY、有 20 个字节元素的数组（见图 6-20）。用复制和修改名称的方法创建内部结构相同的 DB2。

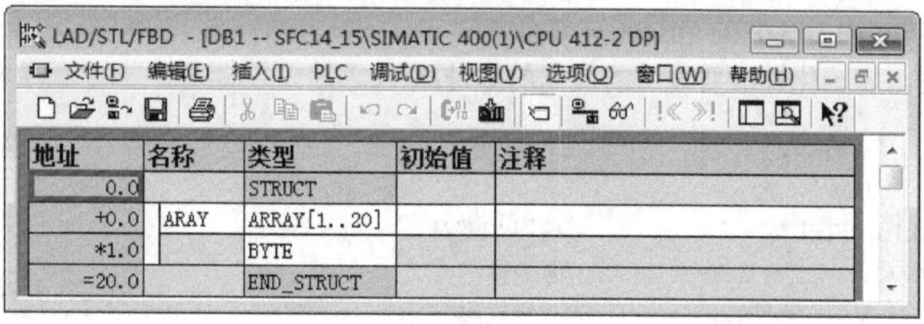

图 6-20　在数据块中生成数组

4．OB1 的程序

在双方的主程序 OB1 中，调用 SFC15 "DPWR_DAT"，将 DB1 中的数据"打包"后发送，调用 SFC14 "DPRD_DAT"，将接收到的数据"解包"后存放到 DB2。

输入程序时，将程序编辑器左边窗口的文件夹 "\库\Standard Library\System Function Blocks" 中的 SFC14 "拖放" 到右边窗口的程序段中，将会自动生成调用 SFC14 的 CALL 指令。下面是主站 OB1 的程序：

程序段 1：解开 IB100～IB119 接收到的数据包，并将数据存放在 DB2

```
CALL    "DPRD_DAT"       //调用 SFC14
  LADDR   :=W#16#64        //接收通信数据的过程映像输入区的起始地址为 IB100
  RET_VAL:=MW2             //错误代码
  RECORD :=DB2.ARAY        //存放接收的用户数据的目的数据区
```

程序段 2：将 DB1 的数据打包后通过 QB100～QB119 发送出去

```
CALL    "DPWR_DAT"       //调用 SFC15
  LADDR   :=W#16#64        //发送数据的过程映像输出区的起始地址为 QB100
  RECORD :=P#DB1.ARAY      //存放要发送的用户数据的源数据区
  RET_VAL:=MW4            //错误代码
```

参数 RECORD 的数据类型为 ANY，如果指定 SFC14 的参数 RECORD 的实参为 P#DB2.DBX0.0 BYTE 20，因为 DB2 中的数组 ARAY 的大小刚好为 20B，输入后会变为 DB2.ARAY，也可以直接输入 DB2.ARAY。

从站 OB1 中的程序与主站的基本上相同，图 6-21 给出了通信双方的信号关系图。

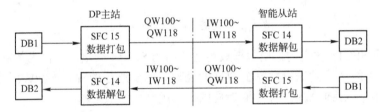

图 6-21 DP 主站与智能从站的数据传输示意图

5. 初始化程序

在主站和从站的初始化程序 OB100 中，用 SFC21 将 DB1 的数据发送区中的各个字分别预置为 16#1111 和 16#2222。将 DB2 的数据接收区中的各个字清零。

下面是 CPU 412-2DP 的 OB100 中的程序：

程序段 1：初始化存放要发送的数据的地址区

```
L       W#16#1111
T       LW      20
CALL    "FILL"            //调用 SFC21
  BVAL      :=LW20         //源数据
  RET_VAL   :=LW22         //故障代码
  BLK       :=P#DB1.ARAY   //被初始化的目的地址区
```

程序段 2：将存放接收的数据的地址区清零

```
L       W#16#0
T       LW      20
CALL    "FILL"
  BVAL      :=LW20         //源数据
  RET_VAL   :=LW22         //故障代码
  BLK       :=P#DB2. ARAY  //被初始化的目的地址区
```

6. 通信的验证

将通信双方的程序块和组态信息下载到硬件 CPU，用 PROFIBUS 电缆连接主站和从站的 DP 接口，接通主站和从站的电源，将 CPU 切换到 RUN 模式。用变量表监控双方接收到的 DB2 中的 DBW0、DBW2 和 DBW18。双方的 OB35 每 100ms 将 DB1.DBW0 的值加 1，运行时它被传送给对方的 DB2.DBW0。监控时可以看到双方的 DB2.DBW0 的值在不断增大。也可以启动通信双方的 DB2 的监控功能，查看双方 DB1 中初始化的数据是否传送给了通信伙伴的 DB2。

6.1.7 实训四十 组态 S7-300 与变频器的 DP 通信

1. 用 DP 总线监控 G120 变频器

西门子的 SINAMICS 系列驱动器包括低压、中压变频器和直流调速产品。所有的 SINAMICS 驱动器均基于相同的硬件平台和软件平台。

G120 是模块化通用的低压变频器，主要由功率模块和控制单元组成。控制单元 CU240B-2DP、CU240E-2DP、CU240E-2DP F 有集成的 DP 接口，支持基于 PROFIBUS-DP 的周期性过程数据交换和变频器参数访问。本节介绍 S7-300 通过 DP 通信，控制 G120 CU240E-2DP 的起停、调速以及读取变频器的状态和电动机的实际转速的方法（见图 6-22）。

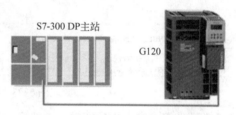

图 6-22 PLC 与变频器通信示意图

DP 主站发送请求报文，变频器收到后处理请求，并将处理结果立即返回给主站。主站通过周期性过程数据交换，将控制字和主设定值字发送给变频器，变频器接收到后立即将状态字和实际转速返回给 DP 主站。

2. 组态主站和 PROFIBUS 网络

在 STEP 7 中用新建项目向导创建一个项目（见随书云盘中的例程 Convert），CPU 模块为 CPU 315-2DP。选中 SIMATIC 管理器的 300 站点，单击右边窗口的"硬件"图标，打开硬件组态工具（见图 6-23），将电源模块和信号模块插入机架。

双击 CPU 模块中"DP"所在的行，单击打开的对话框的"常规"选项卡中的"属性"按钮，在出现的对话框的"参数"选项卡中单击"新建"按钮，生成一条 PROFIBUS-DP 网络。采用默认的参数，CPU 315-2DP 为 DP 主站，站地址为 2，网络的传输速率为 1.5 Mbit/s，配置文件为"DP"。单击"确定"按钮返回 HW Config。

3. 生成 G120 变频器从站

如果已经安装了 STEP 7 和西门子变频器的监控软件 STARTER，不用安装 G120 的 GSD 文件。如果没有安装 STARTER，需要安装随书云盘的 Project 文件夹中 G120 的 GSD 文件 SI03817B.GSE。GSE 是英语的 GSD 文件的简称，SI817B_N.BMP 是从站的图形文件。

安装好 G120 的 GSD 文件后，双击打开硬件目录中的子文件夹 "\PROFIBUS DP\Additional Field Devices\Drives\SINAMICS"（见图 6-23），将其中的"SINAMICS G120 CU240x-2DP(F) V4.7"拖放到 DP 网络上。在自动打开的"属性 – PROFIBUS 接口"对话框中，设置从站地址为 3。

4. 变频器的通信报文选择

"SINAMICS G120 CU240x-2DP(F) V4.7"文件夹中列出了可以选用的报文。最常用的是
"Standard telegram 1，PZD-2/2"（标准报文 1），它用于传送变频器的两个过程数据
（PZD）输入字和两个过程数据输出字。

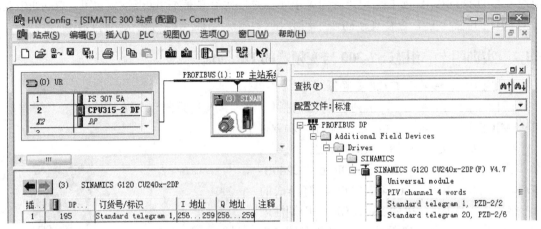

图 6-23　组态变频器从站

选中硬件组态窗口中的变频器，就像将模块插入 ET 200M 的插槽一样，将图 6-23 中的
"Standard telegram 1，PZD-2/2"拖放到下面窗口的 1 号槽。可以看到自动分配给变频器的输入地址
和输出地址。通信被启动时主站将过程数据控制字和转速设定值字发送给变频器，变频器接收到后
立即返回状态字和滤波后的转速实际值字。标准报文 1 相当于西门子老系列变频器的 PPO 3。

除了标准报文 1，也可以采用标准报文 20（即图 6-23 中的 Standard telegram 20，PZD-
2/6），它的两个 PZD 输出字是控制字和转速设定值字，6 个 PZD 输入字分别是状态字、滤
波后的转速实际值、滤波后的电流实际值、当前转矩、当前有功功率和故障字。

5. 设置变频器与通信有关的参数

可以用变频器上像图 6-6 中那样的 DIP 开关来设置 PROFIBUS 地址，如果所有 DIP 开
关都被设置为 on 或 off 状态，用参数 P918 设置 PROFIBUS 地址，DIP 开关设置的其他地址
优先。组态时设置的站地址应与用 DIP 开关设置的站地址相同。

将变频器的参数 P10 设为 1（快速调试），P0015 设为 6（执行接口宏程序 6），然后设置
P10 为 0。宏程序 6（PROFIBUS 控制，预留两项安全功能）自动设置的参数见表 6-1。

表 6-1　宏程序 6 自动设置的变频器参数

参数号	参数值	说　明	参数号	参数值	说　明
P922	1	PLC 与变频器通信采用标准报文 1	P2051[0]	r2089.0	变频器发送的第 1 个过程值为状态字 1
P1070[0]	r2050.1	变频器接收的第 2 个过程值作为速度设定值	P2051[1]	r63.0	变频器发送的第 2 个过程值为转速实际值

参数 P2000（参考转速）设置的转速对应于第二个过程数据字 PZD2（转速设定值）的
值 16#4000，参考转速一般设为 50Hz 对应的浮点数格式的电动机同步转速，P2000 的出厂设
置为 1500.0rpm。

【例 6-1】　用 P2000 设置的参考转速为 1500.0rpm。如果转速设定值为 750.0rpm，试确
定 PZD2（主设定值）的值。

$$PDZ2 = (750.0/1500.0) \times 16\#4000 = 16\#2000$$

6. 变频器的控制字与状态字

控制字1各位的意义见表6-2，状态字1各位的意义见表6-3。

表6-2 过程数据中的控制字1（标准报文20之外的其他报文）

位	意　义	位	意　义
0	上升沿时启动，为0时为OFF1（斜坡下降停车）	8	未使用
1	OFF2，为0时惯性自由停车	9	未使用
2	OFF3，为0时快速停车	10	为1时由PLC控制
3	为1时逆变器脉冲使能，运行的必要条件	11	为1时换向（变频器的设定值取反）
4	为1时斜坡函数发生器使能	12	未使用
5	为1时斜坡函数发生器继续	13	为1时用电动电位器升速
6	为1时使能转速设定值	14	为1时用电动电位器降速
7	上升沿时确认故障	15	未使用

表6-3 过程数据中的状态字1（标准报文20之外的其他报文）

位	意　义	位	意　义
0	为1时开关接通就绪	8	为0时频率设定值与实际值之差过大
1	为1时运行准备就绪	9	为1时主站请求控制变频器
2	为1时正在运行	10	为1时达到比较转速
3	为1时变频器有故障	11	为1时达到转矩极限值
4	为0时自然停车（OFF2）已激活	12	为1时抱闸打开
5	为0时紧急停车（OFF3）已激活	13	为0时电动机过载报警
6	禁止合闸	14	为1时电动机正转
7	变频器报警	15	为0时变频器过载

7. 读写过程数据区的程序

双击图6-23下面窗口的1号槽，打开DP从站属性对话框，数据的单位为字，一致性为"总长度"（即图6-19中的"全部"）。因为是灰色的字和背景色，不能修改一致性属性。主站需要调用SFC15和SFC14发送和接收数据（见6.1.6节）。

图6-24是OB1中的程序，参数LADDR是输入、输出的过程数据的起始地址W#16#100（即256，见图6-23），长度为4B。在M0.1为1状态时，调用SFC15，将MW30和MW32中的控制字和转速设定值打包后发送。同时调用SFC14，将接收到的状态字和转速实际值解包后保存到MW34和MW36。

PLC与变频器的DP通信不能仿真，只能做硬件实验。设置好变频器的参数，将项目Convert的程序和组态数据下载到CPU 315-2DP后运行程序。用变量表监控十六进制格式的过程数据字MW30～MW36（见图6-25）。

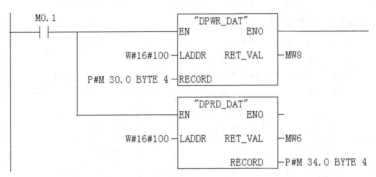

图 6-24　OB1 中的程序

图 6-25　用变量表监控过程数据 PZD

8. PLC 监控变频器的实验

（1）启动电动机

控制字的第 10 位必须为 1，表示变频器用 PLC 控制。对于 4 极电动机，设置参考转速 P2000 为 1500.0rpm。启动变量表的监控功能，将控制字 16#047E、转速设定值 16#2000（750rpm）和 1（true）分别写入 MW30、MW32 和 M0.1 的"修改数值"列。单击工具栏上的 按钮，M0.1 变为 1 状态，设置的数据被写入 MW30 和 MW32，SFC15 将它们打包后发送给变频器，使变频器运行准备就绪。

然后将 16#047F 写入 MW30，变频器控制字的第 0 位由 0 变为 1，产生一个上升沿，变频器被启动，电动机转速上升后在 750rpm 附近小幅度波动。

变频器接收到控制字和转速设定值后，马上向 PLC 发送状态字和转速实际值。CPU 接收到数据后，SFC14 将数据解包并保存到 MW34 和 MW36。

（2）电动机停机

将 16#047E 写入 MW30，控制字的第 0 位（OFF1）变为 0 状态，电动机按参数 P1121 设置的斜坡下降时间减速后停机。停机后的状态字为 16#EB31，转速为 0。

在变频器运行时，将 16#047C 写入 MW30，控制字的第 1 位（OFF2）为 0 状态，电动机惯性自由停车。在变频器运行时，将 16#047A 写入 MW30，控制字的第 2 位（OFF3）为 0 状态，电动机快速停车。

（3）调整电动机的转速和改变电动机的旋转方向

用变量表将新的转速设定值写入 MW32，将会改变电动机的转速。先后将控制字 16#047E 和 16#0C7F 写入 MW30，因为 16#0C7F 的第 11 位为 1，所以电动机反向启动。

有故障时将控制字 16#04FE（第 7 位为 1）写入 MW30，变频器故障被确认。

6.2　S7 通信的组态与编程

6.2.1　S7 通信简介

1.连接的基本概念

数据通信协议可以分为面向连接的协议和无连接的协议,前者在进行数据交换之前,必须与通信伙伴建立连接。面向连接的协议具有较高的安全性。

连接是指两个通信伙伴之间为了执行通信服务建立的逻辑链路,而不是指两个站之间用物理媒体(例如电缆)实现的连接。连接相当于通信伙伴之间一条虚拟的"专线",它们随时可以用这条"专线"进行通信。一条物理线路可以建立多个连接。

S7 连接属于需要组态的静态连接,CPU 和 CP 同时可以使用的连接个数与它的型号有关。

S7 连接分为单向连接和双向连接,在单向连接通信中客户机(Client)是主动的,需要调用通信块 GET 和 PUT 来读、写服务器的存储区。通信服务经客户机要求而启动。服务器(Server)是通信中的被动方,不需编写通信程序,通信功能由它的操作系统来执行。单向连接只需要客户机组态连接、下载组态信息和编写通信程序。

双向连接(在两端组态的连接)的通信双方都需要下载连接组态,一方调用发送块 SFB8 或 SFB12 来发送数据,另一方调用接收块 SFB9 或 SFB13 来接收数据。

2.S7 通信

S7 通信主要用于西门子工控产品之间的通信,例如 S7 CPU 之间的主-主通信、CPU 与人机界面和组态软件 WinCC 之间的通信。S7 通信可以用于工业以太网、PROFIBUS 或 MPI 网络。这些网络的 S7 通信的组态和编程方法基本上相同。

用于数据交换的 S7 通信的 SFB/FB 见表 6-4。双向 S7 通信的双方需要分别调用 SFB8/SFB9 或 SFB12/ SFB13 来发送和接收数据。

S7-400 调用 SFB 进行 S7 通信(见表 6-4),S7-300 的 CPU 31x-2PN/DP 调用\Standard Library\Communication Blocks 库里的 FB 进行 S7 通信。使用 CP 模块的 CPU 31x 调用 \SIMATIC_NET_CP \CP 300 库里的 FB 进行 S7 通信。

表 6-4　用于 S7 通信数据交换的 SFB/FB

编　号		助记符	可传输字节数		描　　述
S7-400	S7-300		S7-400	S7-300	
SFB8	FB8	U_SEND	440	160	与接收方通信功能块(U_RCV)执行序列无关的快速的无需确认的数据交换,例如传送操作与维护消息,对方接收到的数据可能被新的数据覆盖
SFB 9	FB9	U_RCV			
SFB12	FB12	B_SEND	64K	32K	将数据块安全地传输到通信伙伴,直到通信伙伴的接收功能(B_RCV)接收完数据,数据传输才结束
SFB13	FB13	B_RCV			
SFB14	FB14	GET	400	160	程序控制读取远方 CPU 的变量,通信伙伴不需要编写通信程序
SFB15	FB15	PUT			程序控制改写远方 CPU 的变量,通信伙伴不需要编写通信程序

有 S7-300 集成的 DP、MPI 通信接口参与时,只能进行单向 S7 通信,S7-300 集成的 DP、MPI 通信接口在通信中只能作服务器。S7-400 CPU 集成的 DP、MPI、以太网接口和 S7-300 CPU 集成的以太网接口在单向 S7 通信中既可以作服务器,也可以作客户机。它们之

间还可以进行双向 S7 通信。

网络组态工具 NetPro 有很强的防止出错的功能，它会禁止建立那些选用的硬件不支持的通信连接组态。PLCSIM V5.4 SP3 及更高的版本支持对 S7 通信的仿真。

6.2.2 实训四十一　基于 DP 网络的单向 S7 通信

1. 组态硬件

在 STEP 7 中创建一个名为"S7_DP"的项目（见随书云盘的同名例程），CPU 为 CPU 412-2DP。选中 SIMATIC 管理器左边窗口出现的"SIMATIC 400 站点"，双击右边窗口中的"硬件"图标，打开硬件组态工具 HW Config。可以看到自动生成的机架和 4 号槽中的 CPU 模块。将电源模块和信号模块插入机架。

用鼠标双击机架中 CPU 412-2DP 下面"DP"所在的行，单击出现的 DP 属性对话框的"常规"选项卡中的"属性"按钮（见图 6-5），在出现的"属性 - PROFIBUS 接口 DP"对话框中，单击"新建"按钮，出现"属性 – 新建子网 PROFIBUS"对话框，采用默认的传输速率 1.5 Mbit/s，配置文件为"标准"（主从通信时配置文件为"DP"）。多次单击"确定"按钮，返回 HW Config，可以看到生成的名为"PROFIBUS（1）"的网络。CPU 集成的 DP 接口和 MPI 接口默认的地址均为 2，默认的工作模式为 DP 主站。单击工具栏上的 按钮，编译并保存组态信息。

在 SIMATIC 管理器中生成一个 S7-300 站。在 HW Config 中，将 CPU 313C-2DP 插入机架，在自动打开的"属性-PROFIBUS 接口 DP"对话框的"参数"选项卡中（见图 6-5），设置站地址为 3，选中"子网"列表中的"PROFIBUS（1）"，将 CPU 313C-2DP 连接到 DP 网络上，默认的工作方式为 DP 主站。在 CPU 属性对话框的"常规"选项卡中，设置 MPI 站地址为 3。将电源模块和信号模块插入机架。单击工具栏上的 按钮，编译并保存组态信息。

2. 组态 S7 连接

单击 SIMATIC 管理器工具栏上的 按钮，打开网络组态工具 NetPro，可以看到两个站已经连接到 DP 网络上。选中 CPU 412-2DP 所在的小方框，在 NetPro 下面的窗口出现连接表（见图 6-26）。双击连接表的第 1 行，在出现的"插入新连接"对话框中（见图 6-27 的左图），默认的通信伙伴为同一项目中的 CPU 313C-2DP，默认的连接类型为 S7 连接。

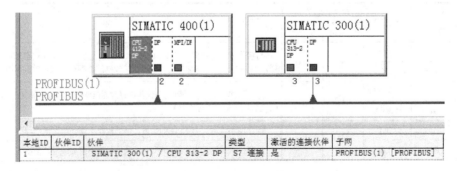

图 6-26　网络与连接组态

单击"确定"按钮，确认默认的设置，出现 S7 连接属性对话框（见图 6-27 的右图），因为 S7-300 集成的 DP 接口不支持双向 S7 通信,"本地连接端点"区中的"在一端配置"复选框被自动选中,并且不能更改,因此默认的连接方式为"单向"。在调用 S7 通信的 SFB时,将会使用"块参数"区的"本地 ID"(本地标识符)的值。

因为是单向连接,连接表中没有通信伙伴的 ID(见图 6-26),选中 CPU 313C-2DP 所在的小方框,连接表中没有连接信息。

图 6-27 中的复选框"建立主动连接"被自动选中,连接表的"激活的连接伙伴"列显示"是"。在运行时,由本地站点 SIMATIC 400 建立连接。

组态好连接后,单击工具栏上的 按钮,编译并保存网络组态信息。在单向 S7 连接中,仅需将网络组态信息下载到 S7 通信的客户机(CPU 412-2DP)。

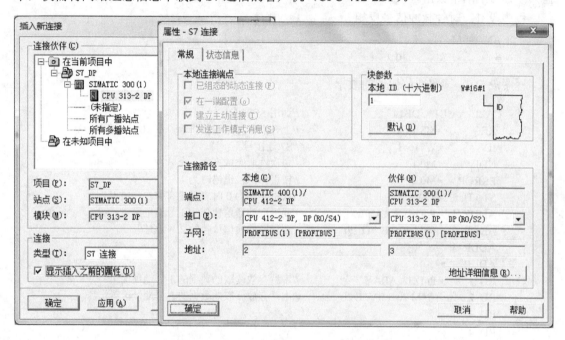

图 6-27　插入新连接与 S7 连接属性对话框

3. 生成数据块

选中 SIMATIC 管理器左边窗口中 SIMATIC 400(1)站的"块"文件夹,用鼠标右键单击右边的窗口,执行出现的快捷菜单中的命令,生成数据块 DB1。打开 DB1,生成一个名为 ARAY,有 20 个字节元素的数组(见图 6-20)。用复制和修改名称的方法创建内部结构相同的数据块 DB2。

4. S7 通信编程

在 S7 单向连接中,CPU 412-2DP 作为客户机,在它的 OB1 中调用单向通信功能块 GET和 PUT,读、写服务器的存储区。CPU 313C-2DP 作为服务器,不需要调用通信功能块。

在通信请求信号 REQ 的上升沿时激活 SFB GET、PUT 的数据传输。为了实现周期性的数据传输,用时钟存储器位提供的时钟脉冲作 REQ 信号。

组态时双击 HW Config 的机架中的 CPU 412-2DP,在出现的 CPU 属性对话框的"周期/时钟存储器"选项卡中,设置时钟存储器字节为 MB8(见实训六和图 3-15),MB8 的第 1

位 M8.1 的周期为 200ms（0 状态和 1 状态各 100ms）。

OB1 的程序段 1 中的两条指令使 M10.0 和 M8.1 的相位相反，它们的上升沿互差 100ms。它们分别用来作 SFB GET 和 PUT 的通信请求信号 REQ。

双击打开 CPU 412-2DP 的 OB1，用"视图"菜单中的命令设置编程语言为 STL（语句表）。执行菜单命令"视图"→"总览"，打开程序编辑器左边的指令列表窗口。打开文件夹"\库\Standard Library\System Function Blocks"，将其中的 SFB14"GET"拖放到程序区，设置 SFB14 的背景数据块为 DB14，按回车键出现询问是否生成背景数据块的对话框，按"是"按钮确认。下面是 OB1 中的程序。SFB GET/PUT 最多可以读、写 4 个数据区，本例程只读、写了两个数据区。

程序段 1：时钟脉冲信号反相

```
AN      M     8.1
=             M     10.0
```

程序段 2：读取通信伙伴的数据

```
CALL    "GET" , DB14          //调用 SFB14
 REQ      :=M8.1              //上升沿时激活数据传输，每 200ms 读取一次
 ID       :=W#16#1            //S7 连接号
 NDR      :=M0.1              //每次读取完成产生一个脉冲
 ERROR    :=M0.2              //错误标志，出错时为 1
 STATUS   :=MW2               //状态字，为 0 时表示没有警告和错误
 ADDR_1   :=P#DB1.ARAY        //要读取的通信伙伴的 1 号地址区
 ADDR_2   :=P#M 40.0 BYTE 20  //要读取的通信伙伴的 2 号地址区
 ADDR_3   :=
 ADDR_4   :=
 RD_1     :=P#DB2. ARAY       //本站存放读取的数据的 1 号地址区
 RD_2     := P#M 20.0 BYTE 20 //本站存放读取的数据的 2 号地址区
 RD_3     :=
 RD_4     :=
```

程序段 3：向通信伙伴的数据区写入数据

```
CALL    "PUT" , DB15          //调用 SFB15
 REQ      :=M10.0             //上升沿时激活数据交换，每 200ms 写一次
 ID       :=W#16#1            //S7 连接号
 DONE     :=M10.1             //每次写操作完成产生一个脉冲
 ERROR    :=M10.2             //错误标志，出错时为 1
 STATUS   :=MW12              //状态字，为 0 时表示没有警告和错误
 ADDR_1   :=P#DB2. ARAY       //要写入数据的通信伙伴的 1 号地址区
 ADDR_2   :=P#M 20.0 BYTE 20  //要写入数据的通信伙伴的 2 号地址区
 ADDR_3   :=
 ADDR_4   :=
 SD_1     :=P#DB1. ARAY       //存放本站要发送的数据的 1 号地址区
 SD_2     :=P#M 40.0 BYTE 20  //存放本站要发送的数据的 2 号地址区
 SD_3     :=
 SD_4     :=
```

SFB 的在线帮助给出了 STATUS 的警告或错误代码的意义。

下面是 CPU 412-2DP 的 OB35 中的程序：

程序段 1：每 100ms 将 DB1.DBW0 加 1

```
L    DB1.DBW   0
+    1
T    DB1.DBW   0
```

在 CPU 412-2DP 的初始化程序 OB100 中，调用 SFC21，将数据发送区 DB1 和 MB40~MB59 中的各个字分别预置为 16#4001 和 16#4002，将 DB2 和 MB20~MB39 中的数据接收区的各个字清零。程序中的 LW20 和 LW22 是 OB100 的局部变量字。

下面是 CPU 412-2DP 的 OB100 中的程序：

程序段 1：初始化存放要发送的数据的地址区

```
L    W#16#4001
T    LW    20
CALL  "FILL"              //调用 SFC21
 BVAL    :=LW20           //源数据
 RET_VAL :=LW22           //故障代码
 BLK     :=P#DB1. ARAY    //目的地址区
```

程序段 2：初始化存放要发送的数据的地址区

```
L    W#16#4002
T    LW    20
CALL  "FILL"              //调用 SFC21
 BVAL    :=LW20           //源数据
 RET_VAL :=LW22           //故障代码
 BLK     := P#M 40.0 BYTE 20  //目的地址区
```

程序段 3：将存放接收到的数据的地址区清零

```
L    W#16#0
T    LW    20
CALL  "FILL"
 BVAL    :=LW20           //源数据
 RET_VAL :=LW22           //故障代码
 BLK     :=P#DB2. ARAY    //目的地址区

CALL  "FILL"
 BVAL    :=LW20           //源数据
 RET_VAL :=LW22           //故障代码
 BLK     :=P#M 20.0 BYTE 20   //目的地址区
```

CPU 313C-2DP 和 CPU 412-2DP 的 OB100 中的程序基本上相同，其区别在于前者将数据发送区 DB1 和 MB40~MB59 中的各个字分别预置为 16#3001 和 16#3002。CPU 313C-2DP 的 OB1 中没有通信程序，OB35 每 100ms 将 DB1.DBW 加 2。

5. 通信的仿真实验

图 6-28 是该项目组态和编程结束后的 SIMATIC 管理器。单击工具栏上的 按钮，打开 PLCSIM，出现名为 S7-PLCSIM1 的窗口（见图 6-29 的左图），可以将它视为一台仿真 PLC，用 MPI 接口下载程序。

选中 SIMATIC 管理器左边窗口 CPU 412-2DP 的"块"，单击工具栏上的 按钮，下载"块"文件夹中的系统数据和程序块。下载后 S7-PLCSIM1 的标题栏出现了下载的 PLC 站点的名称 SIMATIC 400(1)和 CPU 的型号 CPU 412-2DP。生成一个视图对象，将它的地址改为 DB2.DBW0。

单击 PLCSIM 工具栏上的 按钮，生成一个名为 S7-PLCSIM2 的新的仿真 PLC（见图 6-29 的右图）。选中 SIMATIC 管理器左边窗口 CPU 313C-2DP 的"块"，单击工具栏上的 按钮，下载"块"文件夹中的系统数据和程序块。下载后 S7-PLCSIM2 的标题栏出现了下载的 PLC 站点的名称 SIMATIC 300(1)和 CPU 的型号 CPU313C-2DP。生成一个视图对象，将它的地址改为 DB2.DBW0。

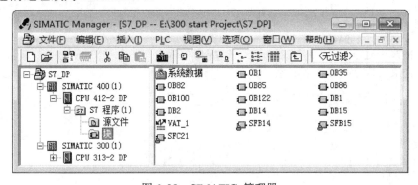

图 6-28　SIMATIC 管理器

图 6-29　用 PLCSIM 仿真两台 PLC

在时钟脉冲 M8.1 的上升沿，CPU 412-2DP 每 200ms 读取一次 CPU 313C-2DP 的数据；在时钟脉冲 M10.0 的上升沿，每 200ms 将数据写入 CPU 313C-2DP 的数据区。

运行时通信双方的 OB35 使 DB1.DBW0 的值不断增大，然后发送给对方的 DB2.DBW0。下载后将两台仿真 PLC 切换到 RUN-P 模式，可以看到双方接收到的第一个字 DB2.DBW0 的值在不断增大。

选中 SIMATIC 管理器中的 SIMATIC 400(1)站，执行菜单命令"插入"→"S7 块"→"变量表"，生成一个变量表。双击打开生成的变量表，在地址列输入两个接收地址区的第一个字和最后一个字。

用同样的方法生成 SIMATIC 300(1)站的变量表,两个变量表中被监控的变量相同。

打开通信双方的变量表,执行"窗口"菜单中的"排列"→"垂直"命令,同时显示两个变量表。单击工具栏上的按钮,选中的变量表进入监控状态,"状态值"列显示的是 PLC 中变量的值,标题栏出现浅蓝色的横条。单击选中另一个变量表,单击工具栏上的按钮,使它也进入监控状态。

图 6-30 是在运行时复制的通信双方的变量表。在变量表中可以看到双方接收到的 DB2.DBW0 的值在不断地增大,此外可以看到各数据接收区接收到的数据与对方 OB100 中设置的值相同。

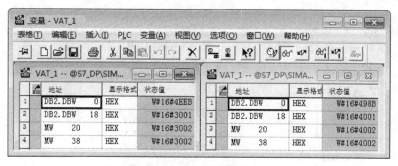

图 6-30　两块 CPU 的变量表

6.2.3　实训四十二　基于以太网的双向 S7 通信

1. 硬件组态

使用 SFB BSEND/BRCV,可以进行快速的、可靠的数据传送。本实训中通信的双方都需要调用 SFB BSEND/BRCV 来发送数据和接收数据。

用 STEP 7 的"新建项目"向导创建一个名为"S7_IE"的项目(见随书云盘中的同名例程),CPU 为 CPU 315-2PN/DP,设置其站点名称为 SIMATIC 300(1)。打开 HW Config,将电源模块和信号模块插入机架,CPU 的 MPI 地址为默认值 2。双击机架中 CPU 内的 PN-IO 行,单击打开的 PN-IO 属性对话框中的"属性"按钮(见图 6-31),打开以太网(Ethernet)接口属性对话框。单击"新建"按钮,生成以太网 Ethernet(1),采用默认的 IP 地址 192.168.0.1,子网掩码为默认的 255.255.255.0,不使用路由器。

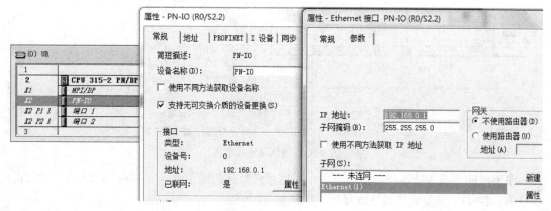

图 6-31　组态以太网

单击"确定"按钮，返回 HW Config。单击工具栏上的 按钮，编译并保存组态信息。

在 SIMATIC 管理器中生成一个名为 SIMATIC 300(2)的 S7-300 站点（见图 6-32）。选中它以后双击"硬件"图标，在 HW Config 中，将硬件目录的"\SIMATIC 300\RACK-300"中的导轨（Rail）拖放到组态工作区，将电源模块、CPU 315-2PN/DP 插入机架。在自动打开的以太网接口属性对话框的"参数"选项卡中，设置 IP 地址为 192.168.0.2，子网掩码为默认的 255.255.255.0，将它连接到以太网上。双击机架中 CPU 内的 MPI/DP 行，单击打开的 MPI/DP 属性对话框中的"属性"按钮，打开 MPI 接口属性对话框。将 MPI 站地址改为 3，将信号模块插入机架。

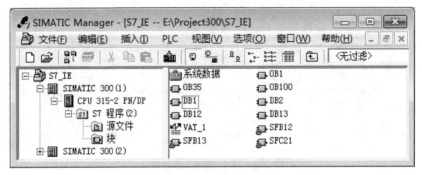

图 6-32　SIMATIC 管理器

单击"确定"按钮，返回 HW Config。单击工具栏上的 按钮，编译并保存组态信息。

2. 组态 S7 连接

组态好两个 S7-300 站后，单击工具栏上的 按钮，打开网络组态工具 NetPro，看到连接到以太网上的两个站（见图 6-33）。选中"SIMATIC 300(1)"站的 CPU 315-2PN/DP 所在的小方框，在下面的窗口出现连接表，双击连接表第一行的空白处，建立一个新连接。

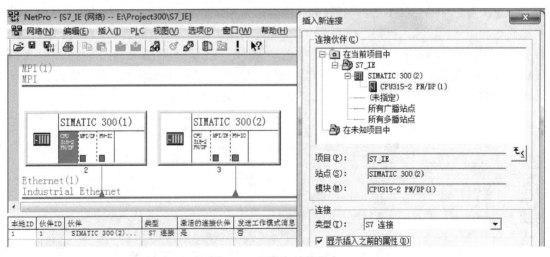

图 6-33　网络与连接组态

在出现的"插入新连接"对话框中，采用系统默认的通信伙伴（站点 SIMATIC 300(2)的 CPU 315-2PN），以及连接类型选择框中默认的 S7 连接。

单击"确定"按钮，出现 S7 连接属性对话框（见图 6-34 的左图）。在"本地连接端点"区，复选框"在一端配置"被禁止选中（该复选框为灰色），因此连接是双向的，在图 6-33 的连接表中，生成了相同的"本地 ID"和"伙伴 ID"。

复选框"建立主动的连接"被自动选中（见图 6-34 中的左图），连接表的"激活的连接伙伴"列显示"是"。在运行时，由本地节点（SIMATIC 300(1)）建立连接。反之显示"否"，由通信伙伴建立连接。

选中 NetPro 中站点 SIMATIC 300(2)的 CPU 315-2PN/DP 所在的小方框，下面的窗口是自动生成的该站点一侧的连接表（见图 6-35），双击连接表中的"S7 连接"，出现该站点一侧的连接属性对话框（见图 6-34 中的右图）。

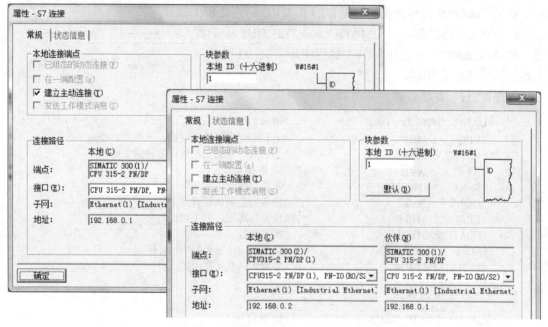

图 6-34　通信双方的 S7 连接属性对话框

本地ID	伙伴ID	伙伴	类型	激活的连接伙伴	子网
1	1	SIMATIC 300(1) / CPU 315-2 PN/DP	S7 连接	否	Ethernet(1) [IE]

图 6-35　站点 SIMATIC 400(2)一侧的 S7 连接表

组态好连接后，单击工具栏上的 按钮，网络组态信息被编译和保存在系统数据中。

应将双向通信双方的连接表信息分别下载到各自的 CPU。编译成功后，也可以通过 SIMATIC 的"块"文件夹中的"系统数据"下载硬件和连接的组态信息。

3．通信程序设计

双方的通信程序基本上相同。首先生成 DB1 和 DB2，在数据块中生成有 200 个字节元素的数组 ARAY。

为了实现周期性的数据传输，在组态硬件时，在 CPU 的属性对话框的"周期/时钟存储器"选项卡中将 MB8 组态为时钟存储器字节（见实训六和图 3-15），MB8 的第 0 位 M8.0 的周期为 100ms。用 M8.0 为 BSEND 提供发送请求信号 REQ。

因为 PLCSIM 只支持使用 SFB 的 S7 通信的仿真，所以本例程调用的是 SFB12/SFB13。

对于硬件 CPU 31x-2PN/DP，应调用库文件夹"\库\Standard Library\Communication Blocks"中的 FB12/FB13。

打开 SIMATIC 300(1)的 OB1，用"视图"菜单中的命令设置编程语言为 STL（语句表）。执行菜单命令"视图"→"总览"，打开程序编辑器左边的指令列表窗口。打开文件夹"\库\Standard Library\System Function Blocks"，将其中的 SFB12"BSEND"和 SFB13"BRCV"指令拖放到程序区。

SFB BSEND/BRCV 的输入参数 ID 为连接的标识符，R_ID 用于区分同一连接中不同的 SFB 调用。对于同一个数据包，发送方与接收方的 R_ID 应相同。站点 SIMATIC 300(1)发送和接收的数据包的 R_ID 分别为 1 和 2，站点 SIMATIC 300(2)发送和接收的数据包的 R_ID 分别为 2 和 1（见图 6-36）。下面是站点 SIMATIC 300(1)的 OB1 中的程序。站点 SIMATIC 300(2)的 OB1 的程序除了 R_ID 以外，其他参数的实参均相同。

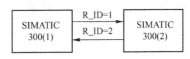

图 6-36　数据包传送示意图

程序段 1：　发送数据

```
CALL    "BSEND" , DB12        //调用 SFB12
  REQ     :=M8.0             //上升沿时激活数据交换，周期为 100ms
  R       :=M10.1            //上升沿时中断正在进行的数据交换
  ID      :=W#16#1           //S7 连接号
  R_ID    :=DW#16#1          //发送与接收请求号
  DONE    :=M10.2            //任务被正确执行时为 1
  ERROR   :=M10.3            //错误标志位，为 1 时出错
  STATUS  :=MW12             //状态字
  SD_1    :=DB1.ARAY         //存放要发送的数据的地址区
  LEN     :=MW14             //要发送的数据字节数
```

程序段 2：　接收数据

```
CALL    "BRCV" , DB13         //调用 SFB13
  EN_R    :=TRUE             //接收请求，为 1（TURE）时允许接收
  ID      :=W#16#1           //S7 连接号
  R_ID    :=DW#16#2          //发送与接收请求号
  NDR     :=M0.1             //任务被正确执行时为 1
  ERROR   :=M0.2             //错误标志位，通信出错时为 1
  STATUS  :=MW2              //状态字
  RD_1    :=DB2.ARAY         //存放接收的数据的地址区
  LEN     :=MW4              //已接收的数据字节数
```

BSEND 的 IN_OUT 参数 LEN 是要发送的数据的字节数，数据类型为 WORD。因为不能使用常数，设置 LEN 的实参为 MW14，在双方的初始化程序 OB100 中，用下面两条语句预置它的初始值为 200：

```
L    200
T    MW    14                //预置要发送的字节数
```

OB100 和 OB35 的程序与实训四十一的类似。在 OB100 中，调用 SFC21，将双方的数据发送区 DB1 的各个字分别预置为 16#3001 和 16#3002，将 DB2 中的数据接收区的各个字清零。通信双方的 OB35 中的程序每 100ms 将发送的第一个字 DB1.DBW0 加 1。

4. 通信的仿真实验

用实训四十一所述的方法，打开 PLCSIM，生成两个仿真 PLC，其中各生成一个视图对象，将它的地址改为 DB2.DBW0（见图 6-29）。分别将两个站的系统数据和程序块下载到各自的仿真 PLC。将两台仿真 PLC 切换到 RUN-P 模式。

在时钟脉冲 M8.0 的上升沿，通信双方每 100ms 发送 200B 数据。RUN 模式时可以看到双方接收到的第一个字节 DB2.DBW0 的值在不断增大。

图 6-37 是在运行时复制的通信双方的变量表。RUN 模式时可以看到双方接收到的 DB2.DBW0 在不断地变化，还可以看到数据接收区的第二个字 DBW2 和最后一个字 DBW198 的值与发送方预置的相同。

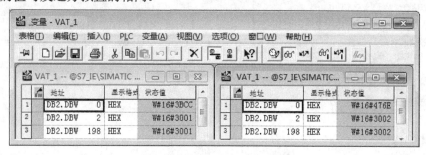

图 6-37 两块 CPU 的变量表

6.2.4 实训四十三 上传项目文件

STEP 7 的项目文件是控制系统的监控、调试、故障诊断和改进的基础。如果下载到 CPU 的项目文件没有加密，建立起 CPU 与 STEP 7 的通信连接后，可以将项目文件上传到计算机，用 STEP 7 的项目将硬件、网络的组态信息和用户程序保存起来。本实训通过仿真操作来学习上传项目文件的操作，上传硬件系统项目文件的操作基本上相同。

1. 上传单主站项目的仿真实验

1）首先打开随书云盘中的项目"ET200DP"，然后打开 PLCSIM。选中 SIMATIC 管理器左边窗口中的"块"，单击工具栏上的 ![] 按钮，将组态信息和用户程序下载到仿真 PLC。

2）执行菜单命令"文件"→"新建"，在 STEP 7 中生成一个空的项目。

3）执行菜单命令"PLC"→"将站点上传到 PG"，单击出现的"选择节点地址"对话框中的"显示"按钮，将会显示 MPI 网络中可访问的站点，其中的模块型号是仿真 PLC 的型号。同时"显示"按钮上的字符变为"更新"（见图 6-38）。单击"确定"按钮，出现"上传给 PG"对话框，上传站点的系统数据和块。上传的站点信息保存在打开的项目中。

4）打开上传的 300 站点，可以看到"块"文件夹中的系统数据和程序块。打开硬件组态工具 HW Config，可以看到机架中的模块、DP 网络和网络上的 DP 从站。

上传的项目文件没有符号表和用户程序中的注释，这是因为下载的时候没有下载它们。这样的程序可读性很差，但是可以用于第 7 章将要介绍的故障诊断。

2. 上传多主站项目的仿真实验

1）首先打开随书云盘中的项目"S7_DP"，该项目有两个站点，CPU 分别为 CPU 412-

2DP 和 CPU 313C-2DP。打开 PLCSIM，出现名为 S7-PLCSIM1 的窗口。

2）选中 SIMATIC 管理器左边窗口 400 站点的"块"文件夹，单击工具栏上的 按钮，下载系统数据和程序块。

3）单击 PLCSIM 工具栏上的 按钮，生成一个名为 S7-PLCSIM2 的新的仿真 PLC。

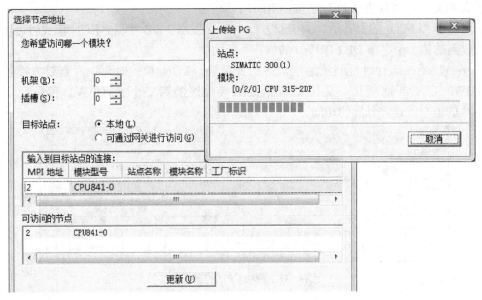

图 6-38　上传站点

4）选中 SIMATIC 管理器左边窗口 300 站点的"块"文件夹，单击工具栏上的 按钮，下载系统数据和程序块。

5）执行菜单命令"文件"→"新建"，在 STEP 7 中生成一个空的项目。

6）执行菜单命令"PLC"→"将站点上传到 PG"，单击出现的"选择节点地址"对话框中的"显示"按钮，"可访问的节点"列表中显示出两个可访问的站点（见图 6-39 的左图）。选中其中的 400 站点（MPI 网络中的 2 号站），单击"确定"按钮，出现"上传给 PG"对话框，开始上传。上传结束后，可以看到项目中的 400 站点。

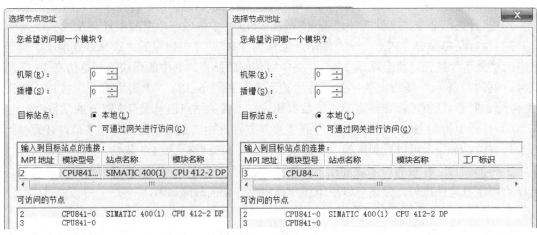

图 6-39　上传两个站点

7）再次执行菜单命令"PLC"→"将站点上传到 PG"，单击出现的"选择节点地址"对话框中的"显示"按钮，选中"可访问的节点"列表中的 3 号站（见图 6-39 中的右图）。单击"确定"按钮，出现"上传给 PG"对话框，开始上传站点的系统数据和程序块。上传结束后，可以看到项目中的 300 站点。

8）打开上传的 300 站点和 400 站点，可以看到"块"文件夹中的系统数据和程序块。

9）单击工具栏上的🖳按钮，打开网络组态工具 NetPro，可以看到 DP 网络上的两个站点。选中 400 站点中的 CPU，在下面的连接表可以看到下载的 S7 连接。

3. 上传程序的仿真练习

打开随书云盘中的项目"S7_IE"，将项目中两个 300 站点的"块"文件夹下载到仿真 PLC。生成一个新的项目，将下载的两个站点上传到项目。检查上传的项目的程序块、硬件组态和网络组态是否正确。

6.3　练习题

1．PROFIBUS 有哪 3 种通信服务？

2．使用 ET 200M 有什么好处？

3．STEP 7 怎样分配 DP 网络中的 I/O 地址？

4．GSD 文件有什么作用？怎样安装 GSD 文件？

5．简述组态智能从站的过程。

6．怎样实现 DP 主站与智能从站之间的一致性数据传输？

7．在 G120 变频器使用标准报文 1 的 DP 通信中，PLC 发送和接收的过程数据字分别用来干什么？

8．简述使用标准报文 1 的 G120 变频器 DP 通信的组态和编程的方法。

9．S7 通信可以用于哪些网络？怎样实现 S7 通信？

10．简述客户机和服务器在 S7 通信中的作用。

11．哪些 CPU 集成的通信接口可以用作 S7 单向通信的客户机？

12．S7 单向通信和双向通信分别使用什么 SFB？

13．简述实现两台 PLC 之间的 S7 通信的仿真过程。

第 *7* 章

人机界面的组态与仿真

7.1 人机界面的硬件与组态软件

7.1.1 人机界面与触摸屏

1. 人机界面

人机界面（Human Machine Interface）简称为 HMI，是操作人员与控制系统之间进行对话和相互作用的专用设备。人机界面可以在恶劣的工业环境中长时间连续运行，是 PLC 的最佳搭档。人机界面用字符、图形和动画动态地显示现场数据和状态，操作员可以通过人机界面来控制现场的被控对象和修改工艺参数。此外人机界面还有报警、用户管理、数据记录、趋势图、配方管理、显示和打印报表、通信等功能。

随着技术的发展和应用的普及，近年来人机界面的价格已经大幅下降，一个大规模应用人机界面的时代正在到来，人机界面已经成为现代工业控制领域广泛使用的设备之一。

2. 触摸屏

触摸屏是人机界面的发展方向，用户可以在触摸屏的屏幕上生成满足自己要求的触摸式按键。触摸屏使用直观方便，易于操作。画面上的按钮和指示灯可以取代相应的硬件元件，减少 PLC 需要的 I/O 点数，降低系统的成本，提高设备的性能和附加价值。

3. 人机界面的工作原理

人机界面最基本的功能是显示现场设备（通常是 PLC）中位变量的状态和寄存器中数字变量的值，用监控画面上的按钮向 PLC 发出各种命令，以及修改 PLC 存储区的参数。

（1）对监控画面组态

首先需要用计算机上运行的组态软件对人机界面组态（见图 7-1），生成满足用户要求的画面，实现人机界面的各种功能。画面的生成是可视化的，一般不需要用户编程，组态软件的使用简单方便，很容易掌握。

（2）编译和下载项目文件

编译项目文件是指将用户生成的画面及设置的信息转换成人机界面可以执行的文件。编译成功后，需要将可执行文件下载到人机界面的存储器。

（3）运行阶段

在控制系统运行时，人机界面和 PLC 之间通过通信来交换信息，从而实现人机界面的各种功能。只需要对通信参数进行简单的组态，就可以实现人机界面与 PLC 的通信。给画面中的图形对象指定对应的 PLC 的存储器地址，就可以实现控制系统运行时 PLC 与人机界面之间的自动数据交换。

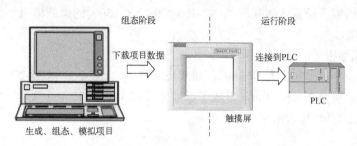

图 7-1　人机界面的工作原理

人机界面具有很强的通信功能，一般有 RS-232C 和 RS-422/RS-485 等串行通信接口，有的还有 USB 和以太网接口。人机界面能与各主要生产厂家的 PLC 通信，也能与运行它的组态软件的计算机通信。

7.1.2　SIMATIC 人机界面

西门子的人机界面及其组态软件已升级换代，过去的 177、277、377 系列已被精智面板（Comfort Panels）、第二代精简面板和精彩面板 SMART 700/1000 IE 代替，新系列面板都有以太网接口。型号中的 KP 表示按键型，TP 为触摸屏型，KTP 是有少量按钮的触摸屏型。HMI 的正面具有 IP65 防护等级，适合在恶劣环境中使用。

1. 精简系列面板

精简系列面板具有基本的功能，经济实用，有很高的性能价格比。项目可以向上移植到精智面板。第一代精简面板的显示器对角线有 3.6in、4.3in、5.7in、10.4in 和 15in 这 5 种规格。3.6in、4.3in 的只有 RJ 45 以太网接口，其他型号的有一个 RS-422/RS-485 接口和一个以太网接口。

第二代精简面板的显示器对角线有 4.3in、7in、9in 和 12in 这 4 种规格。它们有一个 RS-422/RS-485 接口、一个 RJ 45 以太网接口和一个 USB2.0 接口。

2. 精智系列面板

高性能的精智系列面板采用高分辨率宽屏幕显示器，可显示 PDF 文档和 Internet 页面。有显示器对角线分别为 4in、7in、9in、12in 和 15in 的按键型和触摸型面板，还有 22in 的触摸型面板。

精智系列面板支持多种通信协议，4in 的产品有一个 PROFINET 以太网接口，其余产品有两个 PROFINET 接口。15in 及以上的产品还有一个千兆位 PROFINET 接口。A 型 4in 的产品有一个 USB 主机接口，其余产品有两个 USB 主机接口。迷你 B 型所有型号有一个 USB 设备接口。无需使用特殊电缆，可以用以太网接口或 USB 接口来下载 HMI 项目。

按键型设备采用手机的按键模式来输入文本和数字。所有可以自由组态的功能键均有 LED。所有按键都有清晰的按压点，以此确保操作安全。

精智系列面板有两个存储卡插槽。项目数据和设备参数用设备中的系统卡保存，可以用系统卡将项目传输到其他设备。

精智系列面板采用有效的节能管理，显示屏的亮度可在 0～100%范围调节，生产间歇期间可将显示屏关闭。发生电源故障时，可以 100 %地确保数据安全。

以前需要使用编程设备才能获取的 S7-300/400/1200/1500 的诊断信息，现在可以通过精智面板来直接读取。

3．精彩系列面板

精彩系列面板 Smart 700 IE 和 Smart 1000 IE 是专门与 S7-200 和 S7-200 SMART 配套的触摸屏，显示器分别为 7in 和 10in，集成了以太网接口和 RS-422/485 接口。Smart 700 IE 的价格便宜，具有很高的性能价格比。

4．移动面板

移动面板可以在不同的地点灵活应用。Mobile Panel 177 的显示器为 5.7in，Mobile Panel 277 的显示器有 8in 和 10in 两种规格。此外还有 8in 的无线移动面板 Mobile Panel 277 IWLAN。

5．老系列 HMI

用于 S7-200 的文本显示器 TD 200、TD 400C 和微型面板 OP 73micro、TP 177micro 已停产，可以用精简系列或精彩系列面板替代它们。

老系列面板还有 77 系列、177 系列和 277 系列面板，MP 177、MP277 和 MP377 系列多功能面板。

6．组态软件

WinCC flexible 2008 SP4 可以组态老系列 HMI、第一代精简系列面板、精彩系列面板和移动面板。WinCC flexible 简单、高效，易于上手，功能强大。在创建工程时，通过点击鼠标便可以生成 HMI 项目的基本结构。基于表格的编辑器简化了对象（例如变量、文本和信息）的生成和编辑。通过图形化配置，简化了复杂的配置任务。

WinCC flexible 带有丰富的图库，提供大量的图形对象供用户使用。WinCC flexible 支持多语言组态和多语言运行。

博途（TIA Port）是西门子全新的全集成自动化软件。博途中的 STEP 7 用于 S7-1200、S7-1500、S7-300/400 和 WinAC 的组态和编程。博途中的 WinCC 是用于西门子的 HMI、工业 PC 和标准 PC 的组态软件，它可以为精彩面板和第一代微型面板之外的西门子 HMI 组态。精智面板和第二代精简系列面板只能用博途中的 WinCC 组态。

西门子人机界面组态和应用的详细方法见作者编写的《西门子人机界面（触摸屏）组态与应用技术》。

7.1.3　安装 WinCC flexible

本节通过一个简单的例子，介绍用 TP 177B 6" color PN/DP 控制和显示 PLC 中变量的方法。使用的组态软件为 WinCC flexible 2008 SP4。

1．安装 WinCC flexible 的计算机的推荐配置

WinCC flexible 2008 SP4 可在 Windows XP 或 Windows 7 的非家用版安装。推荐的计算机内存为 2MB，CPU 的最低配置为不小于 1.6 GHz 的处理器。图形分辨率为 1024×768 或更高，16 位色。

2. 安装 WinCC flexible

安装了 STEP 7 之后，双击随书云盘的"WinCC flexible 2008 SP4"文件夹中的 Setup.exe，开始安装 WinCC flexible。

在第一页确认安装使用的语言为默认的简体中文。单击各对话框的"下一步"按钮，进入下一对话框。单击"产品注意事项"对话框中的按钮，可以阅读注意事项。

在"许可证协议"对话框（见图 1-1 的右图），应选中复选框"本人接受上述许可协议中的条款……"。

在"要安装的程序"对话框（见图 7-2），确认安装自动打钩的全部软件。如果要修改安装的路径，选中某个要安装的软件，出现默认的安装文件夹。单击"浏览"按钮，用打开的对话框修改安装软件的文件夹。建议将该软件安装在 C 盘默认的文件夹。

在"系统设置"对话框，选中复选框"我接受对系统设置的更改"（见图 1-2）。

开始安装软件时出现图 7-2 右边的对话框。安装过程是自动完成的，不需要用户干预。安装完成后，出现的对话框显示"安装程序已在计算机上成功安装了软件"，单击"完成"按钮，立即重新启动计算机。也可以用单选框选择以后重启计算机。

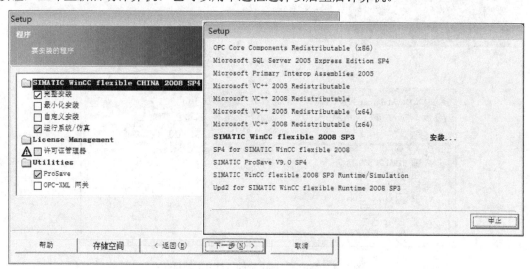

图 7-2　要安装的程序和安装过程的对话框

3. 安装软件时遇到的问题的处理

在安装 WinCC flexible 时，可能出现提示，要求在安装新程序之前重新启动 Windows，可以用 1.2 节的安装注意事项中介绍的方法解决这一问题。

7.2　实训四十四　人机界面的画面组态与仿真实验

7.2.1　创建项目和 HMI 站点

1. 在 SIMATIC 管理器中创建 HMI 站点

打开 STEP 7，用"新建项目向导"生成一个名为"PLC_HMI"的项目（见随书云盘中的同名例程），CPU 的型号为 CPU 314C-2DP。

选中管理器左侧的项目窗口最上面的项目图标，执行菜单命令"插入"→"新对象"→"SIMATIC HMI Station"（人机界面站），在出现的对话框中设置 HMI（人机界面）的型号为 TP 177B 6" color PN/DP（见图 7-3），单击"确定"按钮，生成的 HMI 站对象出现在 SIMATIC 管理器的项目窗口中（见图 7-4）。

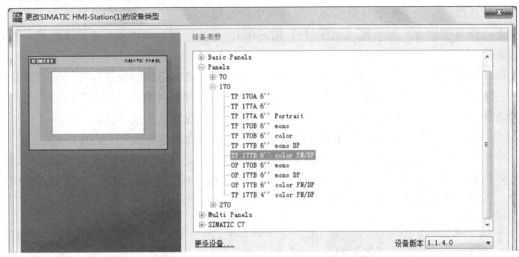

图 7-3　设置 HMI 的型号

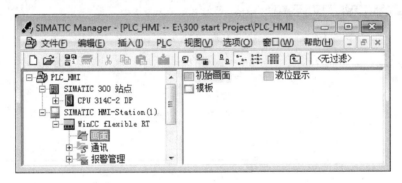

图 7-4　集成了 HMI 站的 STEP 7 项目

创建 HMI 站点实际上就是创建集成在 STEP 7 中的 WinCC flexible 的项目，后者保存在 STEP 7 项目的"HmiEs"文件夹中。

2．建立两个站点的连接

为了实现 PLC 和 HMI 设备之间的自动数据交换，需要建立它们之间的连接。单击工具栏上的 ▣ 按钮，打开网络组态工具 NetPro（见图 7-5 左面的图），显示出 STEP 7 项目中尚未与 MPI 网络连接的 S7-300 站点和 HMI 站点。它们的 MPI 接口用红色的小方块表示，MPI 的站地址分别为 2 和 1。

双击 MPI 接口对应的小红方块，打开 MPI 接口属性对话框（见图 7-5 右边的图），选中"子网"列表中的 MPI 网络，单击"确定"按钮，站点就被连接到 MPI 网络上了。可以用该对话框的"地址"选择框修改站点的 MPI 地址。也可以将 MPI 接口对应的小红方块直接"拖放"到红色的 MPI 网络上。图 7-5 的左图是已经连接好的 MPI 网络。

单击工具栏上的按钮，保存和编译网络组态信息。

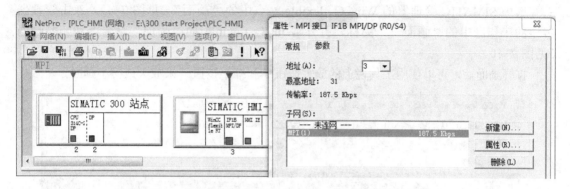

图7-5 用NetPro组态MPI网络连接

3. 定义符号和编写程序

在PLC的符号表中生成符号地址（见图7-6），M0.0～M0.3是HMI画面上的启动按钮和停止按钮提供给PLC的控制信号。图7-7是OB1中的梯形图程序，按下HMI屏幕上的水泵启动按钮（见图7-10），变量"水泵"（Q0.0）变为1状态，OB35中的程序（见图7-8）使变量"液位"（MW6）每100ms加2。液位值等于"上预设值"MW2，或按了水泵停止按钮，水泵Q0.0变为0状态，液位值不再加2。按下HMI屏幕上的出水阀开按钮，出水阀Q0.1变为1状态，OB35中的程序使变量"液位"MW6每100ms减1。按了出水阀关按钮，或液位值等于"下预设值"MW4时，出水阀Q0.1变为0状态，液位值不再减1。

	符号	地址 /		数据类型
1	水泵启动	M	0.0	BOOL
2	水泵停止	M	0.1	BOOL
3	出水阀开	M	0.2	BOOL
4	出水阀关	M	0.3	BOOL
5	上预设值	MW	2	INT
6	下预设值	MW	4	INT
7	液位	MW	6	INT
8	水泵	Q	0.0	BOOL
9	出水阀	Q	0.1	BOOL

图7-6 STEP 7中的符号表

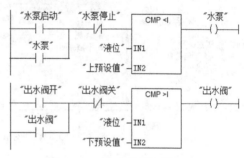

图7-7 OB1中的梯形图

可以用HMI画面上的IO域修改液位的上预设值和下预设值（见图7-10）。系统启动时在OB100中设置这两个预设值的初始值（见图7-9）。

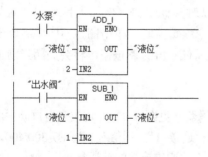

图7-8 OB35中的梯形图

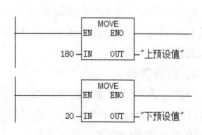

图7-9 OB100中的梯形图

4. 打开 WinCC flexible 的项目

选中 SIMATIC 管理器的 WinCC flexible 站点中的"画面"(见图 7-4),双击管理器右边的工作区中的"画面_1"图标,打开 WinCC flexible 的"画面"编辑器和初始画面(见图 7-10)。

打开画面后,可以使用工具栏上的放大按钮🔍和缩小按钮🔍来放大或缩小画面。

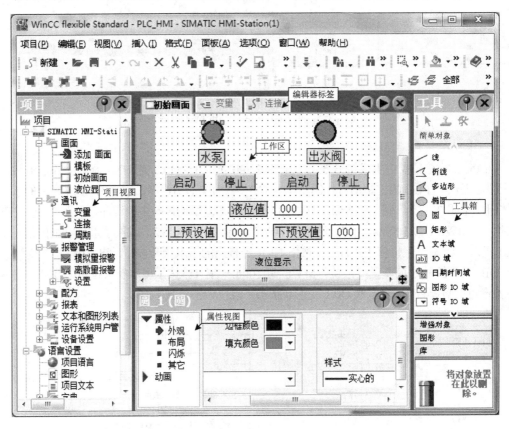

图 7-10 WinCC flexible 的用户界面

选中画面,在画面编辑器下面的属性视图中,可以设置画面的名称和编号。单击"填充颜色"选择框的▼键,在出现的颜色列表中设置画面的背景色为白色。

5. 工作区的操作

用户在工作区编辑项目对象。除了工作区,可以对其他窗口(例如项目视图和工具箱等)进行移动、改变大小和隐藏等操作。同时打开多个编辑器时,单击图 7-10 中编辑器工作区上面的标签,可以显示对应的编辑器。单击工作区右上角的❌按钮,将会关闭当前显示的编辑器。

6. 打开连接

双击右侧项目视图中的"连接",打开"连接"编辑器(见图 7-11)。连接表内自动生成了在 STEP 7 的 NetPro 中组态的连接。采用默认的名称"连接_1",通信对象为 S7-300/400,在"激活的"列选中"开"。采用连接表下面的属性视图给出的通信连接的默认参数。

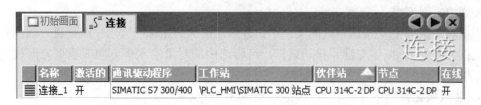

图 7-11　"连接"编辑器

7.2.2　组态指示灯与按钮

1. 组态指示灯

指示灯用来显示 BOOL 变量 "水泵" 和 "出水阀" 的状态（见图 7-10）。单击打开右边工具箱中的 "简单对象"，单击选中其中的 "圆"，按住鼠标左键并移动鼠标，将它拖到画面上希望的位置。松开左键，对象被放在当前所在的位置。这个操作称为 "拖放"。

用画面下面的属性视图设置其边框为黑色，边框宽度为 3 个像素点（与指示灯的大小有关），填充色为深绿色，通过动画功能（见图 7-12 下面的图），使指示灯在位变量 "水泵" 的值为 0 和 1 时，背景色分别为深绿色和浅绿色。

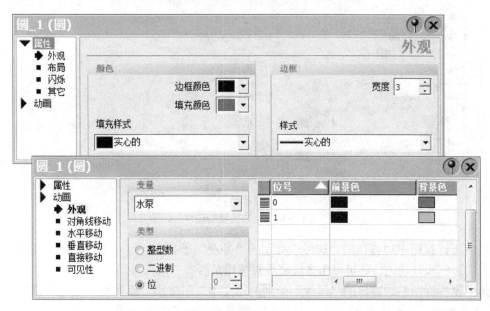

图 7-12　组态指示灯

2. 用鼠标改变对象的位置和大小

用鼠标左键单击图 7-13a 的指示灯，它的四周出现 8 个小正方形。将鼠标的光标放到指示灯上，光标变为图中的十字箭头图形。按住鼠标左键并移动鼠标，将对象拖放到希望的位置。

用鼠标左键选中某个角的小正方形，鼠标的光标变

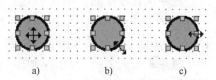

图 7-13　对象的移动与缩放

为 45° 的双向箭头（见图 7-13b），按住左键并移动鼠标，将会同时改变对象的长度和宽

度，长宽的比例不变。

用鼠标左键选中 4 条边中点的某个小正方形，鼠标的光标变为水平或垂直方向的双向箭头（见图 7-13c），按住左键并移动鼠标，可将选中的对象沿水平方向或垂直方向放大或缩小。可以用同样的方法放大或缩小窗口。

3．生成按钮

画面上的按钮的功能比接在 PLC 输入端的物理按钮的功能强大得多，用来将各种操作命令发送给 PLC，通过 PLC 的用户程序来控制生产过程。

单击工具箱中的"简单对象"，将其中的按钮图标 **OK** 拖放到画面上。用前面介绍的方法来调整按钮的位置和大小。

4．设置按钮的属性

单击生成的按钮，选中属性视图的"常规"类别，用单选框选中"按钮模式"域和"文本"域中的"文本"（见图 7-14）。将"'OFF'状态文本"中的 Text 修改为"启动"。

如果选中多选框"ON 状态文本"，可以分别设置按下和释放按钮时按钮上面的文本。一般不选中该多选框，按钮按下和释放时显示的文本相同。

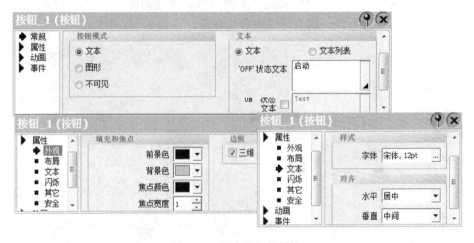

图 7-14　组态按钮的属性

选中属性视图左边窗口的"属性"类别的"外观"子类别，可以在右边窗口修改它的前景（文本）色和背景色。还可以用多选框设置按钮是否有三维效果。

选中属性视图左边窗口的"属性"类别的"文本"子类别，设置按钮上文本的字体为宋体和 12 个像素点。水平对齐方式为"居中"，垂直对齐方式为"中间"。

5．按钮功能的设置

选中属性视图的"事件"类别中的"按下"子类别（见图 7-15），单击右边窗口最上面一行右侧的 键，再单击出现的系统函数列表的"编辑位"文件夹中的函数"SetBit"（置位）。"SetBit"被放置在第一行，表示在按下按钮时进行置位操作。

直接单击表中第 2 行右侧隐藏的 按钮（见图 7-16），选中出现的对话框中 PLC 项目"PLC_HMI"中的符号表（Symbols），双击其中的变量"水泵启动"（M0.0），符号表被关闭，"水泵启动"出现在属性视图的第二行。与此同时，变量"水泵启动"出现在 WinCC flexible 的变量表中。在 HMI 运行时按下"水泵启动"按钮，M0.0 将会被置位为 1 状态。

图 7-15　组态按钮按下时执行的函数

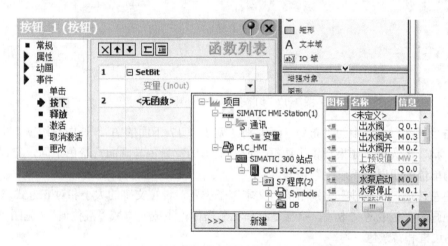

图 7-16　组态按钮按下时函数 SetBit 的操作数

PLC 的符号表中已经被 WinCC flexible 的变量表接收的符号地址的"图标"列（见图 7-16），将出现一个图标。

用同样的方法，设置在释放"水泵启动"按钮时调用系统函数"ResetBit"，将变量"水泵启动"（M0.0）复位为 0 状态。该按钮具有点动按钮的功能，按下按钮时 PLC 中的 M0.0 被置位，放开按钮时它被复位。

单击选中画面上组态好的水泵启动按钮，先后执行"编辑"菜单中的"复制"和"粘贴"命令，生成一个相同的按钮。用鼠标调节它在画面上的位置，选中属性视图的"常规"类别，将按钮上的文本修改为"停止"。打开"事件"类别，组态在按下和释放按钮时分别将变量"水泵停止"（M0.1）置位和复位。

7.2.3　组态文本域与 IO 域

1. 生成与组态文本域

将工具箱中的文本域图标（见图 7-10）拖放到画面上，默认的文本为"Text"。单击生成的文本域，选中属性视图的"常规"类别，在右边窗口的文本框中键入"水泵"。选中属性视图左边窗口"属性"类别中的"外观"子类别，可以在右边窗口（见图 7-17 上面的图）修改文本颜色、背景色和填充样式。"边框"域中的"样式"选择框可以选择"无"（没有边框）或"实心的"（有边框），还可以设置边框以像素点为单位的宽度和颜色，用多选框设置是否有三维效果。

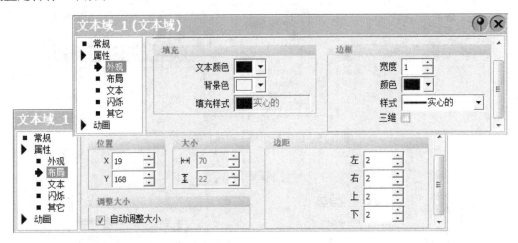

图 7-17　组态文本域的外观和布局

单击"属性"类别中的"布局"子类别（见图 7-17 下面的图），选中右边窗口中的"自动调整大小"多选框。如果设置了边框，或者文本的背景色与画面背景色不同，建议设置以像素点为单位的四周的"边距"相等。

选中左边窗口"属性"类别中的"文本"子类别，设置文字的大小和对齐方式。

选中画面上生成的文本域，执行复制和粘贴操作，生成文本域"液位值"（见图 7-10），设置它的边框和背景色。

同时选中和复制图 7-10 左上角监控水泵的指示灯、文本域和两个按钮，将它们粘贴在画面的右上角。将文本域中的文字改为"出水阀"，指示灯连接的变量修改为"出水阀"（Q0.1）。两个按钮连接的变量分别修改为"出水阀开"（M0.2）和"出水阀关"（M0.3）。

2．生成与组态 IO 域

有 3 种模式的 IO 域：

1）输出域：用于显示变量的数值。

2）输入域：用于操作员键入数字或字母，并用指定的 PLC 的变量保存它们的值。

3）输入/输出域：同时具有输入域和输出域的功能，操作员用它来修改 PLC 中变量的数值，并将修改后 PLC 中的数值显示出来。

将工具箱中的 IO 域图标abⅠ（见图 7-10）拖放到画面上文本域"液位值"的右边，选中生成的 IO 域。单击属性视图的"常规"类别（见图 7-18），用"模式"选择框设置 IO 域为输出域，连接的过程变量为"液位"。在"格式"域，采用默认的格式类型"十进制"，设置"格式样式"为 999（3 位数），小数点后的位数为 0。

IO 域属性视图的"外观""布局"和"文本"子类别的参数设置与文本域的基本上相同。设置该 IO 域有边框，背景色为白色。

选中画面上生成的文本域和 IO 域，执行复制和两次粘贴操作。放置好新生成的文本域和 IO 域后选中它们，单击属性视图的"常规"类别，设置文本域中的文字分别为"上预设值"和"下预设值"。选中属性视图左边窗口"属性"类别中的"外观"子类别，设置它们的背景色。

图 7-18　组态 IO 域

设置 IO 域连接的变量分别为"上预设值"和"下预设值"，模式均为输入/输出，其余的参数不变。

7.2.4　生成液位显示画面

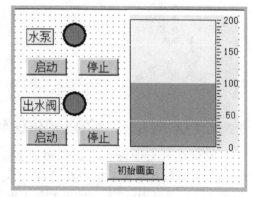

双击项目视图的"画面"文件夹中的"添加画面"（见图 7-10），生成一个名为"画面_1"的新画面。右键单击项目视图中的新画面，执行出现的菜单中的"重命名"命令，将新画面的名称改为"液位显示"。

将初始画面上监控水泵和出水阀的指示灯、按钮和文本域复制到"液位显示"画面上（见图 7-19）。调整文本域的位置。

将项目视图中的"初始画面"图标拖放到液位显示画面，自动生成文本为"初始画面"的画面切换按钮。在运行时单击该按钮，将会切换到

图 7-19　液位显示画面

初始画面。用同样的方法在初始画面上生成切换到液位显示画面的按钮（见图 7-10）。

将工具箱的"简单对象"组中的"棒图"对象拖放到新建的画面上，调节它的位置和大小。单击属性视图的"常规"类别（见图 7-20），设置连接的过程变量为"液位"，即用棒图显示变量"液位"的值，显示范围为 0～200。变量"液位"的周期（采集周期）在 HMI 的变量表中设置。

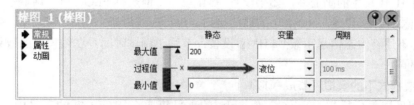

图 7-20　组态棒图的常规属性

选中左边窗口"属性"类别的"外观"子类别，设置棒图有边框。可以设置棒图的前景色（即本例中液体的颜色）、方框内和方框外的背景色，以及刻度值的颜色。

选中左边窗口"属性"类别的"布局"子类别，可以改变棒图放置的方向、变量变化的方向和刻度的位置，图 7-19 中的棒图的刻度位置为"右/下"，棒图的方向为"向上"，即代表变量"液位"数值的前景色从下往上增大。

选中左边窗口"属性"类别的"刻度"子类别，可以设置是否显示刻度和刻度旁的数字（标记标签）。图 7-21 中的大刻度间距为 10，即相邻两条大刻度线的间距对应的液位值增量为 10。标记增量标签为 5，是指每 5 个大刻度线之间（液位值增量为 50）设置一个标记标签（液位显示值）。份数为 2，表示将每个大刻度间距划分为 2 个小刻度。刻度值的"总长度"指刻度值的字符数，小数点也要占一个字符。可以设置刻度值小数点后的位数。修改参数后，马上就可以看到参数对棒图外观的影响。

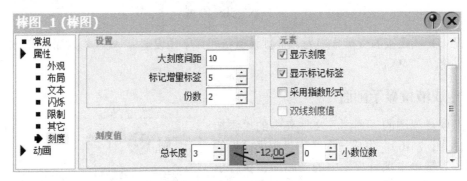

图 7-21　组态棒图的刻度

7.2.5　PLC 与人机界面的集成仿真实验

WinCC flexible 提供了一个模拟器软件，在没有 HMI 设备的情况下，可以用 WinCC flexible 的运行系统来模拟 HMI 设备，用它来测试项目，调试已组态的 HMI 设备的功能。模拟调试也是学习 HMI 设备的组态方法和提高动手能力的重要途径。有下列 3 种模拟调试的方法：

1．不带控制器连接的模拟（离线模拟）

如果手中既没有 HMI 设备，也没有 PLC，可以用模拟表来设置和显示 PLC 中变量的数值。因为没有运行 PLC 的用户程序，离线模拟只能模拟人机界面的部分功能，例如画面的切换和数据的输入过程等。

2．带控制器连接的模拟（在线模拟）

组态好 HMI 设备的画面后，如果没有 HMI 设备，但是有 PLC，可以用通信适配器或通信处理器连接计算机和 S7-300/400 的通信接口，进行在线模拟，用计算机模拟 HMI 设备的功能。因为不用将组态信息下载到 HMI 设备，节约了调试时间。在线模拟的效果与实际系统基本上相同。

3．集成模式下的模拟（集成模拟）

本例程采用集成模拟。WinCC flexible 的项目集成在 STEP 7 的项目中，用 WinCC flexible 的运行系统来模拟 HMI 设备，用 S7-300/400 的仿真软件 S7-PLCSIM 来模拟 PLC。这种模拟不需要 HMI 设备和 PLC 的硬件，模拟的效果与实际系统的运行情况基本上相同。

下面是对项目"PLC_HMI"作集成模拟的操作步骤：

1）在 SIMATIC 管理器中，打开 PLCSIM。将用户程序和组态信息下载到仿真 PLC，将仿真 PLC 切换到 RUN-P 模式。

2）单击 WinCC flexible 工具栏上的 按钮，启动运行系统，开始模拟 HMI。

3）单击画面上的水泵启动按钮（见图 7-22），PLCSIM 的 MB0 视图对象中的 M0.0 被置位为 1，由于 PLC 的 OB1 的程序的作用，Q0.0（水泵）变为 1 状态，画面上的水泵指示灯亮，液位值不断增大。放开启动按钮，M0.0 变为 0 状态，液位值继续增大。单击画面上的水泵停止按钮，M0.1 变为 1 状态。由于 PLC 程序的作用，水泵指示灯熄灭，液位值停止增大。液位值达到上预设值时，由于 PLC 程序的作用，水泵也会停机，液位值停止增大。

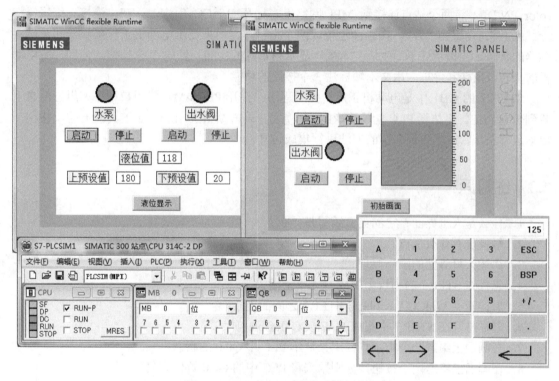

图 7-22　PLC 与 HMI 的集成模拟仿真

4）单击画面上的出水阀启动按钮（见图 7-22），PLCSIM 中的 M0.2 被置为 1 后又被复位为 0，由于 PLC 程序的作用，Q0.1（出水阀）变为 1 状态，画面上的出水阀指示灯亮，液位值不断减小。单击画面上的出水阀停止按钮，由于 PLC 程序的作用，Q0.1 变为 0 状态，出水阀指示灯熄灭，液位值停止减小。液位值达到下预设值时，由于 PLC 程序的作用，出水阀也会自动关闭，液位值停止减小。同时启动水泵和出水阀时，因为进水的速度大于出水的速度，液位将会上升，升至上预设值时水泵自动停机。

5）单击画面上的文本域"上预设值"右边的输入/输出域，画面上出现一个数字键盘（见图 7-22 右下角的图）。其中的"ESC"是取消键，单击它数字键盘消失，退出输入过程，输入的数字无效。"BSP"是退格键，与计算机键盘上的〈Backspace〉键的功能相同。单击该键，将删除光标左侧的数字。"+/-"键用于改变输入的数字的符号。← 和 → 分别是光标左移键和光标右移键，<u>　←┘　</u>是确认（回车）键，单击它使输入的数字有效（被确认），同时关闭键盘。输入的数字将在输入/输出域中显示。

用弹出的小键盘输入数据 125，按回车键确认，键盘输入的值被传送给 PLC 中的变量"上预设值"（MW2）。启动水泵后可以看到液位的上预设值变为 125。可以用同样的方法设置下预设值 MW4。

6）单击画面下面的"液位显示"按钮，切换到液位显示画面。启动水泵或出水阀，可以看到用棒图显示的液位值的变化。单击模拟面板右上角的❎按钮，关闭模拟面板。

4. 人机界面的集成仿真练习

打开随书云盘中的项目"电机控制"，生成一个 HMI 站点，HMI 的型号为 TP 177B 6" color PN/DP。将两个站点连接到 MPI 网络上。打开 WinCC flexible，在"连接"编辑器将"激活的"列设置为"开"。在画面上生成两个指示灯，用来显示电动机正转接触器和反转接触器的状态。在指示灯下面生成文本域，显示指示灯的功能。生成 3 个按钮，分别控制电动机的正转、反转和停车。用文本域标注 3 个按钮的功能。

STEP 7 的 OB1 中是电动机正反转控制程序。打开 PLCSIM，将用户程序和组态信息下载到仿真 PLC，将仿真 PLC 切换到 RUN-P 模式。单击 WinCC flexible 工具栏上的▶按钮，启动运行系统，用本实训介绍的方法进行集成仿真。

7.3　练习题

1. 什么是人机界面？它的英文缩写是什么？
2. 触摸屏有什么优点？
3. 简述人机界面的工作原理。
4. 怎样在 STEP 7 的项目中生成 HMI 站对象？
5. 怎样建立 WinCC flexible 与 STEP 7 之间的连接？
6. 怎样打开在 STEP 7 中集成的 WinCC flexible 项目？
7. 在画面上组态一个指示灯，用来显示 PLC 中 Q0.0 的状态。
8. 在画面上组态两个按钮，分别用来将 PLC 中的 Q0.0 置位和复位。
9. 在画面上组态一个输出域，用 5 位整数显示 PLC 中 VW10 的值。
10. 在画面上组态一个输入域，用 5 位整数格式修改 PLC 中 VW12 的值。
11. 怎样组态具有点动功能的按钮？
12. 项目文件有哪几种模拟调试方法？各有什么特点？
13. 怎样实现 PLC 和 HMI 的集成模拟调试？

第 8 章

DP 网络故障诊断

现代网络控制系统的站点越来越多，网络越来越复杂，对网络控制系统的故障诊断的要求越来越高。S7-300/400 提供了多种多样的故障诊断和故障显示的方法，供用户检查和定位网络控制系统的故障。本章主要介绍一些简单实用的故障诊断方法。

8.1 DP 从站的故障诊断

8.1.1 与网络通信有关的中断组织块

CPU 在识别到一个故障或编程错误时，将会调用对应的中断组织块（OB），应生成这些 OB，通过在 OB 中编写的程序对故障进行处理。下面介绍与通信故障有关的几个主要的中断组织块。

1. 诊断中断组织块 OB82

具有诊断中断功能并启用了诊断中断的模块检测出其诊断状态发生变化时，将向 CPU 发送一个诊断中断请求。出现故障或有组件要求维护（事件进入状态），故障消失或没有组件需要维护（事件退出状态），操作系统将会分别调用一次 OB82。

模块通过产生诊断中断来报告事件，例如信号模块导线断开、I/O 通道的短路或过载、模拟量模块的电源故障等。OB82 的启动信息（20B 局部变量）提供故障模块的起始地址和 4B 的故障模块的诊断数据。

2. 优先级错误组织块 OB85

以下情况将会触发优先级错误中断：

1）产生了一个中断事件，但是没有将对应的 OB 块（不包括 OB80~OB83 和 OB86）下载到 CPU。

2）操作系统访问模块时出错。

3）由于通信或组态的原因，模块不存在或有故障，更新过程映像表时出现 I/O 访问错误。出现故障的 DP 从站的输入/输出值保存到 S7 CPU 的过程映像表时，就可能出现上述情况。访问出错的输入字节被复位和保持为"0"，直到故障消失。

在硬件组态时双击机架中的 CPU，打开 CPU 的属性对话框。可以用"周期/时钟存储器"选项卡中的选择框设置 I/O 访问错误时调用 OB85 的方式（见图 8-1）。

S7-300 CPU 默认的选项是"无 OB85 调用"，在发生 I/O 访问错误时不调用 OB85，也不会在诊断缓冲区中生成条目。如果 S7-300 采用默认的设置，不用生成和下载 OB85。

I/O访问错误时的OB85调用 (0)：	无 OB85 调用 ▼
	每单个访问时
	仅用于进入和离开的错误
	无 OB85 调用

图 8-1　设置调用 OB85 的方式

S7-400 CPU 默认的选项是"每单个访问时"，在满足条件时，每个扫描周期都要调用一次 OB85 和在诊断缓冲区生成一个条目，这样会使扫描周期增大，诊断缓冲区也被调用 OB85 的事件迅速充满。如果选用"仅用于进入和离开的错误"，该选项只是在错误刚发生和刚消失时分别调用一次 OB85。

3．机架故障组织块 OB86

如果扩展机架、DP 主站系统或分布式 I/O（DP 从站或 PROFINET IO 设备）出现掉电、总线导线断开、I/O 系统故障，或者某些其他原因引起的故障，操作系统将会调用 OB86。此外用 SFC12 "D_ACT_DP"激活或取消激活 DP 从站或 PROFINET IO 设备，操作系统也会调用 OB86。

故障出现和故障消失时操作系统将分别调用一次 OB86。可以在 OB86 中编程保存它的局部数据中的启动信息，以确定是哪个机架或分布式设备有故障或通信中断。

4．I/O 访问错误组织块 OB122

同步错误是与执行用户程序有关的错误，程序中如果有不正确的地址区、错误的编号或错误的地址，都会出现同步错误，操作系统将调用同步错误组织块 OB121 或 OB122。OB121 用于处理编程错误，OB122 用于处理模块访问错误。

同步错误 OB 的优先级与检测到出错的块的优先级一致。因此 OB121 和 OB122 可以访问中断发生时的累加器和其他寄存器的内容。用户程序可以用它们来处理错误。

S7-300/400 的外设输入区/外设输出区（PI/PQ 区）用于直接读写 I/O 模块。CPU 如果用 PI/PQ 地址访问有故障的 I/O 模块、不存在的或有故障的 DP 从站（例如断电的从站），CPU 的操作系统将在每个扫描周期调用一次 OB122。

5．故障处理中断组织块的作用

出现硬件和网络故障时，如果没有生成和下载对应的组织块，CPU 将切换到 STOP 模式，以保证设备和生产过程的安全。

在设备运行过程中，由于通信网络的接插件接触不好，或者因为外部强干扰源的干扰，可能会出现通信短暂的中断，但是很快又会自动恢复正常，这种故障俗称为"闪断"。为了在出现故障时 CPU 和整个 PROFIBUS 主站系统不要停机，S7-400 应生成和下载 OB82、OB85、OB86、OB122；OB85 如果采用默认的调用方式，S7-300 应生成和下载 OB82、OB86 和 OB122。采取了上述措施后，即使没有在这些 OB 中编写任何程序，出现上述故障时，CPU 也不会进入 STOP 模式。

如果将没有编写任何程序的故障处理组织块下载到 CPU，虽然不会因为发生通信故障（包括偶尔出现的"闪断"）而停机，但是这种处理方法并不可取。如果系统出现了不能自动恢复的故障，用上述方法使系统仍然继续运行，可能导致系统处于某种危险的状态，造成现场人员的伤害或者设备的损坏。并且操作人员不易察觉到这些危险状态，它们会被忽视。

为了解决这一问题，在处理故障的组织块中，应编写记录、处理和显示故障的程序，例如记录中断（即故障）出现的次数和出现的日期时间，分析和保存 OB 的局部变量，在 OB 中调用读取诊断数据的 SFC13 等。以便在出现故障时，迅速地查明故障的原因和采取相应的措施。

通过中断组织块的局部变量提供的信息，可以获得故障的原因、出现故障的模块地址、模块的类型（输入模块或输出模块）、是故障出现还是故障消失等信息。CPU 的模块信息对话框中的诊断缓冲区保留着 CPU 请求调用组织块的信息。

8.1.2　实训四十五　DP 从站的故障诊断

本书介绍的用 STEP 7 诊断故障的方法，是建立在控制系统的 STEP 7 项目文件的基础上的，它是进行故障诊断的必要条件。必须保证下载到 CPU 的项目文件与计算机中用 STEP 7 打开的项目文件完全相同，才能对控制系统进行监控和故障诊断。

可以通过仿真实验，来学习诊断 PROFIBUS-DP 网络故障的方法。

1. 用仿真软件模拟产生 DP 从站的故障

生成一个名为"DP 诊断"的项目（见随书云盘中的同名例程），DP 主站为 CPU 315-2DP，3～5 号 DP 从站分别为 ET 200M、ET 200eco 和 ET 200S。其硬件结构与实训三十六中的相同。

单击工具栏上的 按钮，对组态信息进行编译。打开 PLCSIM，下载系统数据和 OB1。将仿真 PLC 切换到 RUN-P 模式。

执行 PLCSIM 的菜单命令"执行"→"触发错误 OB"→"机架故障（OB86）"，打开"机架故障 OB（86）"对话框（见图 8-2 的右图）。在"DP 故障"选项卡，组态的 3～5 号 DP 从站为绿色。单击 3 号从站（ET 200M）对应的小方框，方框内出现"×"。用单选框选中"站故障"，单击"应用"按钮。3 号站对应的小方框中的"×"消失，小方框变为红色，表示 3 号站出现故障。

单击"确定"按钮，将执行与单击"应用"按钮同样的操作，同时关闭对话框。

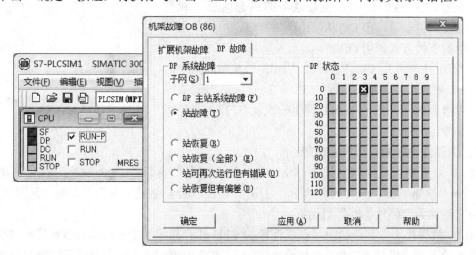

图 8-2　用 PLCSIM 模拟产生 DP 从站的故障

出现 DP 从站故障时，CPU 视图对象上的红色 SF（系统故障）LED 亮，DP（总线故障）LED 闪烁。CPU 请求调用 OB86，如果没有生成和下载 OB86，CPU 自动切换到 STOP

模式，RUN LED 熄灭，STOP LED 亮。在做硬件实验时，如果关闭 DP 从站的电源，或者拔掉从站的通信电缆连接器，可以观察到相同的现象。

选中有故障的红色的 3 号站，小方框内出现"×"（见图 8-2）。用单选框选中"站恢复"，单击"应用"按钮。3 号站对应的小方框中的"×"消失，小方框变为绿色，表示 3 号站故障消失。

生成一个空的 OB86，下载到 CPU。出现 DP 从站故障时，CPU 不会切换到 STOP 模式。故障消失后，CPU 视图对象中的 SF 和 DP LED 熄灭。

用单选框选中图 8-2 中的"DP 主站系统故障"，模拟 DP 网络的故障。单击"应用"按钮，网络上所有的站对应的小方框同时变为红色。用单选框选中"站恢复（全部）"，单击"应用"按钮，网络上所有的站对应的小方框同时变为绿色，网络故障消失。

2. 用变量表监视调用故障处理中断组织块的次数

在 OB86 中编写下面的程序，每次调用 OB86 时将 MW14 加 1。

程序段 1：MW14 加 1
```
    L    MW    14
    +    1
    T    MW    14
```

生成 OB82、OB85 和 OB122，在这些 OB 里编写类似的程序，分别将 MW10、MW12 和 MW16 加 1。

在 SITATIC 管理器中生成一个变量表 VAT_1，用 MW10~MW16 分别监视 CPU 调用 OB82、OB85、OB86 和 OB122 的次数（见图 8-3）。将程序下载到仿真 PLC，打开变量表，单击工具栏上的 按钮，启动监控功能。可以看到在某个从站出现故障和故障消失时，MW14 的值均加 1。表示 CPU 分别调用了一次 OB86。

在 CPU 的属性对话框中改变 I/O 访问错误时调用
OB85 的方式（见图 8-1），将修改后的组态信息下载到
CPU。仿真实验表明，在 DP 从站出现故障时，可以分别用
图 8-1 中的 3 种方式调用 OB85。

在 OB1 中输入用 PI、PQ 地址访问 3 号从站的指令，
例如"L   PIW2"，然后下载到 CPU。3 号从站出现故障
时，可以看到每个扫描周期都要调用一次 OB122，变量表
中 MW16 的值不断地增大。

	地址	符号	显示格式	状态值
1	MW 10		DEC	2
2	MW 12		DEC	0
3	MW 14		DEC	6
4	MW 16		DEC	3845

图 8-3 监控中断次数的变量表

3. 用硬件诊断对话框诊断故障

在 3 号从站有故障时，选中 SIMATIC 管理器左边窗口的 300 站点，执行菜单命令
"PLC"→"诊断/设置"→"硬件诊断"，打开"硬件诊断 - 快速查看"对话框（见图 8-4）。
以后将它简称为"硬件诊断"对话框。

"CPU/故障模块"列表给出了在线连接的 CPU 和有故障的 DP 从站的诊断符号和参数，
例如模块的类型，机架号（R）和插槽号（S）。DP 列中的"1（3）"表示有故障的是编号为
1 的 PROFIBUS 主站系统中的 3 号从站。PN 列提供 PROFINET IO 系统的编号和设备号。图
中的"E"是德语 Eingang（输入）的缩写。E2046（即 I2046）是 3 号从站的诊断地址，可

以在硬件组态视图的 3 号从站的属性对话框中找到它。

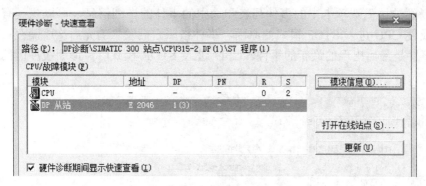

图 8-4　"硬件诊断"对话框

　　单击"帮助"按钮，或按计算机的〈F1〉键，打开硬件诊断对话框的在线帮助。单击其中绿色的"诊断符号"，再双击"CPU 的更多状态"和"DP 从站的更多状态"，可以查看 CPU 和 DP 从站的诊断符号的意义。

　　图 8-4 的 CPU 上的符号表示它处于 RUN 模式。DP 从站上的红色斜线表示"缺少 DP 从站或实际安装的 DP 从站类型与组态的 DP 从站类型不一致"，一般是因为与 DP 从站的通信中断造成的。

4. 用模块信息诊断故障从站

　　双击硬件诊断对话框中的 DP 从站，打开 3 号从站（ET 200M）的接口模块 IM 153-1 的模块信息对话框（见图 8-5），可以看到 DP 从站更多的故障信息。

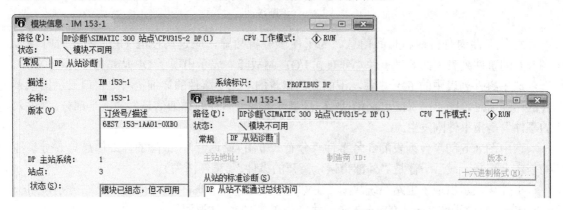

图 8-5　ET 200M 接口模块的模块信息

　　硬件 DP 从站出现故障时，从它的模块信息可以获取比仿真实验更多的故障信息，硬件实验时单击"十六进制格式"按钮，可以得到该从站的十六进制的故障诊断数据。

5. 用 CPU 的诊断缓冲区诊断故障

　　CPU 的诊断缓冲区提供了准确详细的故障诊断信息。选中硬件诊断对话框中的 CPU，单击"模块信息"按钮（见图 8-4），或双击 CPU，打开 CPU 的"模块信息"对话框。在 SIMATIC 管理器中，选中要诊断的站点，执行菜单命令"PLC"→"诊断/设置"→"模块信息"，也可以打开 CPU 的模块信息对话框。

CPU 模块信息对话框的"诊断缓冲区"选项卡提供了故障和事件的信息（见图 8-6）。查看"诊断缓冲区"选项卡中的事件列表和选中的事件的详细信息，可以找到有关的故障信息，以及使 CPU 进入 STOP 模式的原因。事件按照它们发生的先后次序储存在事件列表中。1 号事件是最后出现的最新的事件。CPU 进入 STOP 模式时，诊断缓冲区的内容仍然保留不变。

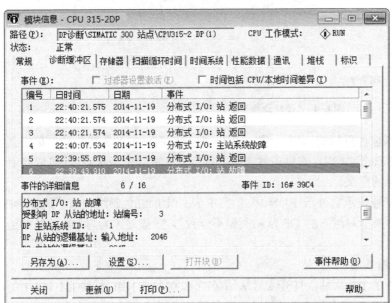
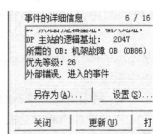

图 8-6　诊断缓冲区

每条事件均有日期和时间信息。为了便于分析故障，应定期校准 CPU 的实时时钟。图 8-6 的事件列表中的 6 号事件"分布式 I/O：站故障"表示出现了 DP 从站故障。

选中事件列表中的 6 号事件，下面灰色背景的"关于事件的详细资料"窗口显示出该事件的详细信息。图 8-6 右边的小图是 6 号事件"关于事件的详细信息"的下半部分。"进入的事件"是指事件刚发生。

选中图 8-6 的事件列表的 5 号事件"分布式 I/O：站返回"，故障的详细信息与 6 号事件的基本上相同。最后一行是"外部错误，离开的事件"（事件消失）。

事件 4 表示出现了主站系统故障。主站系统的故障恢复时，CPU 对每个从站分别调用一次 OB86，对应于图 8-6 中的 1～3 号事件"分布式 I/O：站返回"。

选中事件列表中的某个事件，单击"事件帮助"按钮，可以获得进一步的帮助信息。如果故障与用户程序有关，单击"打开块"按钮，将打开与所选事件有关的块，光标将指出与故障有关的指令。

图 8-6 是没有调用 OB85 和 OB122 的诊断缓冲区。如果出现故障时 CPU 每个扫描周期调用一次 OB85 或 OB122，事件列表将被调用它们的事件充满，可能看不到调用 OB86 的事件。

单击图 8-6 中的"另存为"按钮，将当时的诊断缓冲区中各事件的详细信息保存为一个文本文件，用户可以用电子邮件将它发送给设备的生产厂家。

使用 STEP 7 诊断故障的方法简便易行，可以迅速地获取准确、详细的诊断信息，CPU 模块信息的诊断缓冲区提供了错误的文本信息，例如出错的 DP 站地址、出错的模块的地址和故障的详细信息。应将这种诊断方法作为故障诊断的首选。但是为此需要使用安装了 STEP 7 的计算机，配备与 PLC 通信的硬件，并且有下载到 CPU 中的项目文件。此外还要求使用者掌握用 STEP 7 进行故障诊断的操作方法。如果没有加密，可以通过上传（见 6.2.4 节）获得项目文件。

6. CPU 模块信息的其他功能

"存储器"选项卡给出了 CPU 的工作存储器和装载存储器当前的使用情况。

"扫描循环时间"选项卡给出了 CPU 的最短、最长和当前/上一次扫描循环时间。

"时间系统"选项卡显示当前日期、时间、运行的小时数以及时钟同步的信息。

"性能数据"选项卡给出了对应的硬件 CPU 可以使用的 I、Q、M、T、C、L 存储区的大小，可用的 OB、SFB 和 SFC 的编号，FB、FC、DB 的最大个数和每个的最大字节数等资源的信息。"通讯"选项卡给出了模块的通信接口的传输速率和连接资源等信息。

"堆栈"选项卡只能在 STOP 模式或 HOLD（保持）模式下使用，显示所选站点的各种堆栈。8.5 节给出了查看堆栈信息的实例。

在模块信息窗口各选项卡的上面有附加的信息，例如 CPU 的工作模式和模块的状态。切换模块信息对话框的选项卡时，从模块中读取数据。但是显示某一选项卡时其内容不再刷新。单击"更新"按钮，可以在不改变选项卡的情况下从模块读取新的数据。

7. OB86 的程序设计

出现 DP 站故障时，CPU 将会自动调用 OB86。在 OB86 中用 MW14 记录 CPU 调用 OB86 的次数。OB86 的 20B 局部变量有丰富的故障信息。生成数据块 DB86，在 DB86 中生成有 5 个双字元素的数组 ARAY。在 OB86 中调用 SFC20 "BLKMOV"，将 20B 局部变量保存到数组 ARAY 中。下面是 OB86 中的程序。

程序段 1：MW14 加 1
```
    L    MW    14
    +    1
    T    MW    14
```
程序段 2：保存 OB86 的局部变量
```
    CALL   "BLKMOV"                    //调用 SFC20
     SRCBLK  :=P#L 0.0 BYTE 20
     RET_VAL :=MW54
     DSTBLK  :=DB86.ARAY
```

在 3 号从站有故障时，打开 DB86。单击工具栏上的 $\widehat{60}$ 按钮，启动监控功能。图 8-7 是 DB86 保存的 OB86 的 20B 局部数据。

8. OB86 的局部变量分析

选中 SIMATIC 管理器中的 OB86，按计算机键盘的〈F1〉键，打开 OB86 的在线帮助，可以查阅图 8-7

地址	名称	类型	初始值	实际值
0.0	ARAY[1]	DWORD	DW#16#0	DW#16#39C41A56
4.0	ARAY[2]	DWORD	DW#16#0	DW#16#C05407FF
8.0	ARAY[3]	DWORD	DW#16#0	DW#16#07FE0103
12.0	ARAY[4]	DWORD	DW#16#0	DW#16#14112005
16.0	ARAY[5]	DWORD	DW#16#0	DW#16#36067965

图 8-7 OB86 的局部数据

中 OB86 局部变量的意义：

1）DB86 的 DBB0 为 16#39 表示故障已出现，为 16#38 表示故障已消失。

2）DBB1 中的故障代码 16#C3 和 16#C4 分别表示分布式 I/O 设备的 DP 主站系统故障和 DP 站故障。

3）DBB2 中的中断优先级为 16#1A（26），DBB3 中的 OB 编号为 16#56（86）。

4）DBW4 保留未用。

5）DBW6 的#07FF（2047）是 DP 主站的 DP 接口的诊断地址。可以在 CPU 的 DP 接口属性对话框的"地址"选项卡中找到它。

6）DBD8 是数据类型为 32 个位元素的数组（Array），一共占 4B。如果故障代码为 16#C4（DP 站故障），DBW8 中的 16#07FE（2046）是故障从站（3 号站）的诊断地址。DBW10 中的 16#0103 表示 DP 主站系统的编号为 1，从站的站地址为 3。

7）DBD12 和 DBD16 是调用 OB 的日期和时间。16#14112005 和 16#36067965 表示事件发生在 2014 年 11 月 20 日 5 点 36 分 6 秒 796 毫秒，星期 4。

3 号从站故障消失时，CPU 又调用一次 OB86，MW14 加 1。OB86 的局部变量的前 12B 与 3 号从站有故障出现时基本上相同，其区别仅在于第一个字节为 16#38，表示离开的事件。

8.2　实训四十六　自动显示有故障的 DP 从站的仿真实验

1．硬件组态与人机界面的组态

生成项目"DP_OB86"（见随书云盘中的同名例程），CPU 为 CPU 315-2DP。在 HW Config 中生成 DP 网络，在网络上生成 12 个 8DI/8DO 的 ET 200eco 从站（见图 8-8），站地址分别为 3～14。

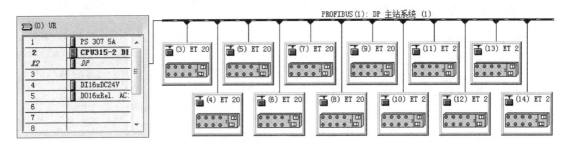

图 8-8　硬件组态

安装好 STEP 7 后，再安装西门子人机界面的组态软件 WinCC flexible 2008 SP4。在 SIMATIC 管理器中生成一个 HMI（人机界面）站点（见图 8-9）。

单击 SIMATIC 管理器工具栏上的 按钮，打开网络组态工具 NetPro。将 CPU 和 HMI 站点连接到 MPI 网络上（见图 8-10），设置它们的站地址分别为 2 和 1。

选中 HMI 站点中的"画面"，双击右边窗口中的"画面_1"（见图 8-9），打开 WinCC flexible 的项目，设置 HMI 的型号为 TP 177B 6"color PN/DP。

在画面_1 生成 12 个指示灯（见图 8-11），分别用 PLC 的 M10.3～M11.6 来控制 3 号～14 号 DP 从站的指示灯。某个从站有故障出现时，对应的存储器位变为 1 状态，对应的指示灯点亮；故障消失时，对应的存储器位变为 0 状态，对应的指示灯熄灭。图 8-11 显示 5 号从站和 13 号从站有故障。分别用 M10.0～M25.7 对应于 0～127 号站的状态，可以用画面上的指示灯显示 128 个站的状态。

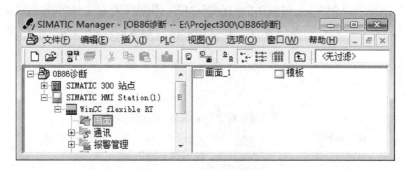

图 8-9 SIMATIC 管理器

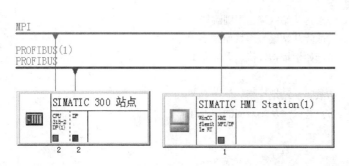

图 8-10 网络组态

图 8-11 显示从站状态的画面

双击 WinCC flexible 左边项目视图的"通讯"文件夹中的"连接"（见图 7-10），打开连接表（见图 8-12），单击"激活的"列右边隐藏的按钮，将该列的参数由"关"变为"开"，即激活 HMI 与 PLC 的通信连接。

图 8-12 激活连接

2. PLC 的编程

根据 OB86 局部数据中的故障代码 OB86_FLT_ID（LB1），可以判断故障的类型，16#C3 和 16#C4 分别表示 DP 主站系统（即 DP 网络）故障和 DP 从站故障。OB86_EV_CLASS（LB0）为 16#39 和 16#38 分别表示故障出现和故障消失。LB10 是 DP 主站系统的 ID（网络的编号），本例只有一个 DP 主站系统。LB11 是有故障的 DP 从站的编号。根据上述信息可以编写控制图 8-11 中的指示灯的程序。

下面是 OB86 中的程序。出现 DP 主站系统故障时（LW0 为 16#39C3），将 M10.3～M11.6 全部置为 1 状态（将 16#F87F 送 MW10），点亮所有的从站对应的故障指示灯。

某个 DP 从站出现故障时（LW0 为 16#39C4），将 LB11 中的故障从站的编号和 M10.0 的地址指针值 P#10.0 相加，计算出故障从站对应的地址指针值，用间接寻址和 S 指令将对应的存储器位置位为 1 状态，从而点亮故障从站对应的指示灯。

某个 DP 从站故障消失时（LW0 为 16#38C4），用同样的方法计算出故障从站对应的地址指针值，然后将对应的存储器位复位为 0 状态，从而熄灭故障消失的从站对应的指示灯。

```
        L       W#16#39C3
        L       LW      0
        ==I
        JCN     m001                //不是主站系统故障则跳转
        L       W#16#F87F
        T       MW      10          //点亮3～14号从站的指示灯
m001:   L       W#16#39C4
        L       LW      0
        ==I
        JCN     m002                //不是从站故障出现则跳转
        L       LB      11          //故障从站编号送累加器1
        L       P#10.0              //起始地址指针值送累加器1
        +D
        T       LD      20          //故障从站地址指针值送LD20
        S       M [LD 20]           //点亮故障从站对应的指示灯
m002:   L       W#16#38C4
        L       LW      0
        ==I
        JCN     m003                //不是从站故障消失则跳转
        L       LB      11          //故障从站编号送累加器1
        L       P#10.0              //起始地址指针值送累加器1
        +D
        T       LD      20          //故障从站地址指针值送LD20
        R       M [LD 20]           //熄灭故障从站对应的指示灯
m003:   NOP     0
```

3. 仿真实验

打开仿真软件 S7-PLCSIM，将用户程序和系统数据下载到仿真 PLC，将 CPU 切换到 RUN-P 模式。单击 WinCC flexible 工具栏上的 ▶ 按钮，启动 WinCC flexible 的运行系统，出现模拟的 HMI 画面（见图 8-11）。

执行 PLCSIM 的菜单命令"执行"→"触发错误 OB"→"机架故障（OB86）"，打开 "机架故障 OB（86）"对话框（见图 8-13）。在"DP 故障"选项卡，3～14 号 DP 从站对应的小方框均为绿色。单击选中 5 号从站，用单选框选中"站故障"，单击"应用"按钮，5 号从站对应的小方框变为红色，HMI 画面上 5 号从站的指示灯点亮。用同样的方法产生 13 号从站的故障。

选中有故障的红色的 5 号从站，用单选框选中"站恢复"，单击"应用"按钮，5 号从站对应的小方框变为绿色，表示 5 号从站故障消失。HMI 画面上 5 号从站的指示灯熄灭。

用单选框选中"DP 主站系统故障"（见图 8-13），模拟 DP 网络的故障。单击"应用"按钮，网络上所有的站对应的小方框同时变为红色，HMI 画面上所有的指示灯点亮。用单选框选中"站恢复（全部）"，单击"应用"按钮，网络上所有的站对应的小方框同时变为绿色，网络故障消失，HMI 画面上所有的指示灯熄灭。

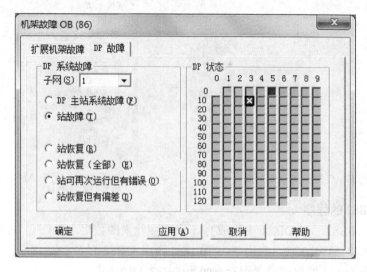

图 8-13　生成 DP 从站故障

8.3　实训四十七　诊断信号模块故障的仿真实验

具有诊断功能的分布式 I/O 模块通过产生诊断中断来报告事件。产生诊断中断时，CPU 的操作系统将自动调用处理诊断中断的组织块 OB82。OB82 的启动信息提供了产生故障的模块的类型、模块的地址和故障的种类。

1. 组态信号模块的诊断功能

打开上一节的项目"DP 诊断"，DP 主站为 CPU 315-2DP，3 号 DP 从站为 ET 200M（见图 6-4），它的 AI、AO 模块均有诊断功能。

选中 3 号从站 ET 200M，双击 7 号槽的 2AO 模块，在它的属性对话框的"输出"选项卡中（见图 8-14），设置 0 号通道输出 4～20mA 的电流，1 号通道输出 0～10V 的电压。启用模块的诊断中断功能和两个通道的"组诊断"功能。

AO 模块的通道被组态为电流输出时，它的输出电阻很大，外部输出回路可以短路，如果开路则出现故障。AO 模块的通道被组态为电压输出时，它的输出电阻很小，外部输出回路可以开路，如果对地短路则出现故障。

按下计算机键盘的〈F1〉键，在出现的在线帮助中，单击绿色的"诊断"，可以查看"组诊断"的帮助信息。由帮助信息可知，组诊断可以检测组态和参数分配错误、电压输出时对地短路、电流输出时断线和丢失负载电压 L+的故障。出现诊断事件时，CPU 将会调用诊断中断组织块 OB82，同时相应的信息会保存到 CPU 模块信息的诊断缓冲区。

双击 ET 200M 第 6 槽的 2AI 模块，在它的属性对话框的"输入"选项卡中（见图 8-15），设置测量范围为 4～20mA 的电流，启用模块的诊断中断功能、组诊断功能和断线检查功能。单击工具栏上的 🔳 按钮，对组态信息进行编译。

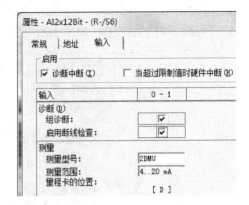

图 8-14　组态 AO 模块的诊断功能　　　　图 8-15　组态 AI 模块的诊断功能

2. 编写 OB82 的程序

生成数据块 DB82，在 DB82 中生成有 5 个双字元素的数组 ARAY。下面是 OB82 中的程序，程序段 1 将 MW10 加 1，用 MW10 来计调用 OB82 的次数。程序段 2 调用 SFC20 "BLKMOV"，将 OB82 的局部变量保存到数组 DB82.ARAY 中。

```
程序段 1：MW10 加 1
    L    MW   10
    +    1
    T    MW   10
程序段 2：保存 OB82 的局部变量
    CALL  "BLKMOV"              //调用 SFC20
     SRCBLK  :=P#L 0.0 BYTE 20
     RET_VAL :=MW50
     DSTBLK  :=DB82.ARAY
```

打开 PLCSIM，选中 SIMATIC 管理器左边窗口中的"块"文件夹，单击工具栏上的 🔳 按钮，下载系统数据和程序块。将仿真 PLC 切换到 RUN-P 模式。

执行 PLCSIM 的菜单命令"执行"→"触发错误 OB"→"诊断中断（OB82）"，打开"诊断中断 OB（82）"对话框（见图 8-16）。

在"模块地址"文本框输入 AO 模块的起始地址"PQW256"，用复选框选中"外部电压故障"，单击"应用"按钮，模拟 AO 模块出现故障。

图 8-16　用 PLCSIM 模拟产生 AO 模块的诊断故障

CPU 视图对象上的红色 SF（系统故障）LED 亮，因为与 DP 从站的通信正常，DP（总线故障）LED 未亮。CPU 调用 OB82，如果没有生成和下载 OB82，CPU 将自动切换到 STOP 模式，RUN LED 熄灭，STOP LED 亮。

单击图 8-16 中的复选框"外部电压故障"，其中的"√"消失。单击"应用"按钮，模拟 AO 模块的诊断故障消失。如果已经下载了 OB82，诊断故障消失时 CPU 视图对象上的 SF LED 熄灭，CPU 又调用一次 OB82。

3. 用硬件诊断对话框诊断故障

AO 模块有诊断故障时，选中 SIMATIC 管理器左边窗口的 SIMATIC 300 站点，执行菜单命令"PLC"→"诊断/设置"→"硬件诊断"，打开硬件诊断对话框（见图 8-17），"CPU/故障模块"列表中的 3 号从站上有故障符号（红色的指示灯）。

选中有故障的 DP 从站，单击"模块信息"按钮，打开 3 号从站的接口模块 IM 153-1 的模块信息对话框（见图 8-18），可以看到 3 号从站的诊断信息。

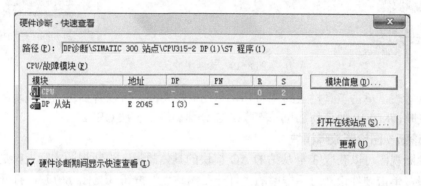

图 8-17　硬件诊断对话框

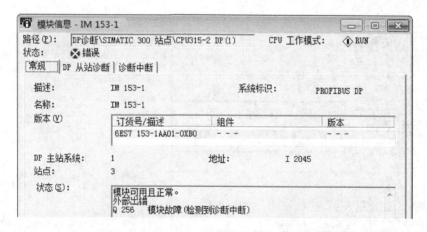

图 8-18　IM 153-1 的模块信息对话框

4. 用 CPU 的诊断缓冲区诊断故障

AO 模块有诊断故障时，双击硬件诊断对话框中的 CPU，打开 CPU 的模块信息对话框。图 8-19 的事件列表中的 2 号事件为"模块 问题或必要维护"，右边的小图是 2 号事件的详细信息的下半部分，模块的故障是"没有外部辅助电源"。

事件列表中的 1 号事件"模块 确定"是故障消失的信息。故障的详细信息与 2 号事件的基本上相同，最后一行是"外部错误，离开的事件"。

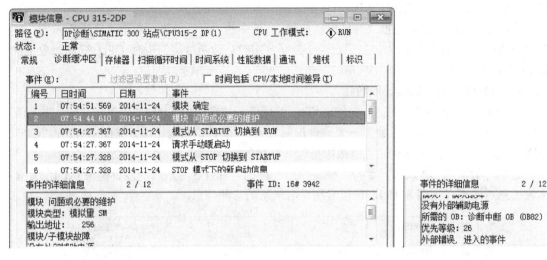

图 8-19　诊断缓冲区

打开变量表，单击工具栏上的 ^{60'} 按钮，启动监控功能。可以看到在 AO 模块的故障出现和故障消失时，MW10 的值均加 1，表明 CPU 分别调用了一次 OB82。

5. 用诊断视图诊断故障模块

使用诊断视图可以获取 3 号从站的 AO 模块的具体故障。诊断视图实际上就是在线的硬件组态窗口，单击硬件诊断对话框中的"打开在线站点"按钮（见图 8-17），打开诊断视图（见图 8-20）。打开离线的 HW Config，单击工具栏上的在线/离线切换按钮 ，也能打开诊断视图。

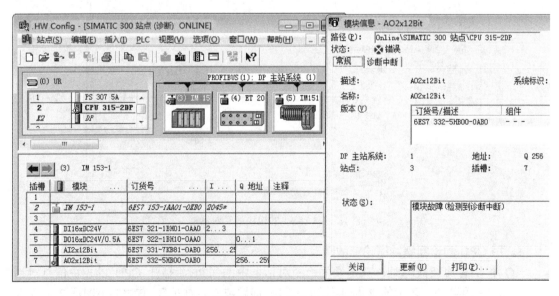

图 8-20　诊断视图与 AO 模块的模块信息对话框

与硬件诊断对话框相比，诊断视图显示整个 300 站点在线的情况，可以读取每个模块的在线状态。用这种方法可以得到那些没有故障因而没有在硬件诊断对话框中显示的模块的在线信息。

图 8-20 中的 3 号从站 ET 200M 和该从站 7 号槽的 AO 模块上均有故障符号（红色的指示灯）。双击 AO 模块，打开它的模块信息对话框（见图 8-20 的右图），可以查看该模块的详细故障信息。

6. OB82 的局部变量中的故障信息

如果具有诊断功能的模块在组态时已经启用了诊断中断，在检测到故障产生和故障消失时，它将会分别向 CPU 发送一个诊断中断请求，操作系统将调用 OB82。

在 3 号从站的 AO 模块有故障时，双击打开 DB82。单击工具栏上的 按钮，启动监控功能。图 8-21 是 DB82 中保存的 OB82 的 20B 局部数据。

选中 SIMATIC 管理器中的 OB82，按计算机键盘的〈F1〉键，打开 OB82 的在线帮助。由在线帮助可以获得图 8-21 中的局部变量的意义。

DBB0 的 16#39 表示进入的事件（事件发生）。

DBB1 的 16#42 为错误代码。

DBB2 的 16#1A（26）为中断优先级。

DBB3 的 16#52（82）为 OB 编号。

DBB4 保留未用。

DBB5 的 16#55 表示故障模块为输出模块。

地址	名称	类型	初始值	实际值
0.0	ARAY[1]	DWORD	DW#16#0	DW#16#39421A52
4.0	ARAY[2]	DWORD	DW#16#0	DW#16#C5550100
8.0	ARAY[3]	DWORD	DW#16#0	DW#16#11050000
12.0	ARAY[4]	DWORD	DW#16#0	DW#16#14112008
16.0	ARAY[5]	DWORD	DW#16#0	DW#16#10130065

图 8-21　OB82 的局部数据

DBW6 的 16#0100（256）是出现故障的 AO 模块的逻辑基地址（即起始地址 PQW256）。

DBD8 为故障模块的诊断数据，其中的 DBW8 为 16#1105（即 2#0001 0001 0000 0101），由在线帮助可知表示模块发生故障，外部电压故障，其中的 2#0101 是 AO 模块的代码。

故障消失时，OB82 的局部变量与故障出现时的基本上相同，其区别在于 DBB0 为 16#38，表示事件消失（离开事件）。此外 DBW8 由 16#1105 变为 16#0005，也表示故障消失。

7. AO 模块故障诊断的硬件实验

OB82 的局部变量不能提供信号模块所有的诊断信息，例如不能提供 AO 模块的输出电路开路和对地短路故障的信息。为此需要在诊断视图中查看 AO 模块的模块信息，或者用 SFC13 读取故障诊断数据。

PLCSIM 只能模拟信号模块的部分故障，不能模拟的故障必须用硬件做诊断实验。

作者做硬件实验的控制系统的 CPU 为 CPU 315-2DP，ET 200M 的 6 号插槽的模块为 2 通道的 AO 模块。在 AO 模块 0 号通道的电流输出端外接一个小开关，将开关断开，模块的电流输出回路出现开路故障。CPU、IM 153-1 和该从站的 AO 模块上的 SF LED 亮。诊断视图中 7 号从站 ET 200M 和 AO 模块上均有错误符号。变量表中 MW10 的值加 1，表明调用了一次 OB82。

在 CPU 的模块信息对话框的诊断缓冲区中，可以看到调用 OB82，触发诊断中断的模块的地址和其他信息。用小开关接通 AO 模块的电流输出电路，开路故障消失。模块上的故障 LED 熄灭，CPU 又调用一次 OB82，MW10 的值加 1。在诊断缓冲区中，可以看到有关的信息。

用接在 1 号通道输出端的小开关将其电压输出电路短路，将会触发诊断中断，CPU 也会调用 OB82。同时出现输出电路开路和短路故障时，选中诊断视图中的 7 号从站，双击下面窗口的 AO 模块，打开 AO 模块的模块信息对话框（见图 8-22）。

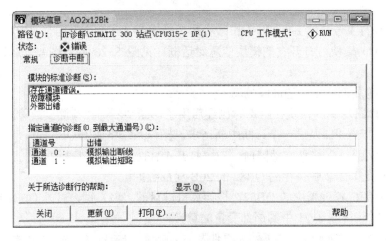

图 8-22 AO 模块的模块信息对话框

"诊断中断"选项卡给出了模块的标准诊断信息。"指定通道的诊断"列表给出了出现故障的通道编号和具体的错误信息。选中该列表中的某个通道，单击下面的"显示"按钮，将会出现帮助信息。

从这个例子可以看出，用本实训介绍的方法和硬件实验来诊断信号模块的故障，可以获得准确的故障信息。

8. 信号模块故障诊断的仿真练习

打开项目"诊断中断"后，再打开 PLCSIM，将系统数据和程序块下载到仿真 PLC。将仿真 PLC 切换到 RUN-P 模式。

依次完成下列的操作：

1）用 PLCSIM 产生 ET 200M 的 AI 模块的"前连接器未插入"（见图 8-16）故障。

2）观察 CPU 视图对象上 LED 的变化。

3）打开 CPU 的模块信息的"诊断缓冲区"选项卡，查看该故障的事件信息。

4）打开 DB82，切换到在线监控状态，可以看到 OB82 的 20B 局部变量。

5）选中 OB82，按计算机键盘的〈F1〉键，打开 OB82 的在线帮助，分析 DB82 中 OB82 的局部变量的意义。

6）用变量表监控调用 OB82 的次数。

7）用 PLCSIM 消除故障，重复上述的操作。

8.4 实训四十八 用报告系统错误功能诊断和显示硬件故障

8.4.1 生成 PLC 的报告系统错误的程序

前两节介绍了使用 STEP 7 的故障诊断方法，这种诊断方法简便易行，可以迅速地获取准确、详细的诊断信息。但是这是一种"手动"的诊断方法，需要在现场使用安装了 STEP

7 的计算机和与 PLC 通信的硬件，并且要求有下载到 PLC 的项目文件。此外还要求使用者熟悉 STEP 7，掌握用 STEP 7 进行故障诊断的操作方法。

为了实现故障的自动诊断和自动显示，需要在 OB 中调用系统功能 SFC13，读取 DP 从站和模块的诊断数据。用户程序通过分析诊断数据，得出故障诊断的结论。然后调用系统功能 SFC17，用报警消息将故障诊断的结论发送给西门子的人机界面或西门子的上位机组态软件 WinCC 显示出来。报警消息是一种比较理想的故障显示方式，可以显示几乎同时出现的多个故障的消息，每条消息包含了准确的故障信息。

SFC13 读取的是很"原始"的数据，DP 从站的用户手册给出了诊断数据的数据结构和诊断数据各存储单元的具体意义，它们与从站的型号、订货号、组成从站的模块数量和是否用于冗余系统等均有关系。编程者应了解诊断数据的基本结构，搞清楚每个字、每个字节、甚至每一位的意义，在大量的诊断数据中找出关键的信息，最后得出故障诊断的结论。因为 DP 从站和从站中的模块往往有多种型号，分析诊断数据的编程工作量非常大。对于 S7-300/400 的最终用户来说，这一任务几乎是无法完成的。

STEP 7 的"报告系统错误"功能只需要进行简单的组态，几乎可以全部采用默认的参数，就能自动生成用于诊断故障和发送报警消息的 OB、FB、FC 和 DB，以及各机架、从站和模块对应的报警消息，故障的消息文本被自动传送到西门子 HMI 或 WinCC 的项目中。运行时如果出现故障，CPU 将对应的消息编号发送到 HMI 设备或 WinCC，它们用报警消息显示故障信息。

这种诊断方法的组态过程非常简单，诊断和显示用的逻辑块、数据块和调用诊断功能块的程序都是自动生成的，生成的消息几乎覆盖了所有的硬件故障和已组态的诊断事件。运行时读取诊断数据、分析诊断数据和将报警消息发送到 HMI 或 WinCC 都是自动完成的。因此这是一种相当理想、极为实用的故障自动诊断和自动显示的方法。

在有条件的情况下，建议将这种方法作为故障自动诊断和自动显示的首选方法。

1. 组态 PROFIBUS 网络和人机界面站点

用 STEP 7 的"新建项目向导"创建一个名为 ReptErDP 的项目（见随书云盘中的同名例程）。其硬件结构与项目"DP 诊断"相同，CPU 为 CPU 315-2DP，3～5 号 DP 从站分别为 ET 200M、ET 200eco 和 ET 200S。仅有自动生成的未编写任何程序的 OB1。

在 SIMATIC 管理器中生成一个 HMI 站点，设置 HMI 的型号为 TP 177B 6" color PN/DP。

单击 STEP 7 工具栏上的 按钮，打开网络组态工具 NetPro。将 CPU 和 HMI 站点连接到 MPI 网络上，它们的站地址分别为 2 和 1（见图 8-10）。

2. 组态报告系统错误功能

选中硬件组态工具 HW Config 中的 CPU，执行菜单命令"选项"→"报告系统错误"。在打开的"报告系统错误"对话框中，"常规"选项卡给出了要生成的诊断用的 FB、FC 和 DB，在"OB 组态"选项卡，按照默认的设置，自动生成选中的 OB（见图 8-23 左上角的图），在 OB1、OB82 和 OB86 中，自动生成调用报告系统错误的 FB49。

如果激活了"STOP 模式中的 CPU"选项卡中的某个复选框（见图 8-23 左下角的图），出现对应的错误时，CPU 将进入 STOP 模式。一般不激活此选项卡的所有选项。

在"消息"选项卡（见图 8-23 的右图），消息的显示等级为 0。不要选中复选框"优化消息创建"，否则有的报警消息可能不能发送到 HMI。除此之外，可以基本上采用默认的参数。在"用户块"选项卡，可以指定诊断块是否调用用户编写的逻辑块。

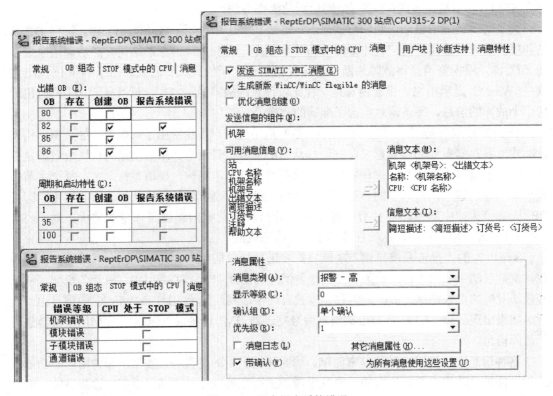

图 8-23　组态报告系统错误

单击"报告系统错误"对话框中的"生成"按钮，自动地生成大量的块（见图 8-24）。FB49 调用 SFC13 来读取 DP 从站的诊断数据和系统数据，调用 SFC17 来发送报警消息。在OB1、OB82 和 OB86 中，自动生成下面调用符号名为"SFM_FB" 的 FB49 的指令。

　　　　CALL　"SFM_FB","SFM_DB"

用鼠标右键单击 FB49 的背景数据块 DB49，执行快捷菜单命令"特殊的对象属性"→"消息"，打开"消息组态"对话框，可以看到 STEP 7 自动生成的大量的类型为 ALARM_S的报警消息。

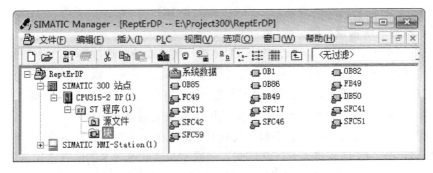

图 8-24　SIMATIC 管理器

3. 在 STEP 7 中查看 DP 从站的故障消息

打开仿真软件 S7-PLCSIM，将用户程序和系统数据下载到仿真 PLC，将 CPU 切换到 RUN-P 模式。在 SIMATIC 管理器执行菜单命令"PLC"→"CPU 消息"，打开"CPU 消息"对话框（见图 8-25）。该对话框用来检查 CPU 是否能正常发送故障报警消息。

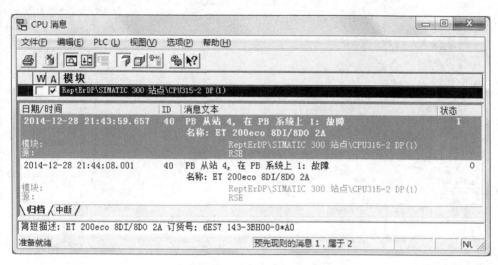

图 8-25　在 STEP 7 中查看故障报警消息

单击选中复选框"W"，将激活系统诊断消息。单击选中复选框"A"，将激活 ALARM_S 消息。执行 PLCSIM 的菜单命令"执行"→"触发错误 OB"→"机架故障（OB86）"，打开"机架故障 OB（86）"对话框（见图 8-2 的右图）。选中 4 号从站，用单选框选中"站故障"，单击"应用"按钮，模拟产生 4 号从站的故障。"CPU 消息"对话框出现 1 号 PB 系统，4 号 PB 从站故障的消息。"状态"列的"I"表示进入的事件（故障出现）。

选中"机架故障 OB（86）"对话框有故障的红色的 4 号从站，用单选框选中"站恢复"，单击"应用"按钮，模拟 4 号从站的故障消失。"CPU 消息"对话框出现 1 号 PB 系统，4 号 PB 从站故障的消息。"状态"列的"O"表示离开的事件（故障消失）。

8.4.2　人机界面的组态与仿真实验

1. 组态人机界面

打开 SIMATIC 管理器左边窗口的 HMI 站点，选中其中的"画面"，双击右边窗口中的"画面_1"，打开 WinCC flexible（见图 8-26）。

双击 WinCC flexible 左边窗口"通讯"文件夹中的"连接"，打开连接表（见图 7-12），将"激活的"列的参数由"关"变为"开"，即激活 HMI 与 PLC 的通信连接。

双击图 8-26 左边窗口"\报警管理\设置"文件夹中的"报警设置"，选中"报警设置"视图中的"S7 诊断报警"复选框（见图 8-27）。因为组态报告系统错误时图 8-23 中的消息的显示等级为 0，单击"报警程序"表第一行"名称"列右边的"ALARM_S"列右端的按钮，用出现的对话框仅选中 0 号显示类，单击按钮确认，在"ALARM_S"列将出现 0，消息的显示等级被组态为 0。

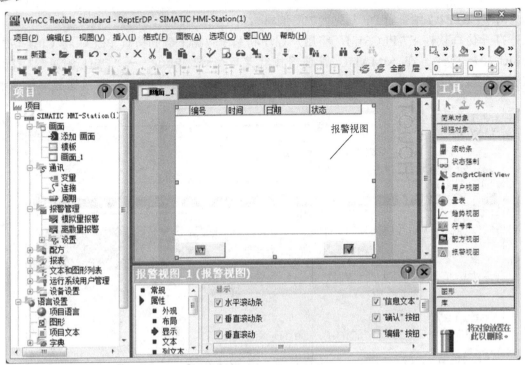

图 8-26　WinCC flexible 的界面

将图 8-26 右边的工具箱的"增强对象"中的"报警视图"拖放到中间的画面上，用鼠标调节它的位置和大小。选中报警视图，下面是它的属性视图（见图 8-28）。选中左边窗口的"常规"类别，用单选框选中"报警事件"，用复选框选中"报警类别"中的"S7 报警"。

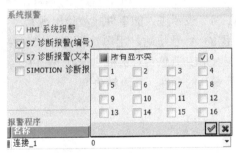

图 8-27　设置报警

图 8-28　报警视图的属性视图

此外，还需要组态报警视图的表格和表头的背景色、字体的大小和报警视图中的按钮等属性。选中属性视图左边窗口的"属性"类别中的"列"子类别，在右边窗口选中"状态"复选框，监控时显示"状态"列。

2. 仿真实验

打开仿真软件 S7-PLCSIM，将用户程序和系统数据下载到仿真 PLC，将 CPU 切换到 RUN-P 模式。单击 WinCC flexible 工具栏上的 按钮，启动 WinCC flexible 的运行系统，出现模拟的 HMI 画面（见图 8-29）。

用 PLCSIM 的菜单命令打开 OB82 的仿真对话框（见图 8-16）。在"模块地址"文本框中输入 3 号从站的 2AO 模块的起始地址 PQW256。用复选框选中"外部电压故障"，单击"应用"按钮，HMI 的画面出现第一条消息，即图 8-29 最下面的消息。"状态"列的"C"表示进入的事件。

单击面板右边的"确认"按钮，出现以"###..."结束的确认消息。"状态"列的"(C)A"表示故障被确认。用 OB82 的仿真对话框使故障消失，画面上又出现一次"无外部辅助电压"消息。"状态"列的"(CA)D"表示被确认的故障消失。

用 PLCSIM 的菜单命令打开 OB86 的仿真对话框（见图 8-2），模拟 5 号从站出现故障，HMI 画面上出现从下到上的第 4 条消息，显示 5 号从站有故障。用 OB86 的仿真对话框使故障消失，画面上出现最上面的 5 号从站故障结束的消息。"状态"列的"(C)D"表示未确认的故障消失。

单击最下面的消息，可以看到该消息的详细信息（见图 8-30），包括从站的接口模块的型号，出现故障的 I/O 模块的型号，以及该模块的起始地址。单击右边的"确认"按钮，显示的消息缩为两行，可以看到条数更多的消息。

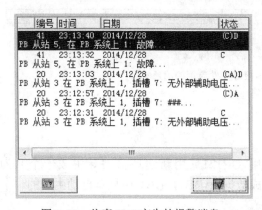

图 8-29　仿真 PLC 产生的报警消息

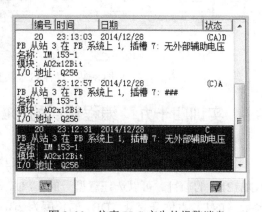

图 8-30　仿真 PLC 产生的报警消息

3. PLC 硬件实验

PLCSIM 不能模拟 AO 模块输出电路断线的故障。下面的实验用 WinCC flexible 的运行系统来模拟 HMI，硬件 PLC 通过 MPI 或 DP 网络与 WinCC flexible 的运行系统通信。

将组态信息和用户程序下载到硬件 CPU 315-2DP，用电缆连接 CPU 和从站的 DP 接口，CPU 和 DP 从站进入 RUN 模式后，断开 7 号从站（ET 200M）6 号槽的 2AO 模块 0 号通道的电流输出电路，然后又接通它。在仿真画面上出现"模拟输出断线"的报警消息。断开 5 号从站的电源，模拟的 HMI 画面上出现 5 号从站故障的报警消息（见图 8-31）。如果同时断开 3 个 DP 从站的电源，将会出现 3 条报警消息。

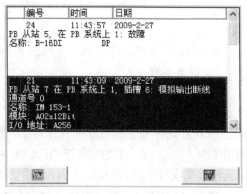

图 8-31　硬件 PLC 实验的报警消息

单击某条消息，该消息由两行变为多行，可以看到详细的信息。

4. 用 WinCC 显示报警消息

也可以用 WinCC 的报警控件来显示报告系统错误功能的报警消息，WinCC 组态的工作量很大，具体的方法见参考文献[2]。作者分别用 PLCSIM 和硬件 PLC 做了故障诊断的实验，都得到了满意的诊断结果（见图 8-32 和图 8-33）。

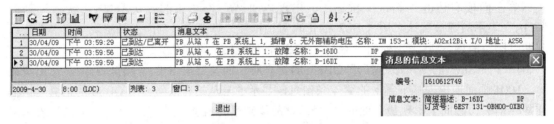

图 8-32　仿真 PLC 实验中报警控件显示的消息

图 8-33　硬件 PLC 实验中报警控件显示的消息

8.5　实训四十九　编程错误的诊断

1. 程序结构

出现编程错误时，CPU 的操作系统将调用 OB121。用新建项目向导生成一个名为"OB121"的项目，可以选任意型号的 CPU。生成数据块 DB1，DB1 中只有自动生成的一个整数（INT）占位符变量，DB1 的长度为 2B。

生成 FC1，在 FC1 中输入下面的程序，该程序中有一个编程错误，第一条指令访问的地址超出了 DB1 的地址范围。

```
L     DB1.DBW    4
T     MW    10
```

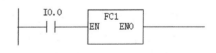

在 OB1 中用 I0.0 调用 FC1（见图 8-34）。

2. 仿真实验

打开 PLCSIM，将用户程序下载到 CPU，将仿真 PLC 切换到 RUN-P 模式。

图 8-34　OB1 的程序

在 PLCSIM 中生成 IB0 的视图对象。单击 I0.0 对应的小方框，将 I0.0 置为 1 状态，OB1 调用 FC1。由于 FC1 中的编程错误，CPU 视图对象上的 SF LED 亮。CPU 要求调用 OB121，因为没有生成和下载 OB121，CPU 自动切换到 STOP 模式。RUN LED 熄灭，STOP LED 亮。

在 SIMATIC 管理器中执行菜单命令"PLC"→"诊断/设置"→"模块信息"，打开模块信息对话框（见图 8-35）。

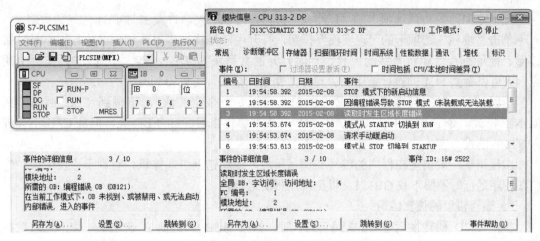

图 8-35 PLCSIM 与诊断缓冲区

选中"诊断缓冲区"选项卡的 3 号事件"读取时发生区域长度错误",下面的窗口是事件的详细信息:读访问全局数据块的 DBW4,错误出现的块为 FC1,要求调用处理编程错误的 OB121,但是没有找到 OB121。图 8-35 左下角的小图是 3 号事件详细信息的下半部分。事件 2 显示"因编程错误导致 STOP 模式(未装载或无法装载 OB)"。

单击对话框中的"跳转到"按钮,将会打开出错的 FC1,显示出错的程序段,光标在出错的指令上。打开"模块信息"对话框的"堆栈"选项卡(见图 8-36),B 堆栈(块堆栈)中是与编程错误有关的块 OB1 和 FC1,由此可以看出出错时用户程序的调用路径。

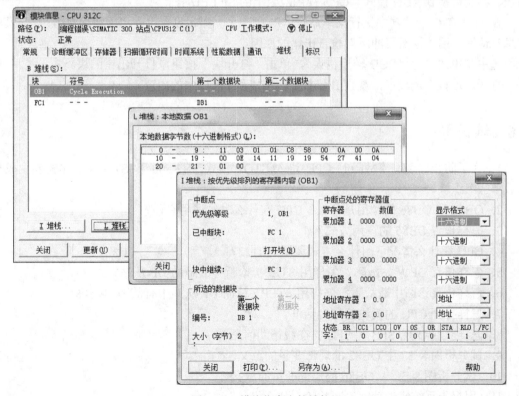

图 8-36 模块信息中的堆栈

选中 OB1，单击该选项卡的"L 堆栈"按钮，可以看到事件发生时 OB1 的局部数据。

单击"堆栈"选项卡的"I 堆栈"按钮，打开中断堆栈，可以看到程序执行被中断时累加器、地址寄存器和状态字的内容，当时打开的数据块为 DB1，其大小为 2B。在"中断点"区可以看到 FC1 的执行被中断。单击"帮助"按钮，可以得到有关的帮助信息。

返回 SIMATIC 管理器，生成 OB121（可以是一个空的块），下载到 CPU 后切换到 RUN-P 模式。令 I0.0 为 1 状态，调用 FC1 时出现编程错误，SF LED 亮，但是 CPU 不会进入 STOP 模式。

编程错误一般出现在程序的编写和调试阶段。编程错误引起停机，有利于查找错误。建议在程序运行时不要下载 OB121，以免程序带病运行。

3．编程错误的仿真练习

执行 BCD 码转换为整数的指令 BTI 时，如果 BCD 码的低 3 位中某一位为无效数据 16#A～16#F（对应的十进制数为 10～15），转换指令将会出错。

用新建项目向导生成一个项目，可以选任意型号的 CPU。

生成 OB35，编写下面的语句表程序，被转换的常数 W#16#23A 的最低位不是 BCD 码：

```
L       W#16#23A
BTI
T       MW      8
```

打开 PLCSIM，下载用户程序。将仿真 PLC 切换到 RUN-P 模式。由于 OB35 中的编程错误，不能切换到 RUN 模式，CPU 视图对象上的 SF LED 亮。

在 SIMATIC 管理器中执行菜单命令"PLC"→"诊断/设置"→"模块信息"，打开模块信息对话框，用"诊断缓冲区"检查出错的原因。

选中其中的事件"BCD 转换错误"，单击"打开块"按钮，打开出错的块。

打开"堆栈"选项卡，观察 B 堆栈、L 堆栈和 I 堆栈中的内容。

8.6 练习题

1．为了防止出现网络故障时 CPU 进入 STOP 模式，S7-300 和 S7-400 分别需要生成和下载哪些组织块？

2．OB82 和 OB86 的作用是什么？CPU 在什么时候调用它们？

3．怎样设置 OB85 的调用方式？

4．CPU 在什么情况下用什么方式调用 OB122？

5．怎样仿真 DP 从站故障？怎样用 STEP 7 诊断有故障的 DP 从站？

6．怎样仿真诊断中断故障？怎样用 STEP 7 诊断 DP 从站中有故障的模块？

7．怎样打开 CPU 的模块信息对话框？

8．怎样获取 OB、SFB 和 SFC 的在线帮助信息？

9．试分析图 8-37 中 OB82 的局部变量的意义。

10．试分析图 8-38 中 OB86 的局部变量的意义。

11．用报告系统错误功能诊断故障有什么优点？

地址	名称	类型	初始值	实际值
0.0	ARY[0]	DWORD	DW#16#0	DW#16#39421A52
4.0	ARY[1]	DWORD	DW#16#0	DW#16#C55407FD
8.0	ARY[2]	DWORD	DW#16#0	DW#16#05230000

图 8-37　OB82 的局部变量

地址	名称	类型	初始值	实际值
0.0	ARY[0]	DWORD	DW#16#0	DW#16#39C41A56
4.0	ARY[1]	DWORD	DW#16#0	DW#16#C05407FF
8.0	ARY[2]	DWORD	DW#16#0	DW#16#07FE0106

图 8-38　OB86 的局部变量

12. 怎样生成报告系统错误的诊断块和诊断程序？

13. 怎样诊断编程错误？

第 *9* 章

PID 闭环控制

9.1 PID 闭环控制系统

9.1.1 模拟量闭环控制系统的组成

1. 模拟量闭环控制系统

在工业生产中，一般用闭环控制方式来控制温度、压力、流量这一类连续变化的模拟量，使用得最多的是 PID 控制。典型的 PLC 模拟量闭环控制系统如图 9-1 所示，点划线中的部分是用 PLC 实现的。

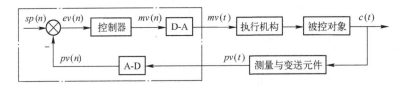

图 9-1　PLC 模拟量闭环控制系统方框图

在模拟量闭环控制系统中，被控量 $c(t)$ 是连续变化的模拟量，大多数执行机构（例如电动调节阀和变频器等）要求 PLC 输出模拟量信号 $mv(t)$，而 PLC 的 CPU 只能处理数字量。

以加热炉温度闭环控制系统为例，用热电偶检测被控量 $c(t)$（温度），温度变送器将热电偶输出的微弱的电压信号转换为标准量程的直流电流或直流电压 $pv(t)$，例如 4～20mA 和 0～10V 的信号。PLC 用模拟量输入模块（AI 模块）中的 A-D 转换器将它们转换为与温度成比例的多位二进制数过程变量 $pv(n)$。$pv(n)$ 又称为反馈值，CPU 将它与温度设定值 $sp(n)$ 比较，误差 $ev(n) = sp(n) - pv(n)$。

PID 控制器以误差 $ev(n)$ 为输入量，进行 PID 控制运算。模拟量输出模块（AO 模块）的 D-A 转换器将 PID 控制器的数字输出值 $mv(n)$ 转换为直流电压或直流电流 $mv(t)$，用它来控制电动调节阀的开度。用电动调节阀控制加热用的天然气的流量，实现对温度 $c(t)$ 的闭环控制。

CPU 以固定的时间间隔周期性地执行 PID 功能块，其间隔时间称为采样时间 T_S。各数字值括号中的 n 表示该变量是第 n 次采样计算时的数字值。

闭环负反馈控制可以使控制系统的反馈值 $pv(n)$ 等于或跟随设定值 $sp(n)$。以炉温控制系统为例，假设被控量温度值 $c(t)$ 低于给定的温度值，反馈值 $pv(n)$ 小于设定值 $sp(n)$，误差 $ev(n)$

为正，控制器的输出量 $mv(t)$ 将增大，使执行机构（电动调节阀）的开度增大，进入加热炉的天然气流量增加，加热炉的温度升高，最终使实际温度接近或等于设定值。

天然气压力的波动、常温的工件进入加热炉，这些因素称为扰动量，它们会破坏炉温的稳定，有的扰动量很难检测和补偿。闭环控制具有自动减小和消除误差的功能，可以有效地抑制闭环中各种扰动对被控量的影响，使反馈值 $pv(n)$ 趋近于设定值 $sp(n)$。

闭环控制系统的结构简单，容易实现自动控制，因此在各个领域得到了广泛的应用。

2．闭环控制的主要性能指标

由于给定输入信号或扰动输入信号的变化，系统的输出量达到稳态值之前的过程称为过渡过程或动态过程。系统的动态性能常用被控量的阶跃响应曲线（见图 9-2）的参数来描述。阶跃输入信号在 $t=0$ 之前为 0，$t>0$ 时为某一恒定值。

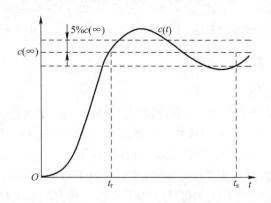

图 9-2　被控量的阶跃响应曲线

被控量 $c(t)$ 从 0 开始上升，第一次达到稳态值的时间 t_r 称为上升时间，上升时间反映了系统在响应初期的快速性。

一个系统要正常工作，阶跃响应曲线应该是收敛的，最终能趋近于某一个稳态值 $c(\infty)$。阶跃响应曲线进入并停留在稳态值 $c(\infty)$ 上下 ±5%（或 2%）的误差带内的时间 t_s 称为调节时间，到达调节时间表示过渡过程已基本结束。

设动态过程中输出量的最大值为 $c_{\max}(t)$，如果它大于输出量的稳态值 $c(\infty)$，定义超调量为

$$\sigma\% = \frac{c_{\max}(t)-c(\infty)}{c(\infty)} \times 100\%$$

超调量反映了系统的相对稳定性，它越小动态稳定性越好，一般希望超调量小于 10%。

系统的稳态误差是指响应曲线进入稳态后，输出量的期望值与实际值之差，它反映了系统的稳态精度。

3．闭环控制带来的问题

使用闭环控制后，并不能保证得到良好的动静态性能，这主要是系统中的滞后因素造成的，闭环中的滞后因素主要来自于被控对象。

以调节洗澡水的温度为例，我们用皮肤检测水的温度，人的大脑是闭环控制器。假设水温偏低，往热水增大的方向调节阀门后，因为从阀门到水流到人身上有一段距离，需要经过一定的时间延迟，才能感觉到水温的变化。如果调节阀门的角度太大，将会造成水温忽高忽低，来回震荡。如果没有滞后，调节阀门后马上就能感觉到水温的变化，那就很好调节了。

图 9-3 和图 9-4 中的方波是设定值曲线，*pv*(*t*)是过程变量，*mv*(*t*)是 PID 控制器的输出量。如果 PID 控制器的参数整定得不好，使 *mv*(*t*)的变化幅度过大，调节过头，将会使超调量过大，系统甚至会不稳定，阶跃响应曲线出现等幅震荡（见图 9-3）或振幅越来越大的发散震荡。

PID 控制器的参数整定得不好的另一个极端是阶跃响应曲线没有超调，但是响应过于迟缓（见图 9-4），调节时间很长。

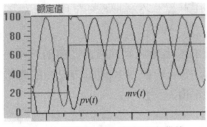
图 9-3　等幅振荡的阶跃响应曲线

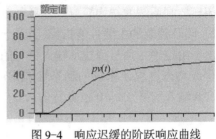
图 9-4　响应迟缓的阶跃响应曲线

9.1.2　PID 控制器的结构与参数

1. 怎样实现 PID 控制

PID 是比例、积分、微分的缩写，PID 控制器是应用最广的闭环控制器。

S7-300/400 有专用的闭环控制模块，一般使用普通的信号模块和专用的功能块来实现 PID 控制。所有型号的 CPU 可以使用 FB41～FB43 和用于温度控制的 FB58 和 FB59，它们在程序编辑器左边窗口的文件夹"\库\Standard Library\PID Controller（PID 控制器）"中。CPU 31xC 还可以使用集成在 CPU 中的与 FB41～FB43 兼容的 SFB41～SFB43，本章介绍应用最广的 FB41 的使用方法和仿真实验方法。

FB41"CONT_C"（连续控制器）输出的数字值一般用 AO 模块转换为连续的模拟量。可以用 FB41 作为单独的 PID 控制器，也可以用脉冲发生器 FB43 进行扩展，产生脉冲宽度调制的开关量输出信号，来控制比例执行机构。

2. PID 控制器输出的表达式

模拟量 PID 控制器的输出表达式为

$$mv(t) = K_\mathrm{P}[ev(t) + \frac{1}{T_\mathrm{I}}\int ev(t)\mathrm{d}t + T_\mathrm{D}\frac{\mathrm{d}ev(t)}{\mathrm{d}t}] + M \qquad (9\text{-}1)$$

式中，控制器的输入量（误差信号）为

$$ev(t) = sp(t) - pv(t)$$

sp(*t*)为设定值，*pv*(*t*)为过程变量（反馈值）；*mv*(*t*)是控制器的输出信号，K_P 为比例系数（FB41 称为比例增益），T_I 和 T_D 分别是积分时间和微分时间，*M* 是积分部分的初始值。

式（9-1）中等号右边的前 3 项分别是比例、积分、微分部分，它们分别与误差 *ev*(*t*)、误差的积分和误差的一阶导数成正比。如果取其中的一项或两项，可以组成 P、PI 或 PD 调节器。一般采用 PI 控制方式；控制对象的惯性滞后较大时，应选择 PID 控制方式。

功能块 FB41 的输入、输出参数很多，建议结合 FB41 的方框图（见图 9-5）来学习和理解这些参数。

3. 过程变量的处理

在 FB41 内部，PID 控制器的设定值 SP_INT（图 9-5）、过程变量输入 PV_IN 和输出值

LMN 都是浮点数格式的百分数。可以用两种方式输入过程变量（即反馈值）。

1）Bool 输入参数 PVPER_ON（外部设备过程变量 ON）为 0 状态时，用 PV_IN（过程变量输入）输入以百分数为单位的浮点数格式的过程变量。

2）PVPER_ON 为 1 状态时，用 PV_PER 输入外部设备（I/O 格式）的过程变量，即用 AI 模块输出的数字值作为 PID 控制的过程变量。

图 9-5 中的 CRP_IN 方框将 0～27648 或 ±27648（对应于模拟量输入的满量程）的外部设备过程变量 PV_PER，转换为 0～100%或 ±100% 的浮点数格式的百分数，CPR_IN 方框的输出 PV_R 用下式计算：

$$PV\_R = PV\_PER \times 100 / 27648（\%）$$

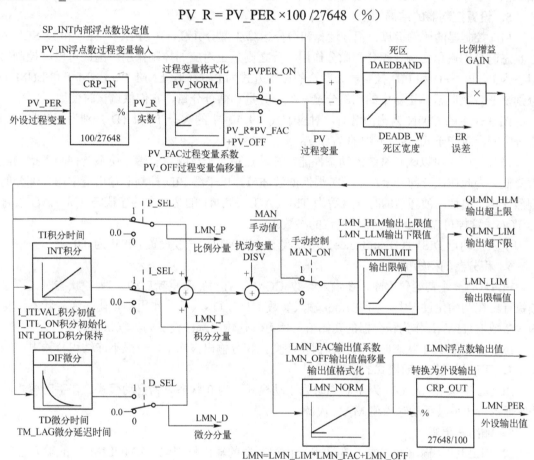

图 9-5　FB41 CONT_C 的框图

PV_NORM（外设变量格式化）方框用下面的公式将 CRP_IN 方框的输出 PV_R 格式化：

$$PV\_NORM 的输出 = PV\_R \times PV\_FAC + PV\_OFF$$

式中，PV_FAC 为过程变量的系数，默认值为 1.0；PV_OFF 为过程变量的偏移量，默认值为 0.0。PV_FAC 和 PV_OFF 用来调节外设输入过程变量的范围。它们采用默认值时，PV_NORM 方框的输入、输出值相等。图中的 PV（过程变量）供调试时使用。

4. 误差的计算与死区特性

SP_INT（内部设定值）是以百分数为单位的浮点数设定值。用 SP_INT 减去浮点数格式的过程变量 PV（即反馈值，见图 9-5），得到误差值。

在控制系统中，某些执行机构如果频繁动作，将会导致小幅振荡，造成严重的机械磨损。从控制要求来说，很多系统又允许被控量在一定范围内有少量的误差。死区环节能防止执行机构的频繁动作。当死区环节的输入量（即误差）的绝对值小于输入参数死区宽度 DEADB_W 时，死区环节的输出量（即 PID 控制器的输入量）为 0，这时 PID 控制器的输出分量中，比例部分和微分部分为 0，积分部分保持不变，因此 PID 控制器的输出值保持不变，控制器不起调节作用，系统处于开环状态。当误差的绝对值超过 DEADB_W 时，死区环节的输入、输出为线性关系，为正常的 PID 控制。如果令 DEADB_W 为 0，死区被关闭。图 9-5 中的误差 ER 为 FB41 输出的中间变量。

5. 设置控制器的结构

PID 控制器的比例运算、积分运算和微分运算 3 部分并联，P_SEL、I_SEL 和 D_SEL 为 1 状态时分别启用比例、积分和微分作用，反之则禁止对应的控制作用。因此可以将控制器组态为 P、PI、PD 和 PID 控制器。默认的控制方式为 PI 控制。LNM_P、LNM_I 和 LNM_D 分别是 PID 控制器输出量中的比例分量、积分分量和微分分量，它们供调试时使用。

图 9-5 中的 GAIN 为比例增益，对应于式（9-1）中的 K_P。TI 和 TD 分别为积分时间和微分时间，对应于式（9-1）中的 T_I 和 T_D。

微分的引入可以改善系统的动态性能，其缺点是对干扰噪声敏感，使系统抑制干扰的能力降低。为此在微分部分增加了一阶惯性滤波环节，以平缓 PID 控制器输出值中微分部分的剧烈变化。惯性滤波环节的时间常数为 TM_LAG，SFB41 的帮助文件建议将 TM_LAG 设置为 TD/5，这样可以减少一个需要整定的参数。

引入扰动量 DISV（Disturbance）可以实现前馈控制，一般设置 DISV 为 0.0。

6. 积分器的初始值

FB41 有一个初始化程序，在输入参数 COM_RST（完全重新启动）为 1 状态时该程序被执行。在初始化过程中，如果 Bool 输入参数 I_ITL_ON（积分作用初始化）为 1 状态，将输入参数 I_ITLVAL 作为积分器的初始值，所有其他输出都被设置为其默认值。

INT_HOLD 为 1 状态时积分操作保持不变，积分输出被冻结，一般不冻结积分输出。

7. 手动模式与自动模式的切换

BOOL 变量 MAN_ON 为 1 状态时为手动模式，为 0 状态时为自动模式。在手动模式，控制器的输出值被手动输入值 MAN 代替。

8. 输出量限幅

LMNLIMIT（输出量限幅）方框用于将控制器的输出量限幅。LMNLIMIT 的输入量超出控制器输出量的上限值 LMN_HLM 时，Bool 输出 QLMN_HLM （输出超出上限）为 1 状态；小于下限值 LMN_LLM 时，Bool 输出 QLMN_LLM（输出超出下限）为 1 状态。LMN_HLM 和 LMN_LLM 的默认值分别为 100.0% 和 0.0%。

9. 输出量的格式化处理

LMN_NORM（输出量格式化）方框用下述公式来将限幅后的输出量 LMN_LIM 格式化：

$$LMN = LMN\_LIM \times LMN\_FAC + LMN\_OFF$$

式中，LMN 是格式化后浮点数格式的控制器输出值（手册称为操作值）；LMN_FAC 为输出量的系数，默认值为 1.0；LMN_OFF 为输出量的偏移量，默认值为 0.0；LMN_FAC 和

LMN_OFF 用来调节控制器输出值的范围。它们采用默认值时，LMN_NORM 方框的输入、输出值相等。

10. 输出值转换为外部设备（I/O）格式

为了将 PID 控制器的输出值送给 AO 模块，通过"CPR_OUT"方框，将 LMN（0～100%或±100％的浮点数格式的百分数）转换为外部设备（I/O）格式的变量 LMN_PER（0～27648 或 ±27648 的整数）。转换公式为

$$LMN\_PER = LMN \times 27648/100$$

9.2　实训五十　PID 控制的编程与仿真实验

9.2.1　PID 控制实例程序

1. 硬件闭环 PID 控制实验

PID 控制的难点不是编写或阅读控制程序，而是整定控制器的参数。如果使用 PID 控制，需要整定的主要参数有比例增益 GAIN、积分时间 TI、微分时间 TD 和采样时间 CYCLE。如果使用 PI 控制器，也有 3 个主要的参数需要整定。如果参数整定得不好，即使程序设计没有问题，系统的动、静态性能也达不到要求，甚至会使系统不能稳定运行。

为了学习整定 PID 控制器参数的方法，必须做闭环实验，开环运行 PID 程序没有任何意义。如果用实际的闭环控制系统来学习调试 PID 控制器参数的方法，可能有一定的风险。

2. 闭环仿真系统的结构

随书云盘中的例程"PID 控制"用功能块 FB100 模拟实际的执行机构和被控对象，不需要任何硬件，就可以用 PLCSIM 对闭环控制系统仿真。可以用 STEP 7 集成的 PID 参数赋值工具，显示 PID 控制器的方波给定曲线和被控量的阶跃响应曲线，观察闭环控制的效果。还可以用 PID 参数赋值工具修改 PID 控制器的参数，通过观察 PID 控制器的参数与系统性能之间的关系，来学习整定 PID 控制器参数的方法。

随书云盘中的例程"PID 控制"中的闭环控制系统，由 PID 连续控制器 FB41 "CONT_C"和用来模拟被控对象的功能块 FB100"过程对象"组成（见图 9-6）。DISV 是系统的扰动量，其默认值为 0.0。该例程可以用来学习 PID 控制功能块 FB41 的使用方法，熟悉 PID 控制器的参数整定方法。FB100 用来模拟 3 个串联的惯性环节，其比例增益为 GAIN，3 个惯性环节的时间常数分别为 TM_LAG1～TM_LAG3。将某一时间常数设置为 0，可以减少惯性环节的个数。

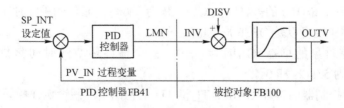

图 9-6　闭环仿真系统的结构

3．示例程序的结构

例程"PID 控制"的主体程序是初始化组织块 OB100 和循环中断组织块 OB35，刚进入 RUN 模式时，CPU 执行一次 OB100，在 OB100 中调用 FB41 和 FB100，对 PID 控制器和被控对象的参数初始化。在 HW Config 中将 OB35 的时间间隔（即 PID 控制的采样时间 T_S）设置为 200ms，程序运行时每隔 200ms 自动调用一次 OB35。在 OB35 中调用 FB41 和 FB100，实现 PID 控制和被控对象的功能。各逻辑块和数据块的符号名见图 9-7。

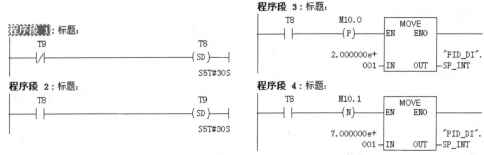

图 9-7　符号表

4．在 OB1 中产生方波给定信号

在 OB1 中，用 T8 和 T9 组成振荡电路（见图 9-8），T8 的常开触点的接通和断开的时间均为 30s。"PID_DI".SP_INT 是 FB41 的背景数据块 PID_DI 中存放的以百分数为单位的控制器浮点数设定值 SP_INT。在 T8 的常开触点刚接通和刚断开时，分别将设定值 SP_INT 修改为浮点数 20.0%和 70.0%，设定值的波形为方波。

图 9-8　OB1 中的梯形图

5．启动组织块 OB100

在 OB100 中调用 FB41 和模拟被控对象的功能块 FB100，设置下述输入参数的初始值。

1）令 FB41 和 FB100 的启动标志 COM_RST 为 TRUE，将 PID 控制器和被控对象的内部参数初始化为默认值。

2）设置 FB41 和 FB100 的采样时间 CYCLE 为 200ms，它们的采样时间一般与 OB35 的循环执行周期相同，也可以是 OB35 周期的若干倍。

3）设置被控对象的增益 GAIN 为 3.0，3 个惯性环节的时间常数（TM_LAG1～TM_TAG3）分别为 5s、2s 和 0s。

4）设置 PID 控制器的参数 GAIN、TI 和 TD 的初始值。假设 AO 模块为双极性输出，设置控制器输出下限值为−100.0%，上限值为默认的 100.0%。

5）FB41 默认的设置为 PI 控制器，将参数 D_SEL 设置为 1（TRUE），该控制器为 PID 控制器。设置微分操作的延迟时间 TM_LAG 为 0ms，微分部分未使用惯性滤波环节。

6）设置 MAN_ON 为 FALSE，控制器工作在自动方式。

7）在退出 OB100 之前，将两个 FB 的启动标志位 COM_RST 复位，以后在执行 FB41 和 FB100 时，COM_RST 位的值均为 0。

未设置的输入参数采用其默认值（即初始值）。下面是 OB100 中的程序：

程序段 1：初始化模拟被控对象的 FB100

```
CALL    "过程对象","对象 DI"        //调用 FB100
    INV     :=
    DISV    :=
    GAIN    :=3.000000e+000        //被控对象的增益
    TM_LAG1:=T#5S                  //1 号惯性环节的时间常数
    TM_LAG2:=T#2S                  //2 号惯性环节的时间常数
    TM_LAG3:=T#0MS                 //3 号惯性环节的时间常数
    COM_RST:=TRUE                  //启动标志设置为 1 状态
    CYCLE   :=T#200MS              //采样时间
    OUTV    :=
```

程序段 2：初始化连续 PID 控制器 FB41

```
CALL    "CONT_C","PID_DI"
    COM_RST    :=TRUE              //执行初始化程序
    MAN_ON     :=FALSE             //自动运行
    PVPER_ON   :=
    P_SEL      :=
    I_SEL      :=
    INT_HOLD   :=
    I_ITL_ON   :=
    D_SEL      :=TRUE              //启用微分操作，采用 PID 控制方式
    CYCLE      :=T#200MS           //采样时间
    SP_INT     :=
    PV_IN      :=
    PV_PER     :=
    MAN        :=
    GAIN       :=2.000000e+000     //增益初始值
    TI         :=T#4S              //积分时间初始值
    TD         :=T#200MS           //微分时间初始值
    TM_LAG     :=T#0MS             //微分部分未使用惯性滤波
    DEADB_W    :=
    LMN_HLM    :=
    LMN_LLM    :=−1.000000e+002    //控制器输出的下限值
    PV_FAC     :=
    PV_OFF     :=
    LMN_FAC    :=
```

```
        LMN_OFF      :=
        I_ITLVAL     :=
        DISV         :=
        LMN          :=
        LMN_PER      :=
        QLMN_HLM     :=
        QLMN_LLM     :=
        LMN_P        :=
        LMN_I        :=
        LMN_D        :=
        PV           :=
        ER           :=
```

程序段 3：复位启动标志
```
        CLR
        =        "PID_DI".COM_RST
        =        "对象 DI".COM_RST
```
程序段 4：令 PID 给定值的初值为 70%
```
        L        7.000000e+001
        T        "PID_DI".SP_INT
```

6．循环中断组织块 OB35

为了保证 PID 运算的采样时间的精度，在循环中断组织块 OB35 中调用 FB41 和 FB100。在 OB35 中使用在 OB100 中设置的 FB41 和 FB100 的参数初始值，直到用 PID 参数赋值工具修改了其中的某些参数。在 OB100 和 OB35 中未设置的 FB41 和 FB100 的输入、输出参数，将使用它们的默认值。在 FB41 和 FB100 的局部变量表或 FB41 的在线帮助中，可以看到各输入、输入参数的默认值。

FB41 的背景数据块 DB41 的符号名为"PID_DI"，FB100 的背景数据块 DB100 的符号名为"对象 DI"。将 PID 控制器的输出参数值"PID_DI".LMN 送给 FB100 的输入参数 INV，将 FB100 的输出参数值"对象 DI".OUTV 送给 PID 控制器的过程变量输入 PV_IN，FB41 和 FB100 组成了图 9-6 所示的闭环。因为是用软件对被控对象仿真，不涉及 AI 模块和 AO 模块，闭环中的变量均为浮点数。

因为是自动方式（MAN_ON 为 FALSE），不用设置手动输入值 MAN。

输入端的选择开关 PVPER_ON 为默认值 FALSE，采用浮点数格式的过程变量。过程变量不是来自外部设备（AI 模块），不用设置外设过程变量 PV_PER。因为 PID 的输出不是送给 AO 模块，不用设置 I/O 格式的控制器输出 LMN_PER。

在实际的语句表程序中，如果要给功能块的某个输入、输出参数添加注释，必须设置该变量的实参。下面是循环中断组织块 OB35 的程序。

程序段 1：调用被控对象仿真程序 FB100
```
        CALL    "过程对象"，"对象 DI"
        INV      :="PID_DI".LMN          //PID 控制器的浮点数输出值作为被控对象的输入变量
        DISV     :=                      //扰动量，初始值为 0.0
```

GAIN	:=	//增益，初始值为3.0
TM_LAG1	:=	//时间常数1，初始值为5s
TM_LAG2	:=	//时间常数2，初始值为2s
TM_LAG3	:=	//时间常数3，初始值为0s
COM_RST	:=	//启动标志，在OB100被复位
CYCLE	:=	//采样时间，在OB100被置为T#200MS
OUTV	:=	//被控对象的输出，作为PID控制器的反馈值

程序段2：调用连续PID控制器FB41

CALL "CONT_C" , "PID_DI"

COM_RST	:=	//启动标志，在OB100被复位
MAN_ON	:=	//初始化为FALSE，自动运行
PVPER_ON	:=	//采用默认值FALSE，使用浮点数过程值
P_SEL	:=	//采用默认值TRUE，启用比例（P）操作
I_SEL	:=	//采用默认值TRUE，启用积分（I）操作
INT_HOLD	:=	//采用默认值FALSE，不冻结积分输出
I_ITL_ON	:=	//采用默认值FALSE，未设积分器的初值
D_SEL	:=	//被初始化为TRUE，启用微分操作
CYCLE	:=	//采样时间，在OB100被设置为T#200MS
SP_INT	:=	//在OB1中修改此设定值
PV_IN	:="对象DI".OUTV	//FB100的浮点数格式输出值作为PID的过程变量输入
PV_PER	:=	//外部设备输入的I/O格式的过程变量值，未用
MAN	:=	//操作员接口输入的手动值，未用
GAIN	:=	//增益，被初始化为2.0，可用PID参数赋值工具修改
TI	:=	//积分时间，被初始化为4s，可用PID参数赋值工具修改
TD	:=	//微分时间，被初始化为0.2s，可用PID参数赋值工具修改
TM_LAG	:=	//微分部分的延迟时间，已被初始化为0s
DEADB_W	:=	//死区宽度，采用默认值0.0（无死区）
LMN_HLM	:=	//控制器输出上限值，采用默认值100.0
LMN_LLM	:=	//控制器输出下限值，在OB100被初始化为-100.0
PV_FAC	:=	//外设过程变量格式化的系数，采用默认值1.0
PV_OFF	:=	//外设过程变量格式化的偏移量，采用默认值0.0
LMN_FAC	:=	//控制器输出量格式化的系数，采用默认值1.0
LMN_OFF	:=	//控制器输出量格式化的偏移量，采用默认值0.0
I_ITLVAL	=	//积分操作的初始值，未用
DISV	=	//扰动输入变量，采用默认值0.0
LMN	=	//控制器浮点数输出值，被送给被控对象的输入变量INV
LMN_PER	:=	//I/O格式的控制器输出值地址，未用
QLMN_HLM	:=	//控制器输出值超过上限
QLMN_LLM	:=	//控制器输出值小于下限
LMN_P	:=	//控制器输出值中的比例分量，可用于调试
LMN_I	:=	//控制器输出值中的积分分量，可用于调试
LMN_D	:=	//控制器输出值中的微分分量，可用于调试
PV	:=	//格式化的过程变量，可用于调试
ER	:=	//死区处理后的误差，可用于调试

9.2.2　PID 控制器的参数整定方法

积分和导数是高等数学中的概念，但是并不难理解，它们都有明确的几何意义。控制器输出的比例、积分、微分部分都有明确的物理意义。

可以根据控制器的参数与系统动态性能和稳态性能之间的定性关系，用实验的方法来整定控制器的参数。在整定过程中最重要的问题是在系统性能不能令人满意时，知道应该调节哪一个参数，该参数应该增大还是减小。有经验的调试人员一般可以较快地得到较为满意的调试结果。

1．对比例控制作用的理解

PID 的控制原理可以用人对炉温的手动控制来理解。假设用热电偶检测炉温，用数字式仪表显示温度值。在人工控制过程中，操作人员用眼睛读取炉温，并与炉温的给定值比较，得到温度的误差值。用手操作电位器，调节加热的电流，使炉温保持在给定值附近。有经验的操作人员通过手动操作可以得到很好的控制效果。

操作人员知道使炉温稳定在设定值时电位器的大致位置（我们将它称为位置 L），并根据当时的温度误差值调整电位器的转角。炉温小于设定值时，误差为正，在位置 L 的基础上顺时针增大电位器的转角，以增大加热的电流；炉温大于设定值时，误差为负，在位置 L 的基础上反时针减小电位器的转角，以减小加热的电流。令调节后的电位器转角与位置 L 的差值与误差绝对值成正比，误差绝对值越大，调节的角度越大。上述控制策略就是比例控制，即 PID 控制器输出中的比例部分与误差成正比，比例系数（增益）为式（10-1）中的 K_P。

闭环中存在着各种各样的延迟作用。例如调节电位器转角后，到温度上升到新的转角对应的稳态值有较大的延迟。温度的检测、模拟量转换为数字值和 PID 的周期性计算都有延迟。由于延迟因素的存在，调节电位器转角后不能马上看到调节的效果，因此闭环控制系统调节困难的主要原因是系统中的延迟作用。

如果增益太小，即调节后电位器转角与位置 L 的差值太小，调节的力度不够，将使温度的变化缓慢，调节时间过长。如果增益过大，即调节后电位器转角与位置 L 的差值过大，调节力度太强，造成调节过头，可能使温度忽高忽低，来回震荡。

与具有较大滞后的积分控制作用相比，比例控制作用与误差同步，在误差出现时，比例控制能立即起作用，使被控制量朝着误差减小的方向变化。

如果闭环系统没有积分作用，由理论分析可知，单纯的比例控制有稳态误差，稳态误差与增益成反比。图 9-9 和图 9-10 中的方波是比例控制的给定曲线，图 9-9 的系统增益小，超调量小，震荡次数少，但是稳态误差大。

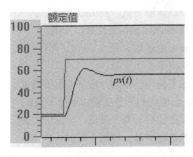

图 9-9　比例控制的阶跃响应曲线

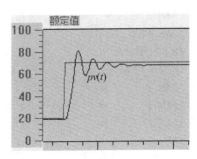

图 9-10　比例控制的阶跃响应曲线

增益增大几倍后，启动时被控量的上升速度加快（见图 9-10），稳态误差减小，但是超调量增大，振荡次数增加，调节时间加长，动态性能变坏。增益过大甚至会使闭环系统不稳定。因此单纯的比例控制很难兼顾动态和稳态性能。

2. 对积分控制作用的理解

式（10-1）中的积分 $\int ev(t)\mathrm{d}t$ 对应于图 9-11 中误差曲线 $ev(t)$ 与坐标轴包围的面积（图中的灰色部分）。PID 程序是周期性执行的，执行 PID 程序的时间间隔为采样时间 T_S。我们只能使用连续的误差曲线上间隔时间为 T_S 的一些离散的点的值来计算积分，因此不可能计算出准确的积分值，只能对积分作近似计算。

一般用图 9-11 中矩形面积之和来近似计算精确积分。可以理解为每次 PID 运算时，积分运算是在原来的积分值的基础上，增加一个与当前的误差值成正比的微小部分（对应于新增加的矩形面积）。误差为负值时，积分的增量为负，积分值减小。

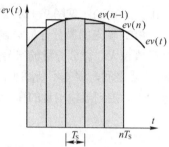

图 9-11　积分的近似计算

在上述的温度控制系统中，积分控制相当于根据当时的误差值，周期性地微调电位器的角度。温度低于设定值时误差为正，积分项增大一点点，使加热电流增加；反之积分项减小一点点。只要误差不为零，控制器的输出就会因为积分作用而不断变化。积分这种微调的"大方向"是正确的，因此积分项有减小误差的作用。只要误差不为零，积分项就会向减小误差的方向变化。在误差很小的时候，比例部分和微分部分的作用几乎可以忽略不计，但是积分项仍然不断变化，用"水滴石穿"的力量，使误差趋近于零。

在系统处于稳定状态时，误差恒为零，比例部分和微分部分均为零，积分部分不再变化，并且刚好等于稳态时需要的控制器的输出值，对应于上述温度控制系统中电位器转角的位置 L。因此积分部分的作用是消除稳态误差，提高控制精度，积分作用一般是必需的。在纯比例控制的基础上增加积分控制（即 PI 控制），被控量最终等于设定值（见图 9-21），稳态误差被消除。

积分项与当前误差值和过去的历次误差值的累加值成正比，因此积分作用具有严重的滞后特性，对系统的稳定性不利。如果积分时间设置得不好，其负面作用很难通过积分作用本身迅速地修正。如果积分作用太强，相当于每次微调电位器的角度值过大，其累积的作用与增益过大相同，会使系统的动态性能变差，超调量增大，甚至使系统不稳定。积分作用太弱，则消除误差的速度太慢。

PID 的比例部分没有延迟，只要误差一出现，比例部分就会立即起作用。具有滞后特性的积分作用很少单独使用，它一般与比例控制和微分控制联合使用，组成 PI 或 PID 控制器。PI 和 PID 控制器既克服了单纯的比例调节有稳态误差的缺点，又避免了单纯的积分调节响应慢、动态性能不好的缺点，因此被广泛使用。

如果控制器有积分作用（例如采用 PI 或 PID 控制），积分能消除阶跃输入的稳态误差，这时可以将增益调得小一些。

因为积分时间 T_I 在式（9-1）的积分项的分母中，T_I 越小，积分项变化的速度越快，积分作用越强。综上所述，积分作用太强（即 T_I 太小），系统的稳定性变差，超调量增大；积分作用太弱（即 T_I 太大），系统消除误差的速度太慢，T_I 的值应取得适中。

3. 对微分控制作用的理解

在误差曲线 $ev(t)$ 上作一条切线（见图 9-12），该切线与 x 轴正方向的夹角 α 的正切值 $\tan\alpha$ 即为该点处误差的一阶导数 $dev(t)/dt$。PID 控制器输出表达式中的导数可用下式来近似：

$$\frac{dev(t)}{dt} \approx \frac{\Delta ev(t)}{\Delta t} = \frac{ev(n) - ev(n-1)}{T_S}$$

式中，$ev(n-1)$（见图 9-12）是第 $n-1$ 次采样时的误差值。

PID 输出的微分分量与误差的变化速率（即导数）成正比，误差变化越快，微分分量的绝对值越大。微分分量的符号反映了误差变化的方向。在图 9-13 的 A 点和 B 点之间、C 点和 D 点之间，误差不断减小，微分分量为负；在 B 点和 C 点之间，误差不断增大，微分分量为正。控制器输出量的微分部分反映了被控量变化的趋势。

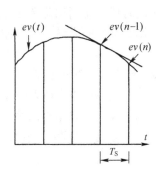

图 9-12　微分的近似计算

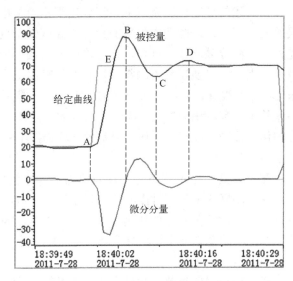

图 9-13　PID 控制器输出中的微分分量

有经验的操作人员在温度上升过快，但是尚未达到设定值时，根据温度变化的趋势，预感到温度将会超过设定值，出现超调。于是调节电位器的转角，提前减小加热的电流。这相当于士兵射击远方的移动目标时，考虑到子弹运动的时间，需要一定的提前量一样。

在图 9-13 中启动过程的上升阶段（A 点到 E 点），被控量尚未超过其稳态值，超调还没有出现。但是因为被控量不断增大，误差 $e(t)$ 不断减小，误差的导数和控制器输出量的微分分量为负，使控制器的输出量减小，相当于减小了温度控制系统的加热功率，提前给出了制动作用，以阻止温度上升过快，所以可以减小超调量。因此微分控制具有超前和预测的特性，在温度尚未超过稳态值之前，根据被控量变化的趋势，微分作用就能提前采取措施，以减小超调量。在图 9-13 中的 E 点和 B 点之间，被控量继续增大，控制器输出量的微分分量仍然为负，继续起制动作用，以减小超调量。

闭环控制系统的振荡甚至不稳定的根本原因在于有较大的滞后因素，因为微分分量能检测出误差变化的趋势，微分控制的超前作用可以抵消滞后因素的影响。适当的微分控制作用可以使超调量减小，调节时间缩短，增加系统的稳定性。对于有较大惯性或滞后的被控对象，控制器输出量变化后，要经过较长的时间才能引起反馈值的变化。如果 PI 控制器的控制效果不理想，可以考虑在控制器中增加微分作用，以改善闭环系统的动态特性。

微分时间 T_D 与微分作用的强弱成正比，T_D 越大，微分作用越强。微分作用的本质是阻碍被控量的变化，如果微分作用太强（T_D 太大），对误差的变化压抑过度，将会使响应曲线变化迟缓，超调量反而可能增大（见图 9-19）。此外微分部分过强会使系统抑制干扰噪声的能力降低。

综上所述，微分控制作用的强度应适当，太弱则作用不大，过强则有负面作用。如果将微分时间设置为 0，微分部分将不起作用。

4．PID 参数的整定方法

1）为了减少需要整定的参数，可以首先采用 PI 控制器。给系统输入一个阶跃给定信号，观察过程变量 $pv(t)$ 的波形，由此获得系统性能的信息，例如超调量和调节时间。

2）如果阶跃响应的超调量太大（见图 9-16），经过多次振荡才能进入稳态或者根本不稳定，应增大积分时间 T_I 或（和）减小控制器的增益 K_P。

如果阶跃响应没有超调量，但是被控量上升过于缓慢（见图 9-4），过渡过程时间太长，应按相反的方向调整上述参数。

3）如果消除误差的速度较慢，应适当减小积分时间，增强积分作用。

4）反复调节增益和积分时间，如果超调量仍然较大，可以加入微分作用，即采用 PID 控制。微分时间 T_D 从 0 逐渐增大，反复调节 K_P、T_I 和 T_D，直到满足要求。需要注意的是在调节增益 K_P 的值时，同时会影响到积分分量和微分分量的值，而不是仅仅影响到比例分量。

5）如果响应曲线第一次到达稳态值的上升时间较长（见图 9-21），应适当增大增益 K_P。如果因此使超调量增大，可以通过增大积分时间和调节微分时间来补偿。

总之，PID 参数的整定是一个综合的、各参数相互影响的过程，实际调试过程中的多次尝试是非常重要的，也是必需的。

5．采样时间的确定

PID 控制程序是周期性执行的，执行的周期称为采样时间 T_S。采样时间越小，采样值越能反映模拟量的变化情况。但是 T_S 太小会增加 CPU 的运算工作量，所以 T_S 也不宜过小。

确定采样时间时，应保证在被控量迅速变化时（例如幅度变化较大的衰减振荡过程），能有足够多的采样点数，假设将各采样点的过程变量 $pv(n)$ 连接起来，应能基本上复现模拟量过程变量 $pv(t)$ 曲线，以保证不会因为采样点过稀而丢失被采集的模拟量中的重要信息。

表 9-1 给出了过程控制中采样时间的经验数据，表中的数据仅供参考。以温度控制为例，一个很小的恒温箱的热惯性比一个几十立方米的加热炉的小得多，它们的采样时间显然也应该有很大的差别。实际的采样时间需要经过现场调试后确定。

表 9-1　采样时间的经验数据

被控制量	流　量	压　力	温　度	液　位	成　份
采样时间/s	1～5	3～10	15～20	6～8	15～20

6. 怎样确定 PID 控制器的初始参数值

如果调试人员熟悉被控对象，或者有类似的控制系统的资料可供参考，PID 控制器的初始参数比较容易确定。反之，控制器的初始参数的确定是相当困难的，随意确定的初始参数值可能比最后调试好的参数值相差数十倍甚至数百倍。

作者建议采用下面的方法来确定 PI 控制器的初始参数值。为了保证系统的安全，避免在首次投入运行时出现系统不稳定或超调量过大的异常情况，在第一次试运行时设置比较保守的参数，即增益不要太大，积分时间不要太小。此外还应制订被控量响应曲线上升过快、可能出现较大超调量的紧急处理预案，例如迅速关闭系统或者立即切换到手动方式。试运行后根据响应曲线的波形，可以获得系统性能的信息，例如超调量和调节时间。根据上述调整 PID 控制器参数的规则来修改控制器的参数。

9.2.3 PID 控制器参数整定的仿真实验

1. PID 控制参数赋值工具

首先打开随书云盘中的项目"PID 控制"，然后打开 PLCSIM。将所有的块下载到仿真PLC，将仿真 PLC 切换到 RUN-P 模式。

单击 Windows 7 左下角的"开始"按钮，执行菜单命令"开始"→"所有程序"→"Siemens Automation"→"SIMATIC"→"STEP 7"→"PID Control Parameter Assignment"（PID 控制参数赋值），打开"PID 控制"视图（见图 9-14）。单击工具栏上的 按钮，用单选框选中"打开"对话框中的"在线"。

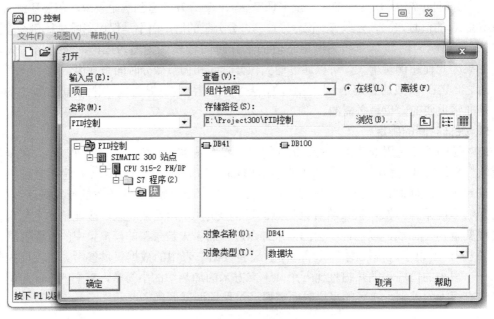

图 9-14 PID 控制参数赋值工具

单击"浏览"按钮，打开已经下载到仿真 PLC 的项目"PID 控制"，选中该项目中 FB41 的背景数据块 DB41。单击"确定"按钮，出现图 9-15 所示的参数赋值对话框，其中的 PID 控制器的参数是在程序中设置的。可以在程序运行时用这个对话框来修改 PID 控制器的参数。

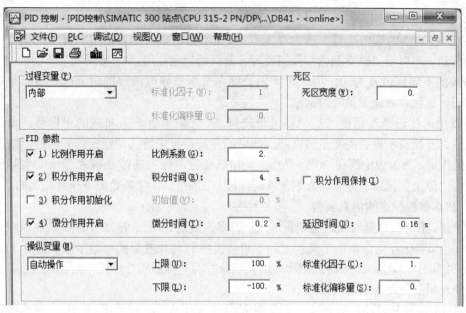

图 9-15　PID 控制参数赋值对话框

单击工具栏上的曲线记录按钮，打开"曲线记录"对话框（见图 9-16 上面的图），此时还没有图中的曲线。

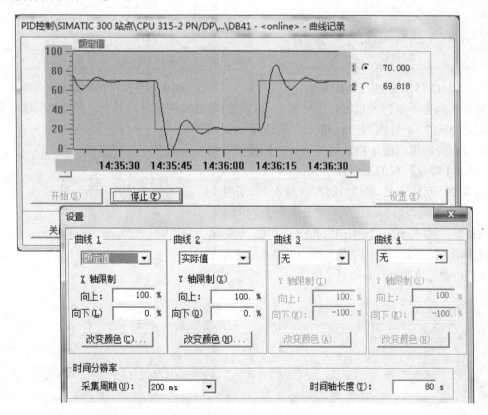

图 9-16　"曲线记录"对话框与曲线记录参数设置对话框

单击"设置"按钮，打开"设置"对话框（见图 9-16 下面的图）。将曲线 3 由"操纵变量"（PID 控制器的输出变量）改为"无"，只显示额定值（即设定值）和实际值（即被控量）的曲线。可以用"改变颜色"按钮设置各曲线的颜色，用"Y 轴限制"下面的文本框，将各曲线的下限值设置为 0，用"时间轴长度"文本框修改曲线的时间轴长度。单击"确定"按钮，返回"曲线记录"对话框。

可以用曲线记录对话框右边的单选框设置 Y 轴显示哪一条曲线的坐标值。单击"开始"按钮，开始显示设置的变量的曲线。图中的方波是设定值（即额定值）曲线，由于 OB1 中程序的作用，方波设定值在 20%～70% 之间阶跃变化，深色曲线是被控量（即实际值）曲线。单击"停止"按钮，停止动态刷新实时曲线。图中的 K_P 等参数值是作者添加的。

2. PID 参数整定的仿真实验

图 9-16 中的被控量曲线的超调量过大，有多次震荡。用图 9-15 中的参数赋值对话框将积分时间由 4s 改为 8s，单击工具栏上的下载按钮，将修改后的参数下载到仿真 PLC。与图 9-16 中积分时间为 4s 的曲线相比，增大积分时间（减弱积分作用）后，图 9-17 中被控量曲线的超调量和震荡次数明显减小。

图 9-18 将积分时间还原为 4s，微分时间由 0.2s 增大为 1s。与图 9-16 中的曲线相比，适当增大微分时间后，图 9-18 中响应曲线的超调量和震荡次数明显减小。

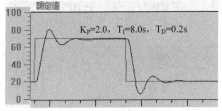

图 9-17　PID 控制阶跃响应曲线

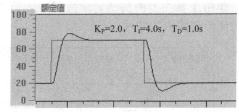

图 9-18　PID 控制阶跃响应曲线

微分时间也不是越大越好，保持图 9-18 中的增益和积分时间不变，微分时间增大到 8s 时（见图 9-19），与图 9-18 相比，超调量反而增大，曲线也变得很迟缓。由此可见微分时间需要"恰到好处"，才能发挥它的正面作用。

图 9-20 和图 9-21 的微分时间均为 0（即采用 PI 调节），积分时间均为 6s，比例增益分别为 3.0 和 0.7。减小增益后，同时减弱了比例作用和积分作用。可以看出，减小增益能显著降低超调量和减小振荡次数，但是第一次到达稳态值的上升时间明显增大。

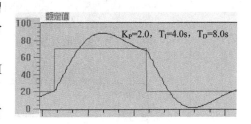

图 9-19　PID 控制阶跃响应曲线

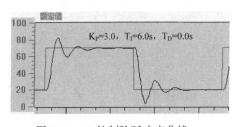

图 9-20　PI 控制阶跃响应曲线

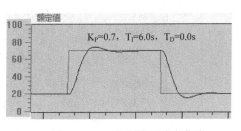

图 9-21　PI 控制阶跃响应曲线

将增益增大到 2.0，减小了上升时间，但是超调量增大到 16%。将积分时间增大到 20s，超调量明显减小（见图 9-22）。但是因为积分时间过大，积分作用太弱，消除误差的速度太慢。

为了加快消除误差的速度，将积分时间减小到 6s，超调量为 14%。为了减小超调量，引入了微分作用。反复调节微分时间，1s 时效果较好，超调量很小（见图 9-23），上升时间和消除误差的速度也比较理想。

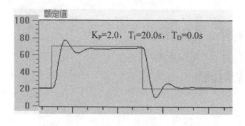
图 9-22　PI 控制阶跃响应曲线

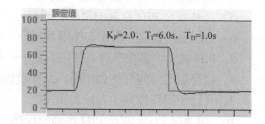
图 9-23　PID 控制阶跃响应曲线

从上面的例子可以看出，为了兼顾超调量、上升时间和消除误差的速度这些指标，有时需要多次反复地调节控制器的 3 个参数，直到最终获得较好的控制效果。

3. 仿真系统的程序与实际的 PID 程序的区别

对于工程实际应用，在例程"PID 控制"的基础上，PID 控制程序应作下列改动：

1）删除 OB100 和 OB35 中调用 FB100（过程对象）的指令，以及 OB1 中产生方波给定信号的程序。

2）实际的 PID 控制程序一般使用来自 AI 模块的过程变量 PV_PER，后者应设为实际使用的 AI 模块的通道地址。用来选择输入参数的 PVPER_ON 应设置为 TRUE（使用外设变量），不用设置浮点数过程变量输入 PV_IN 的实参。

3）不用设置浮点数输出 LMN 的实参，LMN_PER（外设输出值）设为实际使用的 AO 模块的通道地址。

4）如果系统需要自动/手动两种工作模式的切换，FB41 的参数 MAN_ON 应设置为切换自动/手动的 Bool 变量。手动时该变量为 1 状态，参数 MAN 应为用于输入手动值的地址。

4. PID 参数整定的仿真练习

读者可以利用随书云盘中的项目"PID 控制"，进行下面的仿真练习：

1）运行 PID 仿真闭环控制系统，修改图 9-15 中 PID 控制器的增益、积分时间和微分时间，观察控制器参数与系统性能之间的关系，学习 PID 参数的整定方法。

2）在 PID 的参数固定不变的情况下，改变 OB35 的循环执行周期（即 PID 控制器的采样时间）和 FB41、FB100 中的参数 CYCLE（三者应相同），观察采样时间对系统性能的影响，可以了解整定采样时间的方法。

3）令微分时间恒为 0（即采用 PI 调节），调节增益和积分时间，直到得到较为满意的控制效果，即超调量较小，过渡过程时间较短。

4）修改 OB100 中被控对象的参数，下载到仿真 PLC 后，调节 PID 控制器的参数，直到得到较为满意的控制效果。

9.3 练习题

1. 简述闭环控制的工作原理。
2. 为什么在模拟信号远传时应使用电流信号，而不是电压信号？
3. 怎样判别闭环控制中反馈的极性？
4. 超调量反映了系统的什么特性？
5. 怎样确定 PID 控制的采样时间？
6. PID 的积分部分有什么作用？积分作用过强有什么负面影响？
7. PID 的微分部分有什么作用？微分作用过强有什么负面影响？
8. 微分延迟时间有什么作用，怎样设置微分延迟时间？
9. 死区在闭环控制中有什么作用？
10. 简述用 FB41 实现 PID 控制的程序结构。
11. 增大增益对系统的动态性能有什么影响？
12. 增大积分时间对系统的性能有什么影响？
13. 如果超调量过大，应调节哪些参数，怎样调节？
14. 被控量阶跃响应上升过于缓慢（见图 9-4），应调节哪些参数，怎样调节？
15. 消除误差的速度太慢，应怎样调节 PID 控制器的参数？
16. 上升时间过长（见图 9-21）应调节什么参数，怎样调节？
17. 怎样确定 PID 控制器参数的初始值？

附录

云盘资源内容简介

云盘资源中后缀为 pdf 的用户手册用 Adobe reader 或兼容的阅读器阅读，可以在互联网上下载阅读器。

1. 软件

STEP 7 V5.5 SP4 ch，编程软件中文版，可用于 Windows 7。

S7-PLCSIM V5.4 SP5 UPD1，仿真软件中文版，可用于 Windows 7。

WinCC flexible 2008 SP4，HMI 组态软件，可用于 Windows 7。

2. 多媒体视频教程

生成项目与组态硬件

生成用户程序

用仿真软件调试用户程序

STEP 7 使用技巧

组态 STEP 7 与 PLC 的通信

定时器的基本功能

定时器应用例程的仿真实验

计数器的基本功能

存储器间接寻址

生成与调用功能块

生成与调用功能

多重背景应用

启动组织块与循环中断组织块应用

时间中断组织块应用

硬件中断组织块应用

延时中断组织块应用

顺序控制与顺序功能图

使用 SR 指令的顺序控制程序的编程与调试

复杂的顺序功能图的顺控程序的调试

专用钻床顺序控制与 SIMIT 被控对象仿真

DP 主站与标准从站通信的组态

DP 网络单向 S7 通信的组态

DP 网络单向 S7 通信的编程与仿真

以太网双向 S7 通信的组态

以太网双向 S7 通信的编程与仿真

DP 从站与 DP 网络的故障诊断

自动显示有故障的 DP 从站

诊断信号模块故障的仿真实验

组态报告系统错误功能

组态报告系统错误的人机界面和仿真实验

整定 PID 参数的仿真实验

3. 用户手册

包括与硬件、软件和通信有关的手册共 43 本。

4. 例程

与正文配套的 38 个例程在文件夹 Project 中。

\Project\电机控制：三相异步电动机正反转控制程序。

\Project\小车控制 1：小车在两个限位开关之间往返运动的程序。

\Project\位逻辑指令：位逻辑指令的基本应用程序。

\Project\车库入口：位逻辑指令的应用例程。

\Project\定时器 1：5 种 S5 定时器指令的基本应用程序。

\Project\定时器 2：5 种定时器线圈指令的基本应用程序。

\Project\运输带控制：两条运输带和 3 条运输带的控制例程。

\Project\小车控制 2：用经验设计法设计的小车控制程序。

\Project\计数器：方框计数器指令和计数器线圈指令的应用程序。

\Project\逻辑控制：跳转指令和状态位触点指令应用程序。

\Project\存储器间接寻址：存储器间接寻址与循环指令应用程序。

\Project\数据处理：比较指令、数据转换指令、移位与循环移位指令应用程序。

\Project\数学运算：整数运算、浮点数运算、字逻辑运算指令应用程序。

\Project\FC 例程：使用功能的模拟量计算程序。

\Project\FB 例程：使用功能块的电动机控制程序。

\Project\数组_SFC：共享数据块、数组和系统功能块应用例程。

\Project\多重背景：使用多重背景的电动机控制程序。

\Project\OB35 例程：OB100 和 OB35 应用程序。

\Project\OB10_1：用组态设置日期时间的时间中断例程。

\Project\OB10_2：用程序设置日期时间的时间中断例程。

\Project\OB40 例程：硬件中断例程。

\Project\OB20 例程：延时中断例程。

\Project\二运输带顺控：两条运输带顺序控制例程。

\Project\复杂顺控：有选择序列与并行序列的顺序功能图的顺控程序。

\Project\3 运输带顺控：3 条运输带自动启动、停车的顺序控制程序。

\Project\钻床控制：有自动手动功能的专用钻床顺序控制程序。

\Project\ET200DP：主站与 ET 200 标准从站的 DP 通信例程。

\Project\EM277：S7-300 与 S7-200 的 DP 通信例程。

\Project\智能从站：S7-300 作智能从站的 DP 通信例程。

\Project\SFC14_15：S7-300 作智能从站，传输一致性数据的 DP 通信例程。

\Project\Convert：S7-300 与 G120 变频器的 DP 通信例程。

\Project\S7_DP：CPU 之间基于 DP 网络的单向 S7 通信例程。

\Project\S7_IE：CPU 之间基于工业以太网的双向 S7 通信例程。

\Project\PLC_HMI：PLC 与人机界面集成仿真例程。

\Project\DP 诊断：用于诊断 DP 网络和 DP 从站故障的例程。

\Project\DP_OB86：用 OB86 的局部变量诊断和显示 DP 故障从站的例程。

\Project\ReptErDP：用报告系统错误功能诊断和显示 DP 从站故障的例程。

\Project\PID 控制：PID 闭环控制例程，用功能块模拟被控对象，可以做仿真实验。

参 考 文 献

[1]　廖常初. S7-300/400 PLC 应用技术[M]. 4 版. 北京：机械工业出版社，2016.

[2]　廖常初，祖正容. 西门子工业通信网络组态编程与故障诊断 [M]. 北京：机械工业出版社，2009.

[3]　廖常初，陈晓东. 西门子人机界面（触摸屏）组态与应用技术 [M]. 2 版. 北京：机械工业出版社，2008.

[4]　廖常初. S7-300/400 PLC 应用教程 [M]. 3 版. 北京：机械工业出版社，2016.

[5]　廖常初. PLC 编程及应用 [M]. 4 版. 北京：机械工业出版社，2013.

[6]　廖常初. FX 系列 PLC 编程及应用 [M]. 2 版. 北京：机械工业出版社，2012.

[7]　廖常初. S7-1200 PLC 编程及应用 [M]. 2 版. 北京：机械工业出版社，2010.

[8]　廖常初. S7-200 SMART PLC 编程及应用[M]. 2 版. 北京：机械工业出版社，2015.

[9]　Hans Berger. Automation with STEP 7 in LAD and FBD [M]. Erlangen and Munich: Publicis MCD Corporate Publishing, 2001.

[10]　Siemens AG. Statement List（STL）for S7-300 and S7-400 Programming Reference Manual，2006.

[11]　Siemens AG. Ladder Logic（LAD）for S7-300 and S7-400 Programming Reference Manual，2006.

[12]　Siemens AG. Function Block Diagram（FBD）for S7-300 and S7-400 Programming Reference Manual，2006.

[13]　Siemens AG. S7-Graph V5.3 for S7-300/400 Programming Sequential Control Systems Manual，2004.

[14]　Siemens AG. S7-PLCSIM V5.4 incl. SP1 User Manual，2009.

[15]　Siemens AG. Standard PID Control Manual，2006.